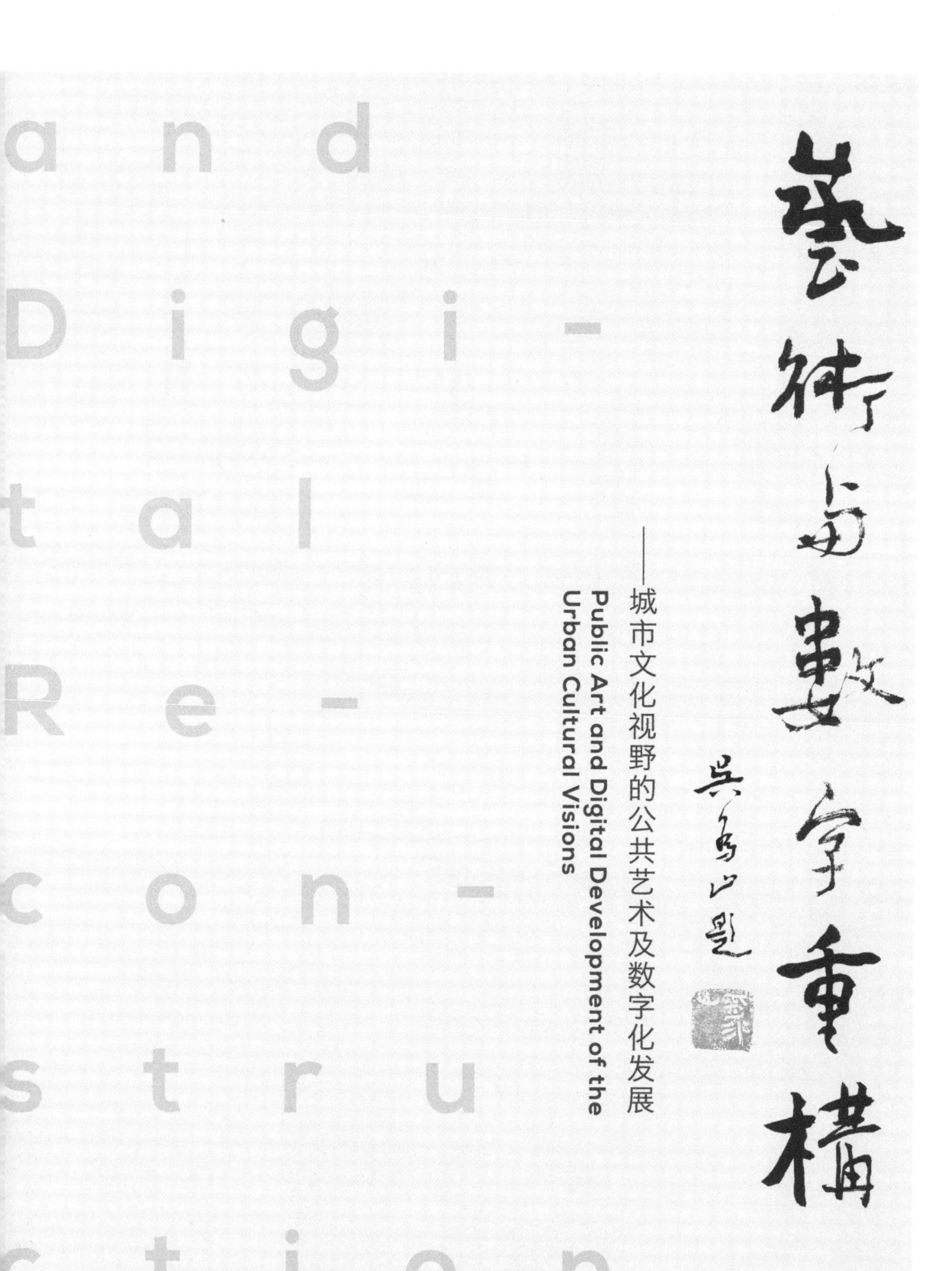

——城市文化视野的公共艺术及数字化发展

Public Art and Digital Development of the Urban Cultural Visions

Wang Feng

王峰 著

中国建筑工业出版社

序一

Foreword 1

公共艺术，一方面是强调社会公民对于艺术文化的公共参与以及对于城市生活的介入；另一方面是提倡在建构当代艺术语言和互动方式及方法上，具有时代性、创造性及地域性文化特性。这两者均需要公共艺术的表现与传播方式具有某些不断发展和变化的理念和技术内涵，使之具有蕴含时代精神的人文和技术的美学价值。而王峰的关切和研究，则是对于这些内涵、问题和趋向的重要回应，他对于公共艺术在当代文化语境和技术条件下的表现方式、互动效应、新的美学意象和跨媒体创作的综合性和可能性等问题，给予了专题性、前瞻性的探讨和阐述。这为国内公共艺术介入多样性的公共空间，探索多维度的艺术创造力以及与所在环境的融入和公众体验方式等方面，具有显在的现实意义和继续拓展的价值。我认为，中国公共艺术的事业和研究，正需要不同视角和方向的探索或专题性研究。王峰的研究也正是体现了这样的学术关怀和可贵的努力。我相信，不仅仅是在传统的博物馆艺术中，也在当代开放空间的艺术形态中，艺术与媒材和相应的技术的关系，同样是一个不容忽视的研究对象。期望王峰的研究成果对于该领域的发展和研究具有启迪和激发的作用与意义。

北京大学艺术学院教授、博导

翁剑青

2016年12月3日于北京

序二

Foreword 2

回溯近十年来信息技术在人们日常生活与工作中的大量应用，可以看到，技术改变了我们的生活模式，甚至已颠覆了商业的逻辑。在当下的中国，大屏智能手机已普及，PC端已变成了移动端。微信、支付宝、淘宝等各种便利的APP，不一而足。微信的即时视频功能让地球真正变成了地球村；不久前在第二届世界互联网大会举办地——乌镇，带手机用支付宝可以完成几乎所有的消费支付，包括在街边买个茶叶蛋；在国内航空港、火车站候车时，你看到的是，大多数人在低头刷屏；国人在国外旅游时，对是否有WIFI，已远超过对旅游品质的关注度，等等。在这个网状结构、相互交织的时代，数字技术带来了虚拟性，人与物之间的交互性变得更为敏感与十分重要。那么，伴随者人对信息技术系统的使用不断增加，依赖性越来越高，包括设计在内的艺术创作是否要对这种现象有所回应，是否亦要融合数字技术进行新的或者实验性的创作，答案是肯定的。尽管从一般意义来看，艺术的作用与使命在于涵养人的心灵，而科技的作用在于创造人类的福祉，两者分属于不同的学科，但是从既往人类发展史来看，尤其自工业革命以来，艺术与科技似乎一直是一种“珠联璧合”的关系。而艺术的现代性更是结合工业革命而展开的。近在大家眼前，自20世纪80年代至今仍热门的“分形艺术”，就是一个科学与艺术融合的重要例子。

王峰博士的新作《艺术与数字重构——城市文化视野的公共艺术及数字化发展》一书，分上下两卷，卷一为城市空间数字交互方法与理论的探索，卷二为城市空间公共艺术创作，是其近十年来关于公共艺术创作的作品回顾。尽管王峰博士是一位以艺术创作见长的青年学者，完成了许多重要并有一定影响的公共艺术作品，曾有作品得过国内艺术与设计创作的最高奖，但是他仍希望能够从方法与理论的角度，从学理的层面，以城市公共艺术为载体，思考与总结信息技术与艺术之间的融合和创新。比如，艺术的语言如何革新，寻找到与当今科技与社会同步的艺术语言；艺术的媒介如何变革，充分反映时代科技发展的新成果；艺术形式如何贴合当下受众的认知模式和行为方式等。这种探索过程是艰辛而漫长的，读博、主持国家级课题，随后赴荷兰访学，他一直围绕上述命题展开，可谓不离不弃。好在功夫不负有心人。通过持续的理论探讨，王峰博士结合其多年的艺术创作实践，对数字技术与城市公共艺术的交互式创作方法提出了具有一定新意的观点，书中卷一中的内容即是他长期研究的相关理论成果。其研究成果，具有较高的学术价值与指引城市公共艺术新创作的应用价值。当然，卷二中亦有许多作品是对其研究成果与学术观点的佐证，具有启发性。

艺术创作如何与当代结合一直是个难题，亦是整个中国社会在转型过程中所面临的问题，但我相信王峰博士的探索是有价值的。

江南大学设计学院教授、博导
过伟敏
丙申冬日于蠡湖

目录

Catalog

城市空间数字交互

Digital
and
Interactive
Urban Spaces

Digital and Interactive Urban Spaces

Digital and Interactive Urban Spaces

第一章
城市文化语境及相关概念

Chapter 1

Cultural context of Urban Spaces and Related Concepts

一、课题阐述及相关概念
二、研究的背景及范围

蠡湖展示館

一、课题阐述及相关概念

Subject and related topics

1．课题解说

公共文化空间，指文化广场、艺术中心、美术馆、博物馆、科技馆、剧院、展览馆等作为城市公共文化服务设施的空间，民众可以参观、游览的空间。本研究内容主要界定与公共文化空间中的数字化公共艺术交互系统的研究。城市公共艺术是存在于城市公共场所，立足于城市自身功能和内涵需要的一种公共艺术。数字化是指将复杂多变的信息转变为可以度量的数字数据，并将这些数字数据进行统一存储、处理和表现的过程，它是现代计算机的基础。数字化影响下的城市公共艺术是指那些引入数字化内容的城市公共艺术，主要是引入虚拟表现的现代城市公共艺术、借助计算机控制实现一定互动功能的城市公共艺术等。

由于计算机技术的飞速发展和对人类生活影响程度的日益扩大，数字化已经渗透进人类生活的各个方面。城市化的进程带来了对城市公共空间文化、视觉的关注，城市居民借助于公共空间来表达情绪，寻求精神回归，城市公共艺术成为当代艺术领域关注的热点话题。城市公共艺术作为人类生活接触的一种重要艺术内容，引入数字化技术是一个大趋势，并已有一些相关作品呈现出来。数字化的公共艺术，因其在技术上和内容上都和传统的公共艺术有所区别，因此它表现出更强的虚拟性、公共性、时效性甚至是流行性，而交互性更成为公共艺术在数字化背景下日益凸显的重要特征。数字化背景下的公共艺术的交互性带来的创作权的转移和技能价值的转变，其交互性不只是一种可能，甚至是一个必须的行为。这种作品并非线性叙事，而是强调受众的主观能动性、参与性、双向性与反馈性。与传统公共艺术相异，作品的内容已不再是由艺术家完全控制，创作权反而掌握在观众手里，在互动的过程中，艺术家将创作权心甘情愿地交了出来，审美客体也可如鱼得水地自由发挥与分享。

正是在数字化技术的影响下，城市公共艺术的交互性由原来仅仅是人与艺术品本身的互动，转向更深层次的交互，其内涵发生了变化，这是本书着力探讨研究的问题。

2．相关概念阐述

数字化

数字化就是将许多复杂多变的信息转变为可以度量的数字数据，再以这些数字数据建立起适当的数字化模型，把它们转变为一系列二进制代码，引入计算机内部，进行统一处理的过程。在当前的计算机系统中，关于信息的加工、传输和存储都是用二进制的两个数：0和1来表示，二进制数的一个位被称为一个“比特”（bit）。计算机中许多复杂多变的信息对象如数字和运算、字符、颜色、声音、图像、图形，连同计算机指令，转变为可以度量的数字、数据，转化为二进制代码，都用“比特”来表示，这一关键技术被称之为“数字化”。

从功能角度来看，数字化（Digital）指信息（计算机）领域的数字技术向人类生活各个领域全面推进的过程，包括通信领域、大众传播领域内的传播技术手段以数字制式全面替代传统模拟制式的转变过程。数字化标志着一个新时代的到来。依美国麻省理工学院媒体实验室主任尼葛洛庞蒂（Nicholas Negroponte）的说法，数字化是一种生存方式，它用来描述20世纪90年代中期以来的新时代特征：权力分散、全球化、追求和谐、赋予权利。

公共艺术

公共艺术的中文名称来自英文的Public Art，由于它强调公众的参与，所以有时也被译为“公众艺术”。对于公共艺术的基本概念，目前学术界尚无统一的解释与定义。由于公共艺术的存在不是一种单一的艺术表现形式，它的存在与发展涵盖了各种社会现象与社会进阶。自20世纪60年代以来，公共艺术的基本属性及其文化内涵已经从发达国家的大量艺术实践及发展过程中显现。为了有利于从广义角度来认识公共艺术，这里以统筹归纳的方式对公共艺术的基本概念进行扼要的阐释：

1）设立于公共场所，提供并任由社会公众自由介入、参与和观赏的艺术，即直接面对非设定的、不同阶层的社会公众（或有针对性地服务于特定地域或特定社区的公众）。

2）艺术作品（包括由多样介质构成的艺术性景观、设施和其他公开展示的艺术形式）具有普遍的公共精神——关怀和尊重社会公共利益和情感；标示和反映社会公众意志及精神理想。

3）艺术品的遴选、展示方式及其运作机制体现其公共性（即由社会公众授权及公议所体现的合法性）。主要是艺术建设项目的立项、艺术品的遴选、设立及管理机制具有广泛的公共参与性和代表性，并接受公共舆论的评议和监督。

4）艺术品作为社会公共资源（其知识产权另论）供社会公众

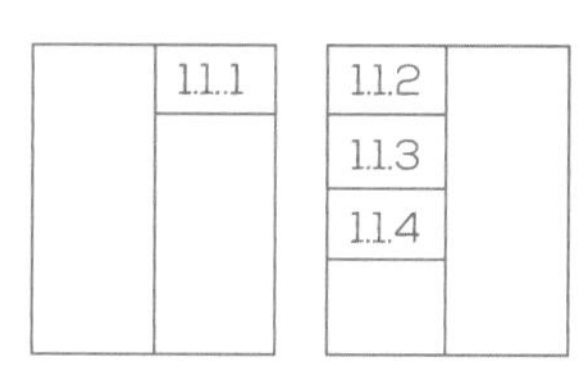

1.1.1/1.1.2/1.1.3/1.1.4
éléphant paname艺术和舞蹈中心2015年的开幕活动中举办了一场10个国际知名创意团队和个人作品的展览。巴黎建筑事务所DGT 设计的“水中光”（Light in Water）就是其中之一。

“水中光”（Light in Water）根据场地量身设计，通过瀑布般的水帘和串联的灯光展示创造出一种沉浸式的感人的体验。这次展示将在巴黎最古老的混凝土穹顶下进行，因此将做成圆形以适应房间的形状。16组开槽的管道沿顶棚设置成环形，管体上密布小孔，总计3吨的水以每秒60滴的速度持续下落并不断循环。

2011年，DGT研究了LED“照明时间控制”项目以达到最短的时间间隔可能——7微秒。如此一来，时间与水滴掉落用掉的时间相等，就可以实现单点光在水滴上的可视化和具体化。这件装置是对生命本质的注解，也是对光和水在人类世界扮演的重要角色的注解。

共同享有。包括私人捐赠作品的公开设立或取消，均应广泛听取社会公众的意见，并由公民授权的公共权力机构及法律制度予以裁决。[1]

以上是构成公共艺术概念及定义的几点基本要素和特征。它们之间是整合的统一关系。本书将基于广义的公共艺术的概念，把公共艺术的文化理念界定为服从社会公民的精神文化、民主参与及利益共享的需要，把其作品的设计理念归结为服从社会公共福利需求的指引，服务于“以人为本”的物质文化及审美文化创造的需求，并且集艺术的公共性、实践性、感知性和审美性于一体。因此，本书对公共艺术现象及其行为范畴的阐述涉及诸如城市广场、街道、公园、水体、园林、景观、建筑立面装饰、雕塑、壁画、装置、工艺美术、光艺术、地景艺术、影像艺术、（公益性）广告艺术、公共展示空间、公共设施、设计艺术等空间形态及艺术的表现范畴。

把那些在客观上具有一定的公共精神内涵并由公众介入的艺术表现行为和表现形式都纳入到广义的公共艺术的叙述中去。

城市公共艺术

城市，是人类历史发展到一定时期的必然产物。它是人类社会文明进程中不断地物质化、“文化化”和群体生存管理制度化的一种结构与形式的存在。公共艺术恰恰正是现代城市发展与人类生活方式变化及意识形态的产物，同时也作为城市生活理想与现实冲击的产物。

城市文化与乡村生活及其文化特性相比，具有这样一些显著的一般性特征：社会化与集约化程度高；异质性与竞争性；开放性与创造性；互动性与多变性。由于城市社会及其生活方式是城市居民长期共同创造和享有的各种特殊的文化形态，它所具有的特性和惯性，总体上在相当长的历史时期内决定着城市发展过程中对自身当前和未来的影响与需求。从

[1] 翁剑青．城市公共艺术［M］．南京：东南大学出版社，2004．

城市发展的历史来看，其存在的意义是为生活在其中的市民服务，城市的发展方向及其脉络归根结底都是在以文化引导市民，而城市公共艺术在社会发展中对城市公共生活的介入与影响具有重要的意义。同时，城市公共艺术作为城市公共空间中必不可少的一部分，为市民创造了用于休闲、娱乐、聚集等的公共空间，与城市景观及公共设施一起构筑了基本的城市基础设施。除此之外，公共艺术作为当代城市文化的产物，在一定的范围内正行使着城市文化历史的记忆和传承的职能，并构成了城市形象和个性的重要部分。物化了的公共艺术被城市这双巨手在不同的时空中不断地培育着、塑造着，同时它也以其特有的方式塑造着、记忆着和守望着城市。城市公共艺术恰是一种在公众文化及公众行为下，以其利用自然环境和塑造人工环境的方式记载和传扬着一座城市的公众文化精神与地方特色。

在当代，城市公共艺术随着昔日特定的宗教意义、皇权贵族的炫耀、权力政治的标榜及纯粹的个人崇拜的消退，其实际作用和意义已更多地转向对城市历史、城市业绩、城市理念、城市特色及城市自然资源与人文积淀的审美表现，转向对市民大众的公共文化理想的憧憬与表述。有些则兼顾其公共社会的道德提示的使命（如对自然生态、生命价值、人类和平、人间亲情、人道职责和对人类命运的关爱）。可以说，世界以及中国当代公共艺术的一个普遍特性或大的趋向是与城市环境品质的建设和市民大众对生活理想及文化品格的追求产生密切的关联，使公共艺术成为一座城市中的文化容貌和市民的骄傲。本书将以城市为背景，以介入了数字化表现形式的公共艺术作为主要研究对象。按照翁剑青教授在《城市公共艺术》一书中公共艺术对城市的娱乐功能的贡献途径分类作为本书中公共艺术的场所划分：①集中性的文化艺术传播场所，如电影院、音乐厅、文化宫、展览馆、青少年宫、科技馆、大学城、图书馆、博物馆、美术馆、群众艺术馆、各种文化艺术的培训机构，以及各类公众传播媒介办公所在地等。②集中性的健身、竞技及商业消费场所，如体育场、各种类型的体育馆、舞蹈及健身中心以及大型的集游乐、购物与餐饮为一体的商业中心等。③集中的休闲与疗养场所，如各类城市公园、森林公园、海洋公园、植物园、动物园、文化广场、旅游景点等。

交互

交互是一个极其宽广的概念。人与人之间，人与物之间，物与物之间的相互作用都可以叫做“交互”。

“在艺术创作中，作者和观众之间的相互作用也是一种互动，在传统的艺术中，艺术作品与观者之间是单一和被动的互动，是无参与性的。而交互式公共艺术鼓励审美客体的参与，作品形态的转变由参与者来决定，使得接触作品变成富于乐趣的体验过程。交互艺术是艺术家制定规则、算法，从事创作，提供元作品，然后鼓励观众参与，以改变作品的形态作为对观众的反馈。这种互动是体验型的、多形态的，是在作者许可、鼓励下进行的，很多时候观众的行为也是作品的一部分。体验和参与是交互艺术的特征。”这种互动可以是接触式或者非接触的，也可以是通过其他各种媒体平台触发的。随着技术的发展，互动形式层出不穷，“可能性”在不断地扩展。

二、研究的背景及范围
Background and scope

1. 生活于数字化之中——时代背景

数字化生存是信息时代的新阶段

“计算不再只和计算机有关，它决定了我们的生活。”——尼葛洛庞蒂

人类生活随着技术革命的浪潮，一轮一轮的变换着。第二次世界大战以军事为目开发的计算机，成为工业革命后改变人类生活的重要工具，电话、电视机的相继出现使得《第三次浪潮》一书中所预言的信息时代到来。阿尔文·托夫勒在书中预言的跨国企业将盛行，计算机的发明将使SOHO（居家办公）成为可能，人们将摆脱朝九晚五的工作约束，核心家庭（两代人组成的家庭，核心家庭的成员是夫妻两人及其未婚的孩子）的瓦解，DIY（手工制作）的兴起等，在今天的生活中已然成为现实。跨国企业早在16世纪就已经出现，现在已经成为世界经济国际化和全球化的重要内容及表现，更是世界经济的主要推动力；SOHO一族在当今的中国数量已经相当庞大，计算机、互联网等通信技术的发展与普及使得自由职业者的生活和工作更加便捷，也促使这一人群的数量不断增加；核心家庭在世界范围内出现瓦解，我国大量的农村人口涌入城市、子女异地求学等社会现实，致使诸如留守儿童、空巢老人等新名词出现；创意市集流行于伦敦，现在已经发展成为DIY的创意产业，北京798艺术园区、南锣鼓巷、上海莫干山艺术区、深圳OTC华侨城等都已成为DIY手工创意产业的聚集地。这些社会现象的产生，都是伴随技术革命、科技进步而来的。

计算机的诞生、网络的迅速普及、手机等移动通信工具的快速发展使得“数字化生存”（尼葛洛庞蒂《数字化生存》）成为真实的现代生活方式。随着web2.0、3G、物联网等新的数字技术和服务平台的使用和普及，新一轮的技术革命悄然而至。数字技术在改变着人类生活方式的同时也带来了一系列的社会问题和文化问题。人类日常生活已经离不开移动通信工具、个人计算机、因特网，越来越多的数码产品包围着我们的生活，使我们产生依赖。在数字化时代，信息的输入与输出很大程度上是基于计算机和网络平台，一份通知不再需要一一上门相告或张贴告示，一条短信、一封电子邮件统统搞定；购物也大可不必舟车劳顿奔波于拥挤的商场，网络购物只需轻点鼠标即可送货上门；不需要纸张一样可以阅读中外名著，电子书的盛行已经使传统书籍市场受到很大程度的打击，这些都是数字化生存方式区别于传统物质化生活的特征。

公众认知与审美的变化

公众的审美心理和美学感知也在发生变化，尤其是思维方式的转变，导致了艺术表现形式的变化。公共艺术过去常是被动的接受，受众很少有选择、改变的权利，作品仅仅是单向传播。而如今在数字技术影响下的社会生活，大众需要主动

参与，甚至是去改变、去创作公共艺术作品，这就需要艺术作品的双向传播。

传统艺术表现形式正面临着重大的挑战，建立在以“比特”为基本单位的数字语言和互联网基础上的艺术创作与研究成为现代艺术的重要手段和发展趋势。传统的艺术表现形式也在发生着改变，数字艺术的种类和内容也逐渐丰富和充实。新媒体艺术等正是在数字化时代中催生的新的艺术表现形式，而它们的发展伴随着科学技术的进步。在数字时代的社会背景下，研究反映数字时代人类审美情趣和社会发展的艺术创作的提出，已经得到艺术界、设计界的广泛重视和普遍推广。公共艺术作为一种文化传播的载体，在公共空间起到一种多向度地传播美学，时代、精神文化等的作用，它的发展对于公众的文化素养、地域精神等都起到至关重要的作用。所以，在数字化时代的今天，我们该如何发展公共艺术是很值得探讨的。

数字化推动人类文明的进步

数字化是人类文明的新形式。我们现在已经有了数字化书籍、数字化报刊、数字化图书馆、数字化博物馆、数字化学校等，将来还会有数字化社区、数字化政府和数字化社会。就目前我们对数字化的认识而言，笔者认为，数字化与人类文明的最重要的命题是：人类所创造的一切文明都可以数字化。人类基因组的破译说明，甚至代表人类文明最高成就的人自身也可以数字化。数字化不仅可以推动人类文明进步，而且可以保护人类文明不致毁灭。也许有一天，科学技术会发展到这一步，人类的全部文明可以存储在一个微小致密的物质载体之中。如果到了这一天，即使人类毁灭，人类所创造的文明也会得到保存。在这样一个令人激动的数字化时代，我们面临的是难得的机遇与严峻的挑战。

2. 信息时代数字化技术的飞速发展——技术支持

数字化技术为新媒体艺术的发展提供可靠的技术支持

数字化技术从诞生到发展成为现代艺术设计的主要表现手段，使现代视觉设计的形式更加多样化，它作为媒介的交互传达性和操作上的非线性也带来了视觉设计主体在观看方式、表达方式和创作方式上的一系列变化。数字化技术在使得“观看”的覆盖面越来越大的同时也使得审美主体“观看”的认同性越来越小；视觉设计主体面对无所不能表现的数字化技术，改进了原有的创作习惯，激发了自我的创作激情。数字化技术的发展推动了现代艺术设计，使我们看到了科学技术与艺术设计相互作用的关系，由此带来的技术时代的困境引发了人类对于科技发展的种种思考。

以新技术为支撑的各类新媒体艺术的发生

随着信息技术的迅猛发展，以数字化媒介为手段，以互联网为传输与展示平台的新媒体艺术，正在全世界范围内兴起。新媒体艺术与传统艺术形式的最大区别在于其很大程度上依托于甚至可以说是受限于新技术及其理论的发展，应用各种前沿性研究的科技成果在艺术创作与表达中，其目的在于表达时代背景下人类的思维及其对艺术的思考。追溯至20世纪60年代，电视及网络的诞生使得电子媒介在艺术领域得到运用，同时，大地艺术、行为艺术、观念艺术等非传统艺术形式的活跃也对电子媒介的发展起到了推波助澜的积极作用。进入20世纪70、80年代，实验性电视节目的出现引起了人们对在艺术领域应用新技术手段的思考，产生了早期的电子视觉语言，同时涌现了一批新时代的录像艺术家。在其发展过程中，产生了装置艺术与录像艺术结合的艺术作品——录像装置艺术。新生的艺术形式以其独特的时效性、互动性、敏锐性等，很快开始在各种国际展览及艺术节中呈现。20世纪90年代开始，很多国际著名的美术馆、艺术机构、基金会等都相继开始举办各种与新媒介相关联的电子艺术活动。诸多国际活动的举办推动了新技术手段在艺术领域的应用，各种新媒介艺术如雨后春笋般出现。我国自2006年开始，在北京、上海等地举办新媒体艺术节及学术论坛。

多媒体艺术中的交互性的出现是交互艺术发展的重要里程碑，但它只是单纯而原始的指令性操作，没有达到真正意义上的互动。新媒体艺术由此被赋予了新的内容，在新技术上、表现性上、综合性上以及互动性上有所尝试，成为一门更加综合的艺术形式，互动公共艺术已在其中隐约出现。20世纪90年代以后，随着计算机技术的不断发展，许多新媒体艺术作品以互动的艺术形式出现，新媒体艺术作品奖项也随之设立，与此同时，互联网艺术作品也有了进一步的发展，为今天的互动装置艺术的发展奠定了基础。

进入21世纪，基于社会的发展，人的思想不断进步，以人为本、人性化的理念被提出，人与人之间的交流与互动变得更为重要，在此背景下，互动性公共艺术作为艺术的一种新的表现形式更被人们所关注并参与到其中。

3. 公共艺术作为城市文化载体的需求——新趋势

随着社会的不断进步，生活在城市空间中的市民消费也在向多样化转变，在高科技、信息化展品快速发展及更新的同时，人类开始反思生态环境问题，节能减排、低碳环保等新兴的词汇开始流行。这些变化促使城市空间从功能空间各，向内涵型空间转变，城市的性质和形态也在向人类日渐变化的需求倾斜。

第二次世界大战之后，世界范围内的生产技术和产业结构发生了快速而巨大的变化，基于现代科学技术革命的结果，一批以新型材料、电子信息和生物技术为标志的新兴生产力蓬勃而起，给人类的社会生活、经济生活和城市化进程带来了深刻的影响和全新的发展可能。在20世纪80年代之后，各种高科技日渐成熟，网络信息化的快速发展使得社会形态及民众生活方式发生改变。在生活质量逐步提高的过程中，市民对城市环境及公共文化空间的要求也越来越高，从而促进了城市公共艺术的发展。因此，对于数字化时代背景下城市公共艺术的发展及创作方法的研究与探讨变得十分迫切和必要。

第二章
视觉之城

Chapter 2
Visual Urban Spaces

一、公共艺术的城市溯源及历史观
二、公共艺术概念的辨析
三、当代公共艺术的现状
四、当代城市公共艺术的互动性体现

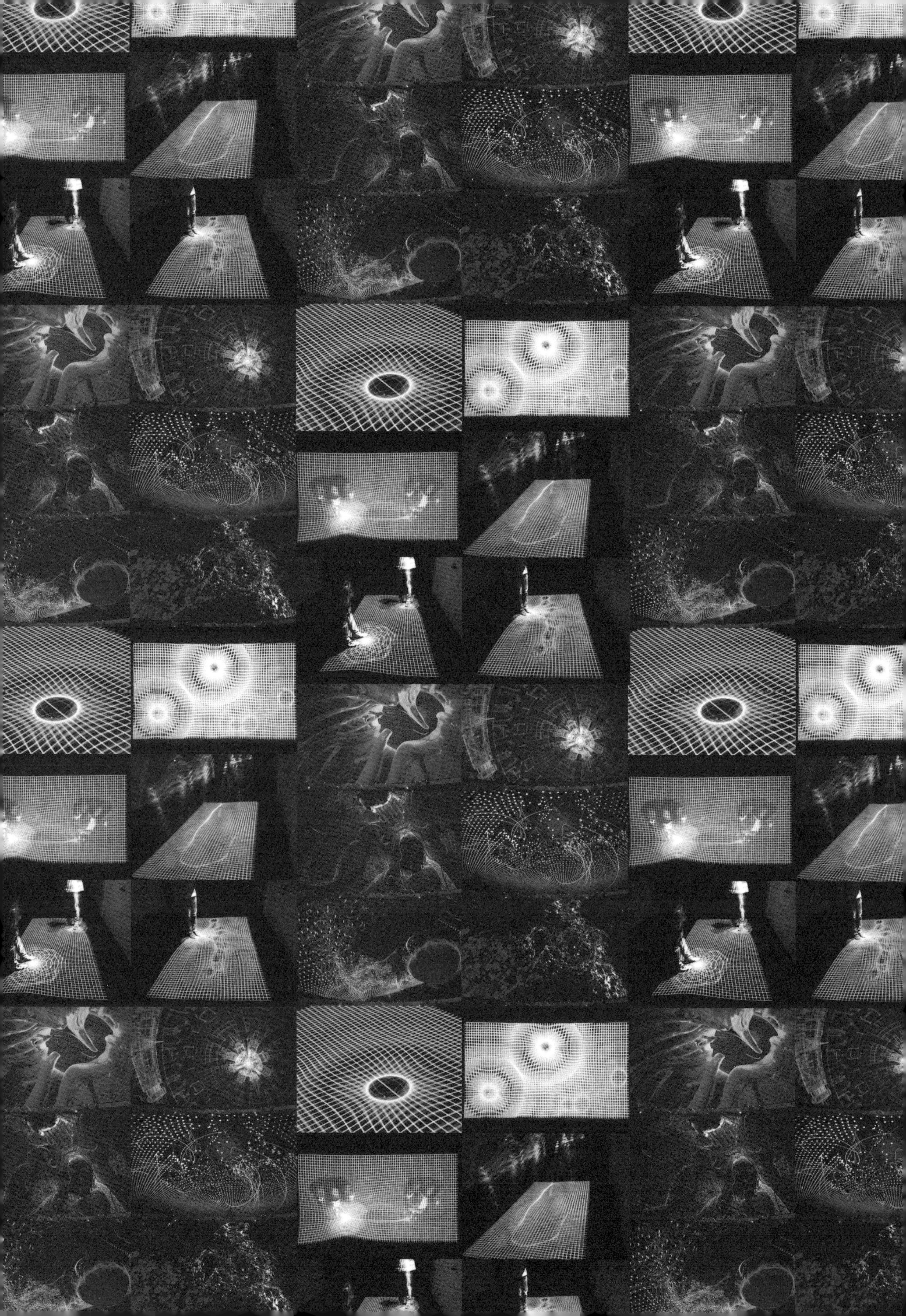

一、公共艺术的城市溯源及历史观

Urban origin and history of public art

1. 公共艺术概念的由来

公共艺术（Public Art）作为当代艺术的文化概念出现于20世纪60年代的美国，它不同于一般传统概念上的环境雕塑，而与城市的发展有着密切的关系。社会化分工和居住环境的密集，商品交换的演化使得城市得到不断发展。城市的发展为公共艺术的产生准备了坚固的根基。[1]

“公共艺术”从字面意思的理解来看，分为“公共”和“艺术”两个独立的定义。顾名思义，具有公共性含义的艺术形式，都可以称之为公共艺术。而在这里，“公共性”不可置疑地成为界定公共艺术的核心原则。我们依据德国著名社会学家哈贝马斯的研究成果而知，在17世纪中叶，英国开始使用“公共”这个词，而到17世纪末，“公共性”这个词才由法语“publicite”借用到英语中，直到18世纪，德国才有了这个词语。“公共”这一概念的形成首先是西方社会在其历史发展的轨迹上产生的，是社会发展的必然。

“公共”就意味着要以公众自主自由地参与到公共事物中为前提，民众可以自由发表言论直到18世纪才得到法律保障。法国启蒙思想家伏尔泰说：我可以不赞同你的观点，但我誓死捍卫你说话的权利！西方保守主义之父埃德蒙·伯克这样说道：“在一个自由的国度里，每个人都认为他和一切公共事物有着利害关系，有权形成并表达自己的意见。”[2]公共艺术作品必须是与民众产生自由交流的一种艺术形式，任何与民众之间缺少自由评论和互动的艺术形式都不是公共艺术。艺术品开始从博物馆、架上艺术、少数权贵手中搬入公共空间，正是由于公众更多地参与到公共事件中，随着20世纪60年代艺术精英主义的逐渐消失，公共空间越来越多地被西方国家的政府重视起来，他们随之调整了政策，例如国家艺术基金会（National Endowment for the Art）和公共服务管理局等机构倡导了“百分比艺术计划”、“国家艺术基金会的公共场所艺术计划”、“艺术在公共领域”等活动，从而使得公共艺术的发展建设被纳入到政府支持的局面上来，有了自身发展所需的制度和资金的保障。[3]由此看来，公共艺术的形成和发展是西方社会文化的历史产物。

2. 公共艺术的发展历史

公共艺术不是突然产生的，更不是孤立出现的。它的产生需要一个过程，当然也和各个时代的政治经济社会生活是分不开的。公共艺术的出现并没有一个所谓的标志性事件，而是艺术形态长期

[1] 翁剑青．城市公共艺术［M］．南京：东南大学出版社，2004．

[2]［英］伯克．埃德蒙·伯克读本［M］．北京：中央编译出版社，2006．

[3] 钟远波．公共艺术的概念形成与历史沿革［J］．艺术评论，2009（7）．

酝酿和积累的过程，特别是与现代艺术和后现代艺术息息相关。

酝酿阶段——古希腊、古罗马时期

关于公共领域的起源，我们最早可以追溯到古希腊时期。古希腊是欧洲文明的发祥地，在公元前5世纪，古希腊就经历了奴隶制的民主政体改革，形成一个众多城市集合而成的国家。每个城市都可以自行管理事务，市民可以自己选择领导人，开始出现相对开放的奴隶民主制和公共领域，“市民社会”由此开始形成。[1]这种公共市民文化体现在建筑上，就是广场和集会等公共空间的出现。这种公共空间的理念在古希腊著名的建筑师希波丹姆设计规划的米列都城中得到完整的体现：城市由不规则的形状构成，棋盘式的道路网，城市中心由一个广场及一些公共建筑物组成，主要供市民们集合和商业用。这种模式以城市广场为中心，方格网的道路系统为骨架，充分体现了民主和平等的城邦精神。

古罗马时代是西方奴隶制发展的繁荣阶段。公元前300年，罗马几乎征服了全部地中海地区。公元1世纪，在《论共和国·论法律》中，古罗马的西塞罗首次提出了“市民社会”一词，书中这样写道：“已发达到出现城市的文明政治共同体的生活状况。这些共同体有自己的法典（民法），有一定程度的礼仪和都市特性（野蛮人和前城市文化不属于市民社会）、市民合作及依据民法生活并受其调整，以及‘城市生活’和‘商业艺术’的优雅情致。”[2]古罗马人大量地建造公共浴池、斗兽场和宫殿等公共设施。广场、铜像、凯旋门和纪功柱成为城市空间的核心和焦点。

尽管不论在具体成果上还是在意识上，古希腊人和古罗马人都对公共性有一定的涉猎，但是，在古希腊、古罗马时期还不可能具有真正的公共性，民主权利只是针对贵族和自由民而言的，妇女、穷人、奴隶是不包含在内的。

这一时期，在政治生活中强调公民资格问题，提倡公民必须不遗余力地献身于城邦、为城邦的福祉而奋斗，但宗教信仰仍然是当时主要的社会意识形态，占有重要的社会地位。宗教具有绝对的权威，法的制定就是宗教的内容。

古希腊、古罗马的社会制度里都深深地镌刻着宗教的烙印。公共性只是一种隐性而含蓄的存在，处于萌芽阶段。

[1] 戚小村．西方近代公益伦理思想主要流派分析［J］．湖南社会科学，2006（2）．

[2] 参见《布莱克维尔政治学百科全书》“市民社会”条目，中国政法大学出版社，1992．

2.1.1
2.1.2
2.1.3

2.1.1/2.1.2/2.1.3　迪士尼音乐厅

Refik Anadol是一个媒体艺术家和导演，1985年出生于土耳其伊斯坦布尔，目前在美国洛杉矶生活，任加州大学洛杉矶分校设计媒体艺术系的讲师，从2007年至今，他创作了很多令人身临其境的艺术装置作品，把音频、影像与雕塑结合在一起，一次比一次更复杂，更宏伟，形成一种特殊的公共艺术形式和风格。这里介绍的是他的作品之一“cymatics”，这其实是一个“数字渲染迪士尼音乐厅的运动研究项目”，雕塑式的建筑结构构建出模型，设计好的影像一个接一个地投射到模型上，让一个本来普通的建筑丰富多彩起来，所有的空间以及外墙面都成了Refik Anadol的画布，让人们沉浸在这绚烂的光影之中。

准备阶段——中世纪和文艺复兴时期

中世纪的公共艺术是与宗教艺术紧密结合在一起的。在欧洲中世纪时期，宗教至高无上的神权地位变得更加明显。从罗马式、哥特式教堂到壁画、镶嵌画，无不体现出基督教在当时的盛行。这一时期形成的享誉世界的宗教艺术作品，如巴黎圣母院、意大利拉文纳教堂的镶嵌画《查士丁尼皇帝与廷臣》等，已经明显地表现出了艺术为宗教服务的特点。宗教艺术更是在广大民众中传播宗教教义的绝佳途径。人们在教堂里参拜圣母雕塑，壁画上绘有宗教故事供人们观摩，连教堂本身也以一种公共艺术的形式出现。这种公共艺术与宗教的桎梏是分不开的，公众相对只有观看和欣赏的权利，而没有直接参与选择的权利。

宗教的力量一直蔓延到文艺复兴时期，为我们所熟知的艺术巨匠达·芬奇、米开朗琪罗等都为迎合宗教的需求而创作，为教皇服务。即使在教会的专制统治下，早期的商人也已经开始追求利益的最大化，尝试用契约的方法结成新的社会共同体，通过交换、转让的方式来获得城市自治的权利，市民精神逐步形成，为文艺复兴运动准备了条件。而到文艺复兴之后，出现了一种新的权利关系，当时新兴的资产阶级开始逐渐变成社会的主导者，成为传统的艺术赞助人。这种以赞助形式出现的艺术，为了迎合某一阶层人的需要而有了半私密的性质，市民性与公共性相结合。赞助既是一个家族或者阶层自我展示的需要，也是一个社会群体自我定位、自我宣传阶级品位与喜好的必然结果。这种宣传式的公共艺术，使得一种审美趣味伴随着可选择性而在社会上传播，成为阶级文化的载体。

萌芽阶段——工业革命时期

文艺复兴之后，西方国家开始进入市民社会，随着欧洲国家工业革命的相继发展，城市化的进程不断加快，“代表西方历史上的一个革命转折点——给予西方历史独一无二的和奇特的个性。一切后来的发展，包括工业革命和它的产物，其根源都可以追溯到中世纪时代的城市发展。”[1] 直至18世纪西

[1]［意］卡洛·奇波拉．欧洲经济史第1卷［M］．贝昱，张菁译．北京：商务印书馆，1988．

方社会才形成产生公共艺术的两个前提：公共领域和公共性。从哈贝马斯等人的观点和历史的发展综合来看，公共性作为社会公共化的产物与社会制度密切相关，它与私密性和封闭性是相对立的。所谓的“公共领域”，是指介于私人空间与国家机构之间的领域，它是受到公众广泛认可、普遍关注的，而公众的参与、自由交流则体现了“公共性”的特征。“公共领域作为一个社会文化领域，其作用是双重的：不仅使得包括艺术创作在内的各种社会科学探讨从传统的、服从于少数特权阶层、服务于神学家或统治者自身需要的禁锢中解放出来，而且还以一种崭新的方式——理性的商讨方式构建着现代资产阶级的生活方式。公共领域是一种思想、意见、信息可以自由流动的空间。”[1] 这一时期自由言论开始有法律保障，如1776年美国《独立宣言》中指出：“我们认为这些真理是不言而喻的：人人生而平等，他们都从他们的‘造物主’那边被赋予了某种不可转让的权利，其中包括生命权、自由权和追求幸福的权利。”同样地，法国在1789年《人权和公民权宣言》里也写道：“思想和意见的自由交流是最可宝贵的人权之一。人人享有言论自由、写作自由和出版自由，但要对滥用法律所规定的这种自由承担责任。”

启蒙思想运动的兴起更加解放了市民阶层的思想，使得他们参与到公共事务中去，也越来越多地去利用法律维护自身的权利，文化市场随之在18世纪出现，艺术从权贵的手中转移到了中产阶级手中，艺术披上了商品的外衣，成为民众可以讨论交流的文化，更为广泛的公众群体和剧场观众代替了17世纪宫廷贵族的观众群体，作家、艺术家的委托人取代了早期的艺术资助人，艺术品可以向市场发行，只要有钱即可拥有。加之艺术批评在18世纪出现，使公众获得了对艺术品加以评判的权利。但是，当时“公众”社会所体现的不仅是一种政治权利，也是一种财富的权利，“公众”的范畴局限于中产阶级，不是普遍的大众，公共的概念仍然处在形式的层面，不具备普遍意义。

形成阶段——现代主义和后现代主义时期

> 虽然“公共性”概念的提出是在18世纪，但是直到20世纪60年代，公共艺术自身才开始真正得到发展。

现代艺术的核心概念也就是先锋艺术、精英艺术。所谓的精英艺术，也就是反对权威，如官方艺术和学院艺术，同时也强调与大众拉开一定距离，反对庸俗艺术。现代主义艺术中的个人主义、精英主义占据着统治地位，艺术的话语方式变得越来越不被公众所理解，表现出一副拒人千里的姿态。[2] 在现代主义艺术家的眼中，依赖于自身独创性的、独立的艺术才是真正的艺术。如果艺术一味地服从于大众的品位和喜好，就必然会丧失独立性和纯粹性，从而成为堕落的艺术形式。这个时期的艺术家被奉为文化精英，在当时社会占主流地位的抽象艺术家们，自我意识浓烈，其前卫性、精英性、晦涩性，得不到大众的普遍认可。艺术家标榜艺术的精英文化与大众的生活逐渐脱离，将他们神秘莫测的作品付诸于生活的公共空间之中，屡屡遭到公众的反感，公共艺术中的精英与大众的矛盾不断加深。公共艺术的发展迫切需要一种符合大众审美，与大众互动的艺术方式。

由于现代艺术与大众之间的隔阂和艺术内部自身的问题与矛盾，新一代艺术开始从另一个角度思考艺术与大众、艺术与社会生活之间的关系。随着精英主义的消失，西方艺术发生了从审美到文化的转型，大众对艺术的追求及兴起是艺术形式

---

[1] 初枢昊．社会生活中的权利叙事：托马斯·克劳视野中的印象派与18世纪法国沙龙绘画［J］．世界美术，2006（1）．
[2] ［美］H·H·阿纳森．西方现代艺术史［M］．邹德侬等译．天津：天津人民美术出版社，2003．

发生变化的主要原因，艺术走向大众的同时造成了艺术生活化的转变，也就使得普通大众越发地受到艺术的关注。艺术家的创作语言开始生活化、通俗化，公共艺术作品本身更加注重与公众的关系，形成互动的和双向的交流。像欧美国家出现的波普艺术就提倡“艺术源于生活、高于生活”，模糊艺术与大众生活的界限，通过对流行文化、流行元素的复制、挪用、拼贴等，使艺术作品与日常生活息息相关，引起人们对艺术和生活的关系的反思。

成长阶段——数字化时代

随着经济的发展和社会的进步，都市化进展也越来越快。城市的发展成为社会公共事业和公共建设不可或缺的一个重要部分。其中，公共艺术是城市文化的重要内容，同时折射出城市的物质文明和精神文明，城市的历史和未来。公共艺术的水平表征着一个城市的精神面貌和文化品位，优秀的公共艺术作品也会融入一个城市的文化脉络中，最终成为一个城市历史记忆的一部分。公共艺术对于一个城市的构造不同于工业建设，它不是破坏性的、不可修复的，而是环保的、可持续发展的。公共艺术大多怀有对人类生存环境的关注，对地球未来命运的担忧。于是，公共艺术非常注重人和城市的互动、人与大自然的和谐相处。[1] 随着新媒体技术的应用与推广，新的艺术形式越来越多地被应用于当代公共艺术的创作中，区别于传统单一的“有形”雕塑、壁画等公共艺术作品，在当代公共艺术领域，多媒体新技术的介入使得作品的表现形式更加丰富多彩。如动力与光雕塑、声音艺术、影像艺术、数码艺术、互动艺术、网络艺术等借助于新科技、新手段的作品，它们将无形的介质在有形的载体上灵活展示，传达出一种公共艺术的新力量。近年开始流行于多个国家的虚拟现实技术为公共艺术开创了全新的展示空间，让艺术作品变成了动态的、涉及多维空间的新形态（图2.1.4）。在法国拉瓦勒开幕的虚拟现实国际会议上日本廊展出的一段舞蹈，利用电子哈哈镜式的装置进行时空随意组合，在有形作品的框架里，却是机械、材料、电脑、多媒体等一系列新技术以及对现成技术灵活的组合运用而构成的这种数字化新技术背景下的艺术展示。另外，网络艺术由于打破了人们对时间、空间的认识，改变了现行的思考模式和互动方式，也给艺术注入了新的生机。首位网络艺术大师约翰・赛门在1997年1月制作的“每个图像”就是一个基于网络互动的公共艺术作品。这个作品是关于时间、空间、视觉和电脑语言的作品。参与者每次登录网站后看到的作品都是不同的，都是变化着的。此作品传达了作者对于生命无限感的体悟。正是由于采用了新技术，才使得这种互动性变化更加方便地被实现。

纵观整个公共艺术的发展历史，我们可以看到公共艺术的产生有一个漫长的社会物质、精神和心理铺垫过程，同时也与整个艺术的发展历程息息相关，特别是在历史进入了现代艺术阶段之后，公共艺术便产生并迅速地发展起来了。

2.1.4　舞蹈，法国拉瓦勒，虚拟现实国际会议
Dance Laval, France International Conference on Virtual Reality

[1] 翁剑青. 城市公共艺术 [M]. 南京：东南大学出版社，2004.

二、公共艺术概念的辨析

Definition of public art

1. 公共艺术概念的界定

公共艺术（Public Art），是一个外来语，由“公共”和“艺术”这两个词共同组成。公共就是社会的意思。公共的主体是民众、大众，是一个集群的概念。公共艺术在当代社会，无论是美术界还是理论界都成为一个很时兴的话题，随着时代的发展，公共艺术的身影开始弥漫在城市大大小小的角落或是街头巷尾。但是，如果我们要用比较简洁的词语来给它下个定义、作出理论上完整的概括，那么，无论是在西方国家还是在中国，都是一个很难说清楚的概念。造成这种现象的原因有：现有的关于公共艺术的理论研究与讨论都是由“公共领域”的西方理论衍生而来的，在理论界处在西方社会背景下的学术圈子内，缺乏更广泛、更有深度的理论交锋；再有公共艺术概念的本身，其内涵和外延至今未形成约定俗成的一致认识，究竟什么算是公共艺术作品，其判断的口径常常被任意地扩大或缩小，由此产生受众对作品的解读与常识相背离的情况。在不同的国家、不同的地域、不同的城市、不同的发展水平，受众对其有着不同程度的理解。

在英国的西南部，公共艺术委员会是这样界定公共艺术的：“公共艺术一词表示艺术家及工匠在人造、自然、都市或农村环境下工作。目的是整合艺术家与工匠的技术、视野及创造力，将之融入建立新空间及再造旧空间的过程中，以独特的素质鼓吹发展在建立视觉环境中令空间增添活力和动感，与艺术家及工匠一同工作提供设计概念的机会，让艺术超越纯粹功能的作用，为地区、国家或地域创造一个反映生活及希望的地方。”[1]

美国的印第安纳波利斯是这样界定公共艺术的：现在，在许多的现代化城市中，艺术家与建筑师、工程师和景观设计师共同合作，以创造视觉化空间来丰富公共场所。这些共同合作的专案包括人行步道、脚踏车车道、街道和涵洞等公共工程。所有这些公共艺术表现方式，使得一个城市越发有趣与适合居住、工作及参访。

在中国的香港，把公共艺术范畴归结为：“铺路、园景建筑及种植花木、筑围墙、砌砖、制造玻璃、装门、栅栏、窗户、布光、座椅、游乐区等。可以表现于挂毯、地毯、纺织品、悬挂物、旗帜、颜色的运用、版面设计、雕塑、陶器、瓷砖、室内灯饰、标志。可以是雕刻、摄影、印章、油画、电影、电脑影像、表演、节目、音乐制作等，更可引用故事或文字，令作品更具有装饰性幽默、优美、精巧或争议。同时可以代表我们的传统或诵读未来，突出独有的地方及成果或将事情概念化，作品可以是持久或暂时、内在或

---

[1] 许焯权. 公共艺术研究 [M]. 香港：香港大学文化政策研究中心，2003.

表面、整体或独立、纪念用或家用、大规模或小规模、设计或装饰。”[1]

台湾学者林宝尧认为：公共艺术，顾名思义，即公共艺术，非私人的艺术。换言之，艺术是为公共目的，而非为私人而设置的。故其义极明，即为公共者，且一切属公共领域范围皆是，即是所谓的“公共艺术”了。“公共”这个概念具有时空性：如何让此件作品具有公共性？那就必须拥有“时间”与“空间”的公共性，即空间上，强调共有，共同支配，时间上，具有共有意识和公共制度特征。

综合上述看法可知公共艺术存在的两个必要条件：公共空间与公众参与。公众的社会活动、空间活动和文化活动共同构成了公共领域。公共空间是相对于私人空间或非开放的私密空间而存在的。例如街道、公园，这些对公众开放的地方都可以叫做公共空间。所以公共艺术发生的场所是区别于架上绘画的，是发生在一个大家都能看见、都能进入的开放型空间里的。

除了这种物理性质上的定义外，还有一种文化上的开发性。也就是说，公共艺术的指向是面对大众和社会的，是为公众服务的，并赋予公民参与公共事务的权利，是一种公众文化品格和价值观的体现。

此外，公共艺术是一个发展的概念。其外沿和内涵是随着社会的需要、认知、理论批评的发展而持续变化的。一方面，公共艺术的概念不断地自我延展和再次定位；另一方面，公共艺术也在不断地调整着与整个社会的需求认知关系，体现着人们对自身和外部环境的认同与理解。

我们可以对公共艺术的概念进行粗略的界定：公共艺术是以大众的需求为前提，以政府、机关单位、艺术家、设计师的指导为动力的艺术创作活动。广义来说，泛指私人空间以外的一切艺术创作或活动。狭义来讲，是指放置在公共空间中有大众参与的艺术作品，是一种为公共服务的艺术。

2. 公共艺术与“公有空间艺术”

有人认为，公共艺术就是所谓的“公有空间艺术”。“公有空间艺术”（Art of Public Space），是指由艺术家、赞助商与公众参与创作的艺术，早在20世纪前，大多是在公共场所里放置雕塑作品，到20世纪70年代前，对“公有空间艺术”进行了范围上的延伸，但是与公共艺术仍然存在着本质差异。还有人认为

---

[1] 许焯权. 公共艺术研究［M］. 中国香港：香港大学文化政策研究中心，2003.

公共艺术实际上就是“城市公共空间的场所文化”，把“艺术”提到“文化”的高度上。在孙振华的《公共艺术时代》一书中，就把“地景艺术”、“山地雕塑”纳入公共艺术的范畴中，很显然，这些艺术形式是不在城市公共空间范围内的（图2.2.1）。[1] 由美国雕塑艺术家罗伯特·史密斯在1970年用玄武岩和泥土创造的地景艺术作品“螺旋形防波堤”，螺旋长1500英尺（450m），一直延伸到湖深处。

近些年来，艺术创作的形式越来越丰富，不断推陈出新，对公共艺术的认知也在不断被填充、被扩大。“公共性”是公共艺术的本质特征，我们往往围绕是否具有“公共性”的问题，与“公有空间艺术”进行区别。同样是在公共场所，户外万人演唱会、歌舞、曲艺……却不被认为是公共艺术，尽管它们具备的公共性是不可置疑的。因此，公共艺术的概念应该主要是在视觉领域的、在美术界的，而不是整个艺术领域。同样，对于“公有空间”的划定，应该是公众不受约束的、可以自由出入的、全天开放的场所，收费、限时的公共空间（博物馆、歌剧

[1] 孙振华. 公共艺术时代 [M]. 南京：江苏美术出版社，2003.

	2.2.1
	2.2.2
	2.2.3

2.2.1 地景艺术作品——“螺旋形防波堤”
Land Art--Spiral Jetty
2.2.2 古根海姆博物馆
Guggenheim Museum
2.2.3 蓬皮杜国家文化艺术中心
Centre Georges Pompidou

院、展厅等），即私人、官方或团体所有的空间艺术，都不是公共艺术。但是，为这些进行私人、官方活动展示用的公共设施建筑却可以看作是公共艺术。因为有些建筑虽然具备建筑本身的功能，它们内在为演出、展览等公众活动提供有限的公众空间，却在其外在形成地标性建筑的功能，具备了如巴黎埃菲尔铁塔一样有名的公众效益，如悉尼歌剧院、古根海姆博物馆、蓬皮杜国家文化艺术中心及朗香教堂等。（图2.2.2、图2.2.3）

也有不少评论者，在判断公共艺术概念时，重点抓住“公共场所”一词，格外强调“户外”，使得公共艺术的概念过于形式化。前面提到的博物馆、戏剧院等公共空间里的艺术展示不属于公共艺术范畴，但并不代表公共艺术存在的“公共空间”只能在户外，像交通空间里，如地铁站、候车厅、公交站台、飞机场大厅等诸多公有空间里的壁画、装饰艺术品、陈设艺术品、装置艺术、环境艺术甚至涂鸦艺术等，都成为公共艺术的范畴。由以上可知，公共艺术中的“公共空间”不必仅限于城市公有空间或户外环境，但必须具备公众可聚集、流通的公共环境，公共艺术的创作必须以公众参与为目的，并被其接受认可。

因此，我们可以抓住几个要点来辨别公共艺术与“公有空间艺术”的区别：

首先，公共艺术必须具备公共性，即在人们日常生活中所能看见、参与的地方发生。如果发生的地方人较少，则会降低公共艺术的影响力。

公共艺术是发生在公共场合的与美术相关的艺术及艺术活动，像演唱会、大型表演，不能被称为公共艺术，因为其性质是文艺演出。公共艺术必须具有几何特征与美学质量。但是公共艺术的存在方式并不是依赖于艺术的样式、流派、风格，它根本是依赖一种集体主义或群体象征意义而存在的场所或空间的。

公共艺术必须是在公共场合发生的。公共空间必须是开敞的，用于室外活动的或者是人们可以感知的空间。包括两类：第一是室外的任何人都可以看见的，像博物馆、图书馆这类的内部陈列不算，但博物馆建筑本身可以算。第二类是室内的，比如地铁站、公交车站内部的壁画等艺术形式。因此，公共艺术可以看作是一种居住的消费艺术，通过艺术手段来规划、布置、改造公共空间，从而达到美化公共环境、提升空间形象、满足公众审美等内涵性精神消费需求。

公共艺术严格区别于以展览为目的的艺术。这不仅因为美术展览是现代主义时期产生的精英式的艺术，而且公共艺术是一个后现代艺术的概念，还因为展览是限时开放的，有时候需要买票，不是能够自由出入的。

公共艺术是一门复合的艺术，是一门以城市规划为先导的包含了建筑、壁画、园林、景观、雕塑等不同艺术形式的综合性艺术。

从更深的层次来讲，公共艺术是存在于公共空间的艺术与当下社会公众发生联系的一种方式，它体现着公共空间所具有的民主、交流、开放、合作、分享的态度和精神指向。[1]

3. 公共艺术在中国的“新概念”

要想说清楚公共艺术在中国的概念，首先要解释一下公共艺术赖以寄存的土壤——“市民社会”。中国的市民社会可以追溯到近代，孙中山领导的辛亥革命推翻了封建社会，将民权、民主、民生的三民主义思想植入国人心里。市民社会的存在需要两个内在条件：第一是民主制度，第二是相对好的经济环境。

国内公共艺术的萌芽除了政治环境的宽松和整个20世纪80年代民主气氛的高涨之外，机场壁画的热潮也给国内的公共艺术打开了一个崭新的视野。1979年9月，为了庆祝新中国成立30周年，首都机场开始筹备机场壁画，包括壁画作品和其他数十件书画作品。机场壁画打破了“文革”期间的红光亮、高大全的样板模式，开创了具有新时代精神面貌的更加贴近当下生活的艺术。[2]从这个意义上来说，机场壁画显示出了一种开放和革新的新气象，提倡优化全民的公共生活空间和文化空间。美术从架上解放了出来，人们不再是只能在美术馆、博物馆欣赏到艺术作品，在生活的某些公共空间中也可以领略到新时代的美感。艺术从象牙塔中走了出来，走向公共空间，走向一个属于公众的时代本身。

机场壁画将艺术作品的风格、样式、题材与公共建筑空间进行了有机的结合，它的形式风格和装饰趣味比题材本身所表达的内涵要深远得多。随着首都国际机场壁画所引起的轰动，壁画热潮开始在全国兴起。中国大小城市的许多公共场合，如火车站、饭店、宾馆、博物馆、图书馆等都出现了一些壁画。壁画家们开始从壁画的功用、制作手法、风格样式等角度来探讨建筑与壁画之间的关系。

20世纪80年代公共艺术的萌芽不仅有壁画，还包括城市雕塑。这个时候，美化城市的观念使得雕塑家们不得不抛弃把雕塑看作孤立的作品这种观念，将雕塑与诸如道路、建筑、公园、广场等城市其他元素放在一起综合考虑。比如说1980年广东珠海的一个雕塑“珠海渔女”就是突出

[1] 睢建环. 公共艺术初论［D］. 天津：天津大学，2005.
[2] 吴士新. 中国当代公共艺术研究［D］. 北京：中国艺术研究院，2005.

了当代海洋地域以渔业为主的农业特征，反映了一个城市的特点和品格。
20世纪90年代以后的中国公共艺术，是在具有更加浓烈的平民化味道和商业气息的环境中成长起来的，大众消费和公众消费的意识被强化。90年代的公共艺术更加突出了公民的价值和意义。公共艺术呈现出更加多元化的面貌，大量的广场、绿地、雕塑、公园和公共建筑相继出现。各种艺术风格并存，写实、抽象、浪漫主义、装置、极少主义等多样化的风格语言各领风骚。

近几年，公共艺术在中国的出现越来越频繁。但总的来说，中国的“公共艺术”处在刚刚起步的阶段，“公共艺术”的概念还没有被普通大众广泛认知，还有很多人都不知道何谓“公共艺术”。就算是业内人士也无法清楚地说明公共艺术的概念，因为公共艺术在新时代背景下不断地成长壮大，它的范畴实在太广泛，又很前卫，依然在不断探索中。

“公共艺术”这个名词本身就很抽象，人们是无法简单地从字面上去理解的，如果从字上面理解，它就不能成为一个单独的学科或专业而是多门学科的综合概括或提炼，可以说，环境、绿化、建筑、工业、影视等涉及传播公共信息、影响公众、与大众进行互动、体现城市文化特色的部分都可归在公共艺术范畴里。

我们无法为公共艺术划定清晰的界限，我们为其寻找到最根本的特点，为公众服务，是属于普通大众，确切地说，应该是属于所有社会个体，所有处在公共空间的人，没有身份、地位、财富的区分对待，大家共同享有，并认同它，它可以是物理的，比如公共设施、景观雕塑等物化的实体，也可以采用活动、游戏、表演等动的形式使大众参与其中，体会互动的过程。

它可以体现城市特色、辐射历史文化、反映社会现象、批判社会弊端、歌颂社会积极面，也可以就是简简单单的，不承载任何沉重的话题，只是给大众增添生活乐趣，添加文化情调，美化环境等，具有实用的价值。另外，在笔者看来，公共艺术也不是城市的专利，虽然它最早产生于城市并伴随城市化发展而发展，但它既然是属于公众的文化，也应该属于其他非城市地域，如乡野、山村，我们依然可以用一些适用于特定地区的艺术形式，传播公共艺术。

随着近年来中国越来越重视文化建设，公共艺术应该是最利于文化迅速传播发展的媒介，相对国家和城市的形象而言，公共艺术起到了文化拯救的作用，它与社会大众产生了沟通的能效，要发展公共艺术，要发展中国特色的公共艺术，以此可提升经济活力，塑造和谐的社会环境，更加有利于我国和谐社会的发展，中国的公共艺术有一片广阔的前景。

三、当代公共艺术的现状

Contemporary public art

公共艺术是人们在自然生活中根据人类自身需要营造人工环境的一种艺术形式。随着科学技术的快速发展，工业革命后，机械生产取代了手工制造。人们从繁忙的生产关系中解放出来，越来越多地参与到公众活动中。在物质文明高度发达的今天，人们创造更高品质生活的要求也逐渐增高，进入21世纪后，社会问题、环境问题的出现，为公共艺术的发展提供了新契机。公共艺术的创作越发地贴近市民生活、贴近社会，体现人与社会、人与自然和谐发展的境界，并且在创作方式、媒介载体、传达方法、观众参与上呈现出多元化。

1. 欧洲城市公共艺术的源起与发展

公共艺术自产生起就与城市有关，城市生活里缺少不了公共艺术的身影。从发生学上讲，欧洲城市公共艺术的起源可以追溯到古希腊雅典城的阳光广场，在那个时代，艺术已经因为大型广场和公共建筑的出现而初步表现出开放性和参与性的特征。直到“二战”后，真正的公共艺术才开始诞生。

我们从发展的角度来谈，城市是在不断发展变化的，因此，公众的需求也是在不断变化的。欧洲中世纪时期，在教皇统治下，艺术都是为神权服务的，壁画、挂饰、雕塑都摆设在教堂内部，宣扬宗教精神，维护神权专制。后来这种为少数权贵服务的艺术真正从架上艺术走向市民群众，公共权力的转移，标志着欧洲公共艺术开始真正地成长起来。后现代主义时期，欧洲公共艺术的发展进入了崭新的阶段，城市公共艺术展现出对市民生活的融合，对生态发展的思考，对社会共生和谐的探索，对艺术媒介的试验，公共艺术开始平民化、生活化。在全球可持续发展的背景下，公共艺术家们在德国汉堡市植物园中尝试用钢筋制作了类似植物纤维的公共环境艺术作品，使公共艺术与环境发生关系，体现了生态平衡与和谐（图2.3.1）。如何使公共艺术作品更加受到大众的喜爱，符合大众需求，融入大众的生活呢？在荷兰阿姆斯特丹步行街上的一组雕塑，把大众与作品融合在了一起，体现了作品与受众的和谐关系（图2.3.2）。

在欧洲，公共艺术呈现出更加自由开放的新面貌，形式丰富多彩，方法推陈出新，努力营造城市生活中轻松随意的和谐公共环境，在艺术品创造上体现出人性化、和谐化的趋势。我们可以看到意大利都灵夜晚的灯光艺术，葡萄牙里斯本街头墙壁上轻松随意的涂鸦艺术，英国伦敦狗岛卡波特广场体现人文关怀的夫妻坐像，西班牙巴塞罗那的诙谐大虾造型的休息凉棚以及法国巴黎斯特拉文斯基广场上颜色艳丽、酷似达利作品的喷泉雕塑……“二战”后欧洲在和平发展的背景下，为了加快城市化进程，英、德等国家通过制定相应的文化政策和成立委员会来支持公共艺术的发展，建立公共艺术的发展机制，欧洲城市的发展正如罗杰斯在《迈向城市的文艺复兴》的研究报告中提到的：“要达到城市的复兴，并不仅仅关系到数字和比例，而是要创造一种人们所期盼的高质量和具有持久活力的城市生活。”

例如在奥地利，政府就留有相对较大的空间来发展公共艺术。1996年奥地利采用了一种新的艺术政策：地方政府每年将建设工程费的1%作为公共艺术发展基金。基金资助的公共艺术类别很广，可以独立于任何一个建筑项目，包括市区广场设计、纪念碑设计、居民空间设计等。也可以资助短期的公共艺术创作。公共艺术包括雕塑、街头家具、环境设计等。基金会的评审团来自于社会各个方面，包括本地及海外的艺术家、建筑师、设计师和其他社会人士。瑞士在公共艺术的议题中，相对于其他欧洲国家引入了更多的民主制度，并采用地方分权的模式，让不同地区和城市有更大的空间去探索适合自己地域文化的公共艺术。

综合欧洲各个国家公共艺术的发展现状，欧洲的城市从重建、复兴到更新、再建，再到20世纪90年代后“城市复兴”的理论与实践，越来越强调城市整体设计的核心作用，更注意历史文化与文脉的保存，并将之纳入到可持续发展的环境理念中去。[1]

2.3.1	
2.3.2	

2.3.1　德国汉堡的公共艺术
Public Art in Hamburg, Germany
2.3.2　荷兰阿姆斯特丹的公共艺术
Public Art in Amsterdam

[1] 中国雕塑——公共艺术与城市文化［EB/OL］(http: //www. lumei. edu. cn/newmeitian/3mysy/comment/07101501. html)

2. 美国城市公共艺术的语言

真正意义上的公共艺术诞生在1960年以后的美国，伴随着“二战”后美国对城市的规划、重建和艺术领域精英文化的消失，艺术家们把艺术创作搬到了城市公共空间中，大量室外艺术作品的出现，使得“公共艺术”一词终于诞生。

美国的公共艺术中比较有代表性的就是由整座山体雕成的拉什莫尔国父纪念碑。拉什莫尔国父山因其地理环境、历史语境而显得与众不同。它一方面具有美国公共艺术的基本价值共性与结构，另一方面又彰显了这一艺术杰作随时代而展现出的不同风貌与特征。因此，它成为了窥视美国公共艺术实现其国家价值观的绝好范本。

公共艺术在美国真正成型后，为了使公共艺术有一个良好的发展空间，美国政府通过国家资助和私人资助的方式，建立了规范化的符合社会发展现状的公共艺术机制，美国公共艺术的发展无疑是走在世界前列的。1930年罗斯福政府实行新政时期，就已经折射出美国公共艺术的发展特质：公众渴求平等的艺术，艺术也应实现民主化，艺术家的艺术创作能够表现美国的理想与认知价值，希望通过艺术将美国各地域的人都联系起来，创造美国的艺术语言。经济大萧条过后，美国在政治、文化、经济上进入了新的发展时期，为公共艺术的发展提供了公共艺术政策、组织机构管理、稳定的资金保障。随着大众对公众事务的参与不断增多，在美国不少艺术家开始挑战传统公共艺术，如我们所熟悉的拉什莫尔山、自由女神像等，那些庄严、肃穆，富有纪念意义的大型雕塑被搬下了神坛，去为大众创作平民化的艺术，给大众生活带来快乐。其中的代表人物就是克莱斯·奥登伯格。他的作品诙谐幽默、反常规，例如他设计的“反纪念碑”系列雕塑，调侃华盛顿纪念碑的一把大剪刀，巨大的别针、衣

2.3.3 奥登伯格的公共艺术作品
Public art work of Oldenburg
2.3.4 位于千禧公园内“映射诗意城市”的云门雕塑
Cloud Gate Sculpure of “Mapping Poetic City” and Crown Fountain with interactive fun, located in Millennium Park

架、自行车脚蹬、领带等（图2.3.3）。这些本来是生活中常常能见到的必备的日用品，但是当它们以一种夸张的尺寸被放大出现在公共领域，进入大众视野的时候，就与其本身的环境语境脱离了，使其成为了与私密物品相对的大众艺术品。这些日常生活中司空见惯的用品被反常规地放大后放置在公共空间中，使受众获得了非常亲切、趣味性强的感受，拉近了公共艺术与受众的关系。

美国公共艺术的代表之作还有位于圣安东尼奥市的戴维·戴明的一件色彩艳丽的抽象环境作品，埃罗·沙里宁的象征东西方友好的“拱形门”，乔治·休格曼在布法罗的像儿童剪纸般自由奔放的艺术作品，芝加哥千禧公园的云门雕塑（图2.3.4）。另外一些公共艺术作品因为备受争议而更加凸显了公共性这一命题。例如美国纽约的艺术家John Ahearn的一件公共雕塑作品在放置一个星期后被迫拆除运走。John 的雕塑原型是来自South Bronx的三个普通人：Raymond，Corey和Daleesha，他们的身份分别是失业者、监狱犯人和穷苦小女孩，这是三个处在社会边缘状态的人。他们真真实实来自这个贫穷的被暴力、毒品、艾滋病充斥的社区。这件作品展出时，各界反响不一。一些人来自当局，警察局、政府和部分民众认为城市需要一些美好和积极的作品，而不是反映社会阴暗面的消极作品。另外一些人的观点里又掺杂了种族的问题。但是，也有一部分人认为这个作品相当不错，因为它代表着这个社区最真实的一面。因此，这件公共艺术品本身具有的艺术感和复杂性让它成为了美国公共艺术代表的多元文化和不同价值观的一个影射。

这些公共艺术不仅与美国的流行文化息息相关，更体现了20世纪美国在艺术上的领先风潮。另外，这些公共艺术作品揭示了美国公共艺术发展的成熟和进步，映射出了城市中和谐轻松的居住环境，体现了美国城市多样性的文化特征，更加预示了公共艺术发展的广阔未来。

3. 亚洲城市公共艺术的传承与创新

第二次世界大战后，世界开始进入和平发展的时期，从20世纪60年代开始，亚洲的韩国、新加坡和中国的台湾、香港推行出口导向型战略，迅速在短时间内实现了经济的腾飞，加快了城市发展的步伐，“东亚模式”引起了全世界的关注，后来，泰国、马来西亚、菲律宾和印度尼西亚也在90年代加快了经济发展。城市的发展，势必牵连到城市公共艺术的进步，从发生学的角度看，公共艺术源自西方国家，当这种艺术形式传承到亚洲国家，伴随着亚洲经济的复苏和突飞猛进，公共艺术得到了本土化的创新和发展。在亚洲国家，日本对公共艺术的传承和发展就是很好的例子。日本在二战后寻求艺术文化的新发展，制定了双管齐下的文化政策，首先要保留本民族、本土化的艺术，将传统更好地传承下去，同时日本是一个善于吸收外来文化的国家，对外来文化进行包容创新，形成自己独特的文化内涵。二战后日本出现的极富影响的公共艺术家以草间弥生为代表，她被日本国内称为“怪兽婆婆”，她的作品涉猎非常广泛，包括绘画、拼贴、雕塑、表演、电影、装置、音乐等多个领域。作品多寓意生命的主题，无穷尽的原点和条纹，艳丽的色彩像海洋般浩瀚无垠，错乱的时空混淆真实空间的存在……它们像细胞、分子、种族，它们是组成生命的基本元素，用她的话说：“地球也不过只是百万个圆点中的一个。”（图2.3.5 图2.3.6）

日本当代艺术界的明星宫岛达男，参加过无数国际大展中有关公共艺术的设计，例如1988年参加威尼斯双年展，1998年参加台北双年展。他的公共艺术创作有三个理念：第一，持续变化。第二，永不停歇。第三，与万事万物联结。宫岛达男创作的影响力最优的作品是他在2003年为朝日电视台总部所创作的“计算虚空”。这件作品是由6个高达3.2米的数码计时器组合而成的。每个计时器以不同的速度计算从9到1这几个数字，然后是一个空白和虚空，就这样周而复始地循环。这件作品在夜晚显得尤为震撼，视觉效果让人惊奇。在这件作品中，充斥着对比：黑色和白色、短暂与永恒、生命与死亡等。这位日本艺术家通过他的一系列公共艺术作品表达着自己对人类命运、时间、空间的思考，探索着人类的生命与存在等终极真理。[1]

可见，日本现代公共艺术走的是一条坚持社会关怀之路，作品中反映出的是日本的人文精神、民主意识、创新方法，这是值得我们借鉴的。

韩国的公共艺术发展也没有单纯地延续传统，以影像艺术之父白南准为代表的韩国视频装置艺术家创造了前卫公共艺术装置作品，这无疑扩展了公共艺术的发展前景（图2.3.7～图2.3.9）。

中国香港的公共艺术，一方面由政府出资出政策引导，另一

2.3.5/2.3.6 日本公共艺术
Public Art in Japan

[1] 胡超圣，袁广鸣. 魔幻城市：科技公共艺术［M］. 台北：台湾典藏家庭公司，2005.

方面，商业活动的发达与需求也在繁荣着公共艺术，例如以公益和慈善的性质来通过审批，再者由于香港多元的文化氛围，许多民间的团体、社团与个体艺术家也在积极从事公共艺术的探索。

近年来，我国台湾的公共艺术也在飞速发展，“几年以前，台湾公共艺术的主流形态，大致上是把艺术品放置在公共场所，所谓的公共参与，不过是在设置前后开一场邀请民众参加的说明会或票选活动而已。但是在最近两三年，‘公共性’逐渐被重视、被强调，说明会、问卷调查、社区工作站、居民集体创作（艺术家成为沟通、协助的角色）……以公共性为诉求的设置方案已出现，这在十年前是无法想象的。”[1] 例如善于使用光为艺术元素的台湾艺术家林佩淳一直以来就用作品表达对自然的关怀。她的以都市中的消费性材料，如灯箱，构建出一种人工风景展示于室外，供人们欣赏。为了突出现代社会消费的快速性，她的作品中的图像多处理成广告看板或者是海报条幅，并且是可以移动的，能够随着背景和环境的不同组合成多种造型。她的作品正是用现代科技的先进手法来反讽现代文明的荒诞，用文明的产物来质疑文明本身。正如台湾艺术家石瑞仁评价她说：“林佩淳很能针对不同的空间场域，在理性规划与感性挥洒之间作不同的权衡与调适，为其符号体进行对应的重置与安排。”[2]
亚洲国家的公共艺术没有抄袭西方发展的路子，而是积极探索公共艺术远大的前景，勇于创新，走向一条彰显自己特色之路。

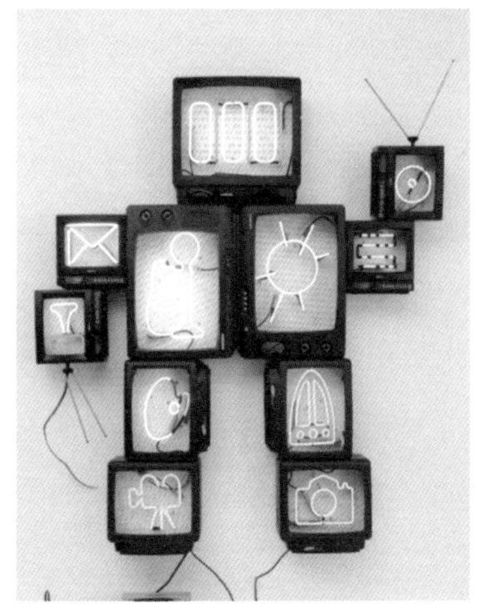

2.3.7
2.3.8
2.3.9

2.3.7/2.3.8/2.3.9　韩国公共艺术
Public Art in South Korea

4. 中国大陆地区城市公共艺术的成长与发展

对我国而言，公共艺术还是一个新概念，这个概念是在20世纪90年代社会转型时期大量出现而开始被公众认知的，公共艺术与城市公共领域的不断增多和市民社会的逐步形成是密切相关的，因此，我们可以看到，公共艺术在我国城市的发展建设中扮演着重要的角色，对于体现城市文化价值，凸显

[1] 倪再沁. 艺术反转：公民美学与公共艺术［M］. 台北：台湾典藏家庭公司，2005.
[2] 胡超圣，袁广鸣. 魔幻城市：科技公共艺术［M］. 台北：台湾典藏家庭公司，2005.

城市形象，促进我国社会经济的长足发展，加速中国城市化进程有不可替代的作用。

在我国，公共艺术这个概念出现以前，都是以“城市雕塑”、“环境艺术”称谓的。到了20世纪80年代中后期，公共艺术开始注重与环境之间的互动关系，这是我国改革开放以来，经济飞速发展导致的一系列环境问题所引发的，艺术家们也开始注意环境恶化给城市民众生活所带来的影响，在这个时期，艺术创作多是以环境问题、生态保护为主线的。正像一篇评论文章所说，80年代现代意识的一个重大发展，不是什么主义、运动，也不是什么风格、流派，而是环境艺术与环境设计的普遍认同。直到20世纪90年代，社会转型和城市建设进程的加速，使得公共艺术的发展呈现出了区别于往常的发展态势，它开始与商业社会的特征结合起来，产生了以营利为目的的艺术创作，另一方面，经济的发展使公众的消费观念得到更新，以引导消费为目的的艺术也出现了，公共艺术呈现出了大众参与的态势。

公共艺术在我国开始发展繁荣并不代表我们就拥有了公共艺术的创新理念和丰富的创作语言，在我国，公共艺术发展的同时也暴露出一系列的问题：

（1）不同城市之间出现了公共艺术的“复制品”或“抄袭仿制品”。我们知道，一件优秀的公共艺术作品可以获得大众认知和共鸣，更容易被记忆和认同，往往会成为一个城市形象的代表或标志。正因为如此，这样的公共艺术作品就具备了“名人效应”，在国内不少地方也出现了类似的、仿制的作品，严重损坏了城市各自的特色和文化背景，使城市形象变得缺乏活力与创新。

（2）公共艺术在我国出现了浮夸的“形象工程”现象。公共艺术不仅仅代表一个城市的形象，也是当地政府官员们显示其政绩的一张成绩单。中国是一个具有官本位系统的国家，有些政府领导为了显示自己的政绩，迎合政治需要，做足“面子工程”，违背公共艺术“为民服务”的本质，抹杀了公共艺术在城市建设中的真正意义，这些现象最终只是劳民伤财，资源浪费。

（3）公共艺术作品求量不求质，作品劣质、无内涵、低俗。因为公共艺术在我国诞生的时间较晚，为了与国外的发展持平，盲目赶超。城市的公共空间规划不根据当地具体情况来具体设计，而是艺术品的劣质制造，无视公共艺术所处的空间环境，作品没有任何内涵，无法得到受众的共鸣与参与，像城市的补丁，而不是代表城市文化的表情符号。

造成我国公共艺术发展良莠不齐的原因有很多：我国是一个有五千年历史文化的大国，中华传统文化与现代艺术之间的冲突、碰撞，使设计师无法恰当把握，大众审美的倾向出现较多差异化的区别对待，对外来文化不是太容易接受，艺术家在创作中的艺术语言无法被受众解读和获得理解认同，城市建设和公共艺术规划等问题，都影响着公共艺术在我国的发展。

公共艺术在我国的发展，离不开政府机构的支持或团体、私人的赞助，创作的目的始终是“为人民服务”，只有建立规范化的公共艺术机制，创作可被大众认可，体现城市特色和国家形象的公共艺术，才是中国公共艺术继续完善下去的方向，同时，我们也应该借鉴日本公共艺术发展的模式，传承中华民族的传统文化，并吸收外来文化进行衍生创新。“只有民族的才是世界的”，中华民族的文化传统博大精深，更加能为公共艺术创作提供源源不断的养分。我们相信，中国公共艺术的发展前景将无限远大。

四、当代城市公共艺术的互动性体现

Interactivity in contemporary urban public art

公共艺术现在是全球范围的一门艺术学科，在我们国内才刚起步。在当今中国社会经济文化高速发展的时代，公共艺术被迅速地推向了当代艺术的前沿。我们知道，当代公共艺术的发展明显处在不同的层次上，因而也使市民的生活质量和思想意识在不同的层面得到提升。当代城市的公共艺术是设置于城市公共空间的艺术作品，城市的公共艺术作品融入了艺术气质与人文气息，美化了我们的城市街道……公共艺术可以为现代化的城市注入更为生动、富有灵气的性格特质。在众多强调民众参与性的公共艺术方案里，公共艺术的互动性的体现有助于加强公众彼此之间及公众与社会之间的交流沟通，从而营造和睦的社会氛围。

由此可见，公共艺术不仅关系到城市的全盘硬件规划，并且对于建构我们理想的人文社会大有裨益。另一方面，公共艺术一直在强调艺术的公共性、参与性和民主性，因此一件成功的公共艺术作品必须依赖与受众之间多方的沟通、谅解和包容。提高一个城市的包容性和掌握对不同公共艺术作品传达的不同观点进行解读并接受的能力是非常关键的。所以，如艺术评论家凯特琳·格鲁所说："一件在户外的作品不能冀求有美术馆的条件（即使我们将城市视为一个大展览馆）。它要结合两种能量：一为艺术，它是作品的上游精神，可以跨越任何界限；另一个，则是作为不相识的个体们集会与交流的公共空间。"[1]

公共艺术过去常是被动地接受，受众很少有选择、改变的权利，作品仅仅是单向传播。而如今在数字技术影响下的社会生活中，受众需要主动参与，甚至是去改变、去创作公共艺术作品，这就需要艺术作品的双向传播。在数字化公共艺术中，互动性思维起到了导向性的作用。互动性在数字化公共艺术的创作中是作品与受众的桥梁。互动性思维作为公共艺术创作的导向，真正使得受众"走进"了公共艺术作品。

这正是公共艺术交互性出现的必要性，下面就从三个方面分别来谈谈公共艺术交互性的体现。

1. 公共艺术的发展历史

我们看待公共艺术作品的时候，"疏离"与"亲和"可谓是一种两难的情况，疏离的意思就是艺术史中现代主义时期以后被重新定义后所产生的一种状态，当时出现的精英主义、个人主义等，其作品凌驾于受众之上的姿态，也就是说，艺术和大众有距离。现在的艺术创作中，抽象艺术被很多公众说看不懂。造成作品不能被解读的原因就是艺术家创作时没有做到真正地从公共大众的角度去考量或思考作品本身，因而产生了疏离感。

[1] 凯特琳·格鲁. 艺术介入空间：都会里的艺术创作[M]. 姚孟吟译. 桂林：广西师范大学出版社，2005.

产生这种疏离感的原因是什么呢？追根溯源，要从艺术发展的三个时期来谈：

第一个阶段是原始时期，在艺术还没有产生的时候，艺术和生活是连接在一起的，不是相分离的，艺术被认为是用来处理生活问题的一种技巧。例如保持原始生存状态的非洲，就有很多原始时期的艺术品，非洲的木雕，直到现在看来，我们仍然觉得它很前卫、很时尚。非洲木雕的雕刻者们创作的这种雕刻艺术也是与他们的非洲部落生活紧密联系的，艺术和生活是一体的。

经历的第二个阶段就是古典时期，社会开始不断发展并形成了社会分工，艺术也从与生活一体的状态中分离出来，并随着社会分工变成了一个专业，艺术家开始出现。这个时期也是文艺复兴时期，欧洲的艺术进入了文艺复兴时期的高峰阶段。

现代时期被认为是第三个阶段。艺术的发展经历了重生，随着第二次世界大战的结束，现代时期的艺术放弃了之前的艺术主旨和精神，从头开始。后来，艺术演变为一个门类，发展到现代主义阶段，艺术把与生活之间的这种关联解构、破坏，艺术家以文化精英的身份自居，将艺术作品强加在公共空间中，以分离性作为现代时期的艺术内涵。在这种状态下，大众与艺术开始逐渐产生疏离感。这个时期，抽象艺术家占据了主导地位，如美国的亚历山大·考尔德、托尼·史密斯等（图2.4.1）。

公共艺术的互动性可以很好地避免疏离感的产生。以互动性思维为导向的数字化公共艺术，是将互动性思维贯穿于整个数字化公共艺术作品创作的全过程，从构思到最后的作品呈现；而传统意义上的公共艺术作品的互动，仅仅体现在作品的最终呈现上。正是互动性的思维方式与创作理念，将数字化公共艺术的互动性发挥到了极致，真正使参与的受众成为作品的“创作者”之一，从而在作品的创作过程中始终贯穿着观众的反应和参与，大大地拉近了大众和艺术的距离，增加了作品本身的亲和力。因此，互动性是避免公共艺术与大众产生疏离感的要素之一。

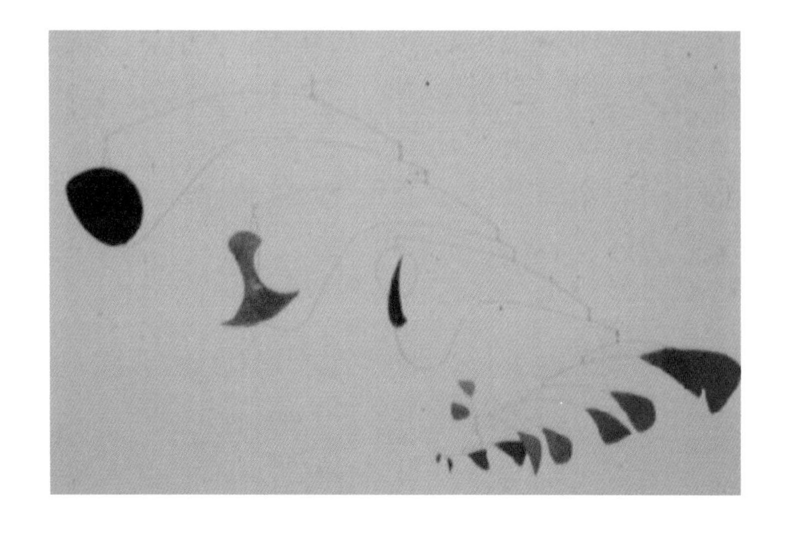

2.4.1　抽象艺术家——亚历山大·考尔德作品“虾笼子与活动鱼尾”
Abstract Artist—Alexander Calder, Lobster Trap and Fish Tail

2. 公共艺术与情感传达

从古典艺术的角度来看，艺术其实就是一个载体，把艺术比作一个盒子，里面可以装很多东西。在现代主义时期，艺术家对艺术好像并不在意，他们真正感兴趣的就是如何才能把盒子做出来，这便是一个艺术创作的目的。所以有句话这样说："形式就是内容。"这个说法是从现代主义时期开始才有的，把这种艺术放置在公共空间里，怎么能让公众发自真心地接受它、喜欢它？作品的灵感不是从社会而来的。从别人作品中榨取灵感，因为仰慕一些艺术家，然后去做类似的事情，所以，做的事情依然很相似。这样，就谈不上进步、发展，更无法获得共鸣和社会影响。我们大多数时候容易落入这种窠臼，而往往忽略了艺术，忽略了自己的真实情感。好的作品是要产生共鸣的，将自己的真实情感用作品传达给受众。是追风式的效仿，还是单纯地为完成任务而去做？艺术其实是生活给予我们的一种宣泄，是一个完全释放的空间和自由的领土。

现代主义其实也是一个艺术的分水岭，现代艺术走到尽头的时候，它就开始走向另一个方向，它所追求的东西不光是美的，也是真实的，虽然说现实是残酷的，现实是丑恶的，但也要把它表达出来，因为艺术关心的东西不是粉饰现实，而是怎样去做才能让它感动人。怎样才能感动人？就是真实。

我们在单纯追求作品艺术感的同时，却忘记了生活给我们的启示。作品是从生活中产生出来的，最终也是要走回生活中去的。优秀的公共艺术作品总是非常关注个体作品与整体环境之间的协调性，关注大众的审美追求和审美需要，关注作品与大众之间的良好互动。公共艺术正是与生活息息相关的艺术，它是与最广大的人群完成交流的，也许一件作品要做到雅俗共赏真的很不容易，公共艺术的设计师自己的表达很容易会孤立无援。公共艺术家们在创作时要紧跟时代发展的步伐，但是绝对不能陷入孤芳自赏的境地，不能脱离生活和大众。

例如在德国柏林的中心广场上有一座雕塑，以结形环环相接，表达了一种生死相依、难分难离的情结，象征着二战后德国人民渴望团结、统一、安定的强烈愿望，是一件渗透着强烈的国家情感与民族情结的优秀公共艺术作品。我国著名的雕塑家潘鹤先生创作的雕塑作品"和平少女"也传达了类似的情感。这件作品用白色大理石制成，少女与和平鸽对望，象征着纯洁与美好的愿望，传达了中国人民希望世界和平、稳定、美好的心愿。这件作品被摆放在日本长崎的和平广场，反映了两国人民对和平的热切期盼，也被看作是中日友好的见证和象征。以上两件公共艺术作品都将强烈的艺术情感融入到了作品中，试图以美好而真实的情感打动大众，并使观赏者感同身受，从而产生强烈的情感共鸣。

正如著名的公共艺术家袁运甫先生所说："作为城市建设中的公共艺术创作，我们必须考虑如何适应大多数市民对待艺术的基本态度和理想追求，并正确地导向更具崇高精神意义的文化境界。它和纯粹个人艺术喜爱不同。如果仅仅是为了投其所好，只满足一些人的低级趣味，那实质是借公共艺术败坏社会风气，降低公众文化品位，也有违公共艺术的根本宗旨。"[1]

3. 公共艺术与评判之权

公共艺术的公共性包括两个含义，一是公共艺术必须位于公共空间中，公共大众可以观看和介入；另一个是说公共也应该尽可能地表现民意，以打破精英艺术与大众的隔绝状态。公共艺术服务的对象是大众，只有通过大众的评判和使用，才能实现公共艺术最终的社会价值。因此，可以讲，公共艺术的使用权、评判权和决定权都应该牢牢掌握在大众的手中。

公共艺术的功能，总结起来应该有几个方面：第一是装饰功能；第二是鼓励创意。如果你能够把生活里面一些很平常的事物放进一些东西，让其他人思考，或者是有所启发的话，它就变成了一个鼓励创意的手段。另外一个功能就是树立标志，强化一般大众对地区的印象。例如在1969年，一个艺术家团体和科学家在欧盟主要画廊成立了一个名为“发光流”的设备，在一个黑暗的房间中，磷光颗粒将会循环流通成为管，列管贯穿集成灯，这是由访问者通过触摸敏感的地板垫而照明。反过来，这些灯使荧光粉发光。它被称为“发光流，一个电脑控制的灯光影响观众反应的环境”。[2] 这件作品就是集装饰功能与创意为一体，并且在作品中体现了良好的与观众的互动性。

那么，当公共艺术要走进公共空间的时候，首先应该考虑的是这是谁的公共空间？是市民的公共空间、团体的公共空间，还是政府的公共空间？我们对于公共艺术介入公共空间的认识：首先公共艺术应该是与这个空间环境的文化内涵有关系的。其次就是这里的人口的流动性，因为这里是一个流通的场合，这里的受众将会允许存在一些比较具有互动性的

2.4.2/2.4.3
法国里昂的墙画艺术和澳大利亚的社区主题雕塑
Wall Painting Art in Lyon, France and Community Theme Sculpture, Australia

[1] 袁运甫. 有容乃大 [M]. 广州：岭南美术出版社，2001.
[2] Christa Sommerer, Lakhmi C. Jain, Laurent Mignonneau. 界面与交互设计艺术科学 [M]. 自译.

新鲜东西，这就是受众决定公共空间的意义。如图2.4.2、图2.4.3所示为法国里昂的墙画艺术和澳大利亚的社区主题雕塑。

如果我们所做的公共艺术作品是一件雕塑的话，那么它是不是就代表了这个社区的人，代表了他们的品位和水平呢？公共艺术本身是不是在夸大自己的功劳，把自己的形象放大，还是应该由受众来决定。由此，公共艺术是不能离开政府、团体和企业的，因为个人的力量实在有限。但是艺术家在个人参与的时候，需要用一种游说的技巧来表现公共艺术。

公共艺术一旦完成，就必须放置在公共空间里接受大众的审阅、评价和鉴赏。因为公共艺术在很大程度上关联着当地居民的日常城市生活。例如欧美及日本等国家某些地区的公共艺术，就有民意听证会这一环节，用来检验公共艺术作品是否符合大众的物质要求和审美需要。日本在20世纪70年代就形成了公众参与评审公共艺术作品的所谓"仙台模式"。这个活动每年举办一次，艺术家首先对自己的创作意图进行解说，再让群众参与评估，这成为了当地的一件艺术盛事。同样的公众参与公共艺术项目评估的案例也发生在美国。美国的艺术家查理・塞拉在1981年创作了"倾斜的弧"，这件作品高12英尺，长120英尺，位于纽约联邦广场。这件作品由会生锈的钢板制成，横贯整个广场。这件作品落成之后备受争议，因为作品的结构阻碍了人们的行走，破坏了广场的空间。最终，作品召开了一个听证会，以艺术家失败而告终，最终，这件雕塑被从纽约联邦广场迁走。

因此可见，一种成熟的大众评判机制是一个完整的公共艺术运作体系所必不可少的环节。它不但有利于优秀的公共艺术作品的不断涌现，还能避免一些劳民伤财的吃力不讨好的不受大众欢迎的作品出现。

总体来看，公共空间所具备的最大特征就是开放性，即指公共空间里面为艺术活动提供的场所的开放性及由此而产生的场所公众的开放性。公共空间的开放性是针对这个空间里所有场所观众的，公众可以在其中自由地交流，可以与公共艺术作品产生互动。从一定意义上说，公共艺术的开放性也取决于它所处的公共空间的开放性，公共艺术要真正实现与人的互动，就要建立完善的公共艺术机制和社会监管机构，反馈受众意见，接受赞扬和指正。公共艺术的存在实际上就是一种民主性、开放性的社会审美，它的判断标准必须处于作品的解读与修正之中。

第三章
数字之城

Chapter 3
Digital Urban Spaces

一、数字化艺术的发端
二、数字化的技术手段
三、数字化艺术创作的特征
四、数字化时代的交互设计观
五、数字化公共艺术的出现
六、数字化公共艺术的特性及表现形式

一、数字化艺术的发端
The beginning

1. 数字化艺术的概念

数字化艺术由计算机技术发展而来，是科学技术与艺术相融合的新的艺术形式。著名科学家、诺贝尔物理学奖的获得者李政道教授说："科学、艺术是不可分割的，就像一枚硬币的两面，它们的共同基础是人类的创造力，它们追求的目标都是真理的普遍性。"[1] 虽然对数字化艺术尚无公认的专业定义，但是它的内容是清晰而明确的。数字化艺术（Digital Art）是科技介入艺术时产生的一种新的艺术形式。数字化艺术作品是以数字化空间为基础，以科技进步为动力，以艺术人文约束为前提的创作。其具体表现形式包括：录像及互动装置、网络艺术、多媒体、电子游戏、虚拟现实、电脑动画、多媒彩信、网络游戏、卡通漫画、网络游戏、影视广告、数字插画、数字设计、数字特效、DV、CG静帧、数字摄影以及数字音乐等。

数字化艺术的定义基本离不开两个范畴：数字和艺术。数字，顾名思义，最早是指由0到9的自然数字。毕达哥拉斯（图3.1.1）学派就认为世界是由数和数字化艺术数的规律组成的，"数的原则是一切事物的原则"。[2] 在计算机技术诞生之后，由于二进制的引入，0和1作为二进制仅有的两个基本数字，成为一切数字化技术的基础。艺术更是一个引发无数争议的字眼，是与人类的审美实践活动息息相关的。艺术的发展经历了相当复杂的阶段，从早期的石器、陶器，到以自然颜料绘制的岩画，再到金属媒介的出现、青铜艺术的创造，转而发展成不同门类的丰富多彩的平面和雕塑作品。数字化艺术是不同于以往的全新的艺术，在20世纪第三次工业革命的影响和推动下，计算机技术开始普及，人们开始尝试采用数字技术作为创造艺术的途径和媒介，成为艺术

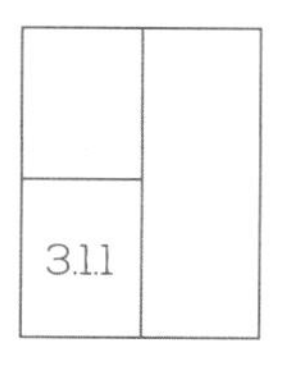

3.1.1　毕达哥拉斯（Pythagoras）

[1] 王渝生. 科学与艺术：一枚硬币的两面［N］. 人民日报海外版，2000-4-11.

[2] 朱光潜. 西方美学史［M］. 北京：人民文学出版社，1979.

发展的最新阶段。它的出现，是现阶段科学技术同艺术的联姻，具有重要的意义。

通观整个艺术发展史，科学与艺术一直密不可分。在数字化艺术中，科学不仅仅是一种实现目标的技术手段，它还为人类打开了一扇未来艺术发展的窗户。在计算机所能倚靠的现存的技术或规则的范围内，不断创造出并证明新的技术或规则的潜力，从而帮助艺术家突破旧的藩篱，创作新型的艺术。但是，为了避免艺术被技术巨浪所吞噬，我们需要明确科学和艺术的界限。康德认为："只应当把通过自由而生产，也就是把通过以理性为其行动的基础的某种任意性而进行的生产，称之为艺术。"[1] 换言之，只有为自由而创作的数字化艺术才可称之为艺术，出于某些功利原因而进行的所谓"设计"可以算作是一种技能，这种技能是科学的知识，却不能称之为艺术。数字化艺术同样是一种自由的游戏，具有"无目的的合目的性"[2]，计算机数字技术成为了一种辅助实现这一"目的"的手段。

2. 数字化艺术的产生

20世纪60年代以来，西方资本主义国家兴起了以原子能技术、航天技术、电子计算机的应用为代表的第三次工业革命的浪潮。数字化艺术从诞生之日起就与电子计算机的发展密不可分。从20世纪60年代到现在的50年间，几乎可以以十年为一个阶段，勾画出一条数字化艺术从肇兴、发展到崛起、繁荣的道路。

1952～1970年，是数字艺术的萌芽期。早期数字艺术是由计算机艺术构成的。计算机艺术是指以电脑及其设备作为绘图工具，通过特定编制的电脑程序，将视觉图像用电脑输入和输出的艺术形式，它产生于20世纪中叶的西方发达国家。早期的计算机只能以数字和文字的形式输出计算结果，不能以图形和图案的形式打印在纸上。20世纪50～60年代，超级大国对军备的大量投入，客观上促进了尖端科技，尤其是

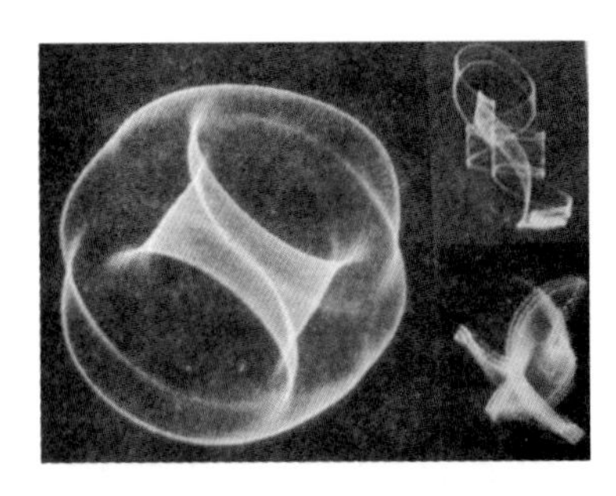

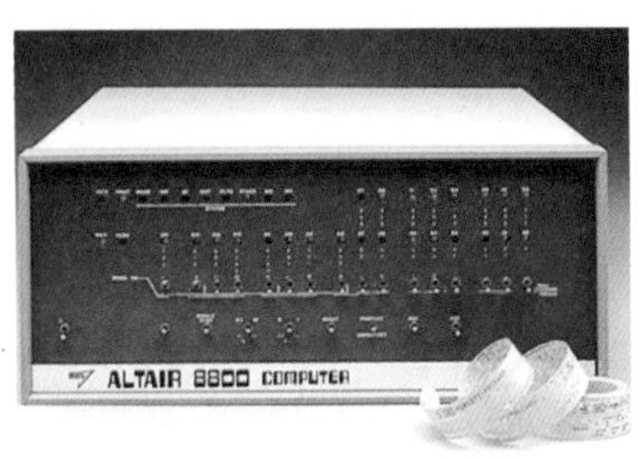

3.1.2
3.1.3

3.1.2 世界上第一幅数字艺术作品——"电子抽象"，拉波斯基于1952年作
The first piece of digital art work in the world—Electromic Abstractions, created by Ben Laposky in 1952

3.1.3 第一台个人电脑——Altair 8800
The first personal computer Altair8800

[1]［德］康德.判断力批判［M］.邓晓芒译.北京：人民出版社，2002.
[2]［德］康德.判断力批判［M］.邓晓芒译.北京：人民出版社，2002.

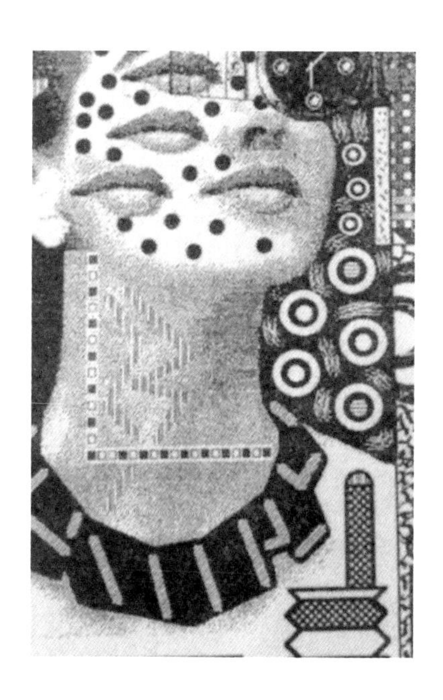

电脑和人工智能的研发。这时，计算机开始介入艺术领域。然而，计算机艺术并非来源于学院化的艺术专业训练，而是来自于科学实验室。研究计算机、掌握计算机操作方法的科学家和工程师是这一科学实验室的主要成员，并且成为向计算机艺术领域进军的先锋部队。他们利用计算机所具有的操纵、控制、设计等技术功能，在一些实验中加入了音乐盒视觉艺术的因素。1952年，美国数学家本·拉波斯基（Ben F. Laposky）就创作了一幅黑白电脑绘画作品（图3.1.2），成为了世界上第一幅数字艺术作品，具有划时代的意义。1961年，贝尔实验室的工程师爱德华·扎耶茨（Edward 7ajec）在演示卫星绕地球旋转时创作了时长4分钟的世界上第一个计算机动画。以此2人为代表，欧美的实验室里涌现出了若干可载入史册的数字艺术先锋。由于此时的计算机技术较为原始，计算机图形、图像都受到很大的限制，故而无法表现复杂的图像。因此，这一时期称为数字艺术的萌芽期。

1970~1980年，是数字艺术的发展时期。微处理器的诞生，使得计算机进入了微机时代。在苹果等公司的倡导下，计算机开始走进普通人的生活。在这10年中，计算机领域涌现出了很多个第一，如第一台微机、第一只鼠标、第一个绘图软件SuperPaint等。1975年，个人电脑Altair8800（图3.1.3）问世，在科技与艺术领域引起了巨大的反响。许多艺术家开始意识到借助于电脑可以创造出无限的可能，电脑艺术进入了繁荣时代。图形设计、动画、数字化形象、全息雕塑、激光演示图形等被广泛应用，同时，各种艺术创作软件得到大量的开发，数字艺术的交互式特点更加显著。数字化图形处理技术为艺术家、设计师的图形设计提供了极大的方便，因而被广泛地应用于时装、广告、招贴、建筑、装潢、城市规划等方面。[1] 计算机图形学的发展使得电影第一次采用数字化技术和电脑特效，1977年公映的电影《星球大战》成为那个时代的巅峰之作，数码动画短片也开始出现。在欧美各国涌现出一批重要的CG实验室，努力将数字技术不断传承

3.1.4

3.1.4　劳伦斯·柯特的作品
The work of Curt Lawrence

[1] 张朝晖，徐翎．新媒介艺术：西方后现代艺术流派书系［M］．北京：人民美术出版社，2004．

和推进。在这一时期，涌现出了一批数字艺术家。如曼弗雷德·莫尔（Manfred Mohr），他创作的计算机生成艺术于1971年首次在法国巴黎现代艺术馆展出。美国人简·特鲁肯布罗德（Joan Truckenbrod）和大卫·厄姆（David Em）都是这一时期重要的数字艺术家。

1980~1990年，数字艺术开始了从未有过的蓬勃发展。微软的windows视窗界面操作系统出现，三维图形出现，还涌现出一大批重要的CG工作室，如太平洋数据图像公司（Pacific Data Images）、皮克斯动画工作室（Pixar Animation Studios）、蓝天工作室（Blue SKY Studios）、工业光魔公司（Industrial Light and Magic）等公司。这些CG工作室创作了一批优秀的动画片和电影特效，获得了极大的成功。由于硬件和软件的同时发展，使得计算机图像处理成为一种简单可行的工作，因此从事数字艺术的艺术家人数和艺术作品的质量均相对之前有了明显的提升。到了80年代末，出现了很多优秀的电脑绘画作品和艺术插图。其中比较重要的艺术家主要有劳伦斯·柯特（Laurence Gartel）（图3.1.4）、简·皮尔·赫伯特（Jean-Pierre Hebert）、罗曼·凡罗斯科（Roman Verostko）、河野洋一郎（Yoichiro Kawaguchi）等。这些艺术家的创作主要涉及波普艺术、纯编程创作的图案风格、模拟海洋生物动画、算法艺术等不同的数字艺术内容。

1990~2000年，数字艺术步入了历史的新阶段。90年代之前人们的努力主要集中于计算机硬件和CG能力的提升，90年代后，伴随着全球范围内各种数字技术、软件水平、硬件设备的不断提高，数字艺术的发展趋向于一体化，即“多媒体”。在计算机和通信领域，媒体是指信息存储、传播和表现的载体，并不是普通的媒介和媒质。多媒体就是多种媒体的综合集成，代表数字控制系统和数字媒体的汇合，电脑是数字控制系统，数字媒体是当今最先进的音频和视频存储和传播形式。数字多媒体技术，将以往单一表现的电视、电脑、录像机及网络等技术设备进行了关联设置，从而形成了具有视、听等多感官元素的媒介系统，实现了复杂的信息交流与传递过程，将更多地呈现图画、文字、动静图片，而且还可以传递动态音频和视频。多媒体可以展示信息、交流思想和抒发感情，它让我们看到、听到和理解其他人的思想。它具有多

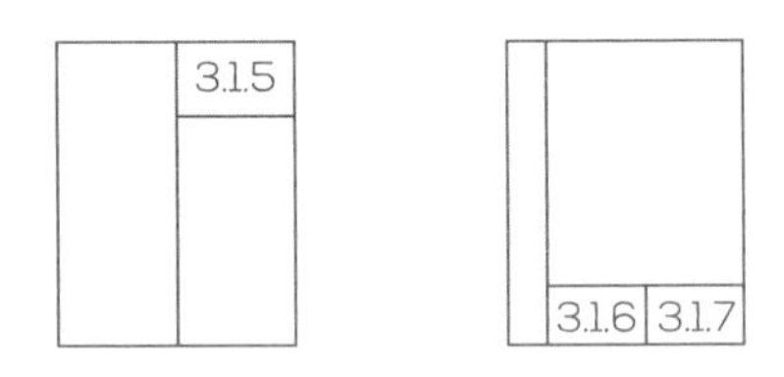

3.1.5 侏罗纪公园系列海报
Poster of Jurassic Park series

3.1.6/3.1.7
日本桥樱花Festival
在东京日本桥地区开幕。通往福德神社的参道仲大街被装扮成“日本樱花风街道”，街头挂满樱花色诗笺和樱花灯笼，在夜晚灯光和投影的配合下，仿佛置身于漫天飞舞的樱花雨之中。

种多样的交互手段、清晰活泼的动态视频和生动逼真的音响效果，这些特征使它被广泛地运用于游戏娱乐、动画影视等各个领域。数字艺术随着计算机的普及而深入发展，并得到了广泛的运用。在艺术领域，以多媒体为载体的艺术开始转向所谓的“新媒体艺术”，这一崭新的艺术形式将在21世纪发展成为一项更加独立的艺术。

20世纪90年代初，互联网慢慢出现在人们的视野中并逐渐为人们所熟悉，但是，在以后相当长的一段时期内，互联网提供的主要还是文本形式的信息。90年代中后期，互联网在全球范围内迅猛拓展，数字艺术开始向网络艺术的方向发展。在网络上，人们不仅可以看到文字，而且还可以享受图片、动画和声音。网络艺术是目前数字化艺术发展的最高形式。随着信息技术的不断成熟和互联网光纤的延伸，时至今日，互联网已经步入3G时代，不仅可以传递文字、图像、声音、动画、电影等媒介信息，而且实现了移动网络的快速发展，网络艺术也以其独特的风格影响着互联网的发展及社会生活的各个领域。除了网络艺术外，90年代的电影也是值得大书特书的，数字电影开始在好莱坞占据主要位置。从《终结者2》到《侏罗纪公园》(图3.1.5)，再到《泰坦尼克号》，这些电影是90年代数字电影的顶峰之作。CG业已成商业大片中电影特效的中流砥柱。

90年代的数字艺术家的风格充满了个性化的艺术特色，比之前的更难整理。风格的多样化、技术手段的复杂化使得对数字艺术家的评判标准发生了变化，90年代各种数字图像处理软件的成熟，使得普通人有了更多的机会从事数字艺术创作。一时间，“拼贴艺术”、“数码超现实主义”、“手绘风格”、“抽象动态雕塑”等不同风格和主题的数字艺术作品如雨后春笋般涌现。

二、数字化的技术手段

Technical means

1. 数字化技术的概念

数字化技术的基本原理，是与计算机的出现息息相关的。我们把外界信息如图、文、声、像等，经过一定的转化，变为可以度量的数字信息，再以这些数字、数据建立起适当的数字化模型，把它们转变为计算机能识别的二进制数字“0”和“1”的代码，引入计算机内部，进行统一运算、加工、存储、传送、还原，由于在运算、存储等环节中要利用计算机对信息进行编码、压缩、解码，因此也称为数码技术、计算机技术等。在本书中统称为“数字技术”，即数字化的基本过程。数字化技术在发展中也逐渐细化，随着计算机技术的不断飞升，各种衍生的技术也随之出现，如处理图像的技术、处理声音的技术、处理多媒体的技术以及网络技术、数据库技术等。除了这些传统技术手段的不断强化和发展之外，每天还有新的技术手段不断涌现。可以说，每一种技术都是一个巨大的门类，包含了一系列软件的设计和使用，其中不乏一些天才的科学家和设计师的成功构想。

尼葛洛庞蒂（Negroponte，图3.2.1）是美国麻省理工学院的教授及媒体实验室的创始人，更是西方的计算机和传播科技领域最具影响力的大师之一，他在1994年出版了重要著作《数字化生存》。在这本书中，他指出：“计算不再只和计算机有关，它决定我们的生存。”信息的DNA正在迅速取代原子而成为人类生活中的基本交换物。尼葛洛庞蒂向我们展示出这一变化的巨大影响，提出了一些颇为大胆的数字技术改变人类生活的前景预测，给我们的生活、工作、教育和娱乐带来了各种冲击并引发了人们深深的思考。这本书也被誉为是跨入数字化新世界的最佳指南。

数字技术已经成为当代社会中最为主流的科技手段之一。数字技术在20世纪后半叶的发展和应用，使得人类社会形态发生重大变化。个人计算

3.2.1 麻省理工媒体实验室创始人——尼葛洛庞蒂

The founder of the MIT Media Laboratory--Negroponte

机、互联网、手机的普及，迅速改变了人们沟通与传递信息的模式，改变了人类的艺术进程，也对个人的生活经验产生前所未有的冲击。从“数字地球”、“数字城市”，到已经出现在我们身边的“数字电话”、“数字电视”，这些新的概念已经逐渐被人们认识和接受，我们似乎已经生活在一个充满“数字”的世界里。数字时代已经来临。

2. 数字化技术的实现方法

数字化技术的实现方法，从总体来说，是伴随着计算机技术的一步步成熟而逐渐发展起来的，以此衍生出其他各种数字化技术。由于数字化技术应用的范围极其广泛，本书仅以计算机技术、图像处理技术和视频处理技术为例展开论述。

首先是计算机技术的发展。世界上第一台电子数字计算机ENIAC（Electronic Numerical Integrator And Computer，图3.2.2），由美国宾夕法尼亚大学于1946年研制成功并投入使用。1971年1月，Intel公司的霍夫研制成功世界上第一块4位芯片Intel 4004，标志着第一代微处理器问世，微处理器和微机时代从此开始。1975年4月，MITS发布第一个通用型Altair 8800，这是世界上第一台微型计算机。1976年3月，Steve Wozniak和Steve Jobs开发出微型计算机Apple I，4月1日苹果公司成立，并很快成为微型机时代最成功的计算机公司。1981年8月12日，IBM公司在纽约宣布第一台IBM PC诞生，它开启了计算机历史的新篇章。它采用了主频为4.77MHz的Intel 8088，操作系统是Microsoft提供的MS-DOS，IBM将其命名为“个人电脑”（Personal Computer）。计算机发展到今天，微型计算机已迈入64位的新时代；精减指令计算机（RISC）正在逐步取代复杂指令计算机（CISC）；多媒体计算机技术、网络存储技术正在推广使用；大规模并行处理系统（MPP）的处理速度已达到万亿级；而超立方体计算机、神经网络计算机等高性能计算机正在加紧研究、试制之中。

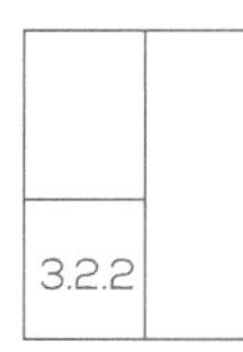

3.2.2　世界上第一台电子数字计算机ENIAC
The world's first electronic digital computer ENIAC

从计算机硬件的角度看，50余年来计算机的基础理论——冯·诺依曼思想基本没有发生改变。计算机系统由运算器（完成算术运算，逻辑运算）、主存储器（存放程序以及数据）、控制器（控制指令的执行序列，根据指令的功能给出实现指令功能所需要的控制信号）、输入设备（将人能够识别的信息形式转换为机器能够识别的形式）、输出设备等五部分组成（图3.2.3）。对于数字操作的机器系统来说，数字硬件是对数字进行处理、传输和存储的硬件，而转换硬件则是将各种形式的信息转换为数字信息，或者将数字信息转换为各种形式的硬件。

如果说硬件完成了计算机的组织构建，那么软件系统就是计算机的灵魂。各种硬件在数字域都有相同或相似的内脏（三部分：处理、传输、存储），而各种信息工具和设备外部虽然千变万化，但内部都是一样的。软件是思想和内容的数字化，各个领域都有自己的软件，所以是各不相同的。这些内容包括图形、图像、数据、声音、文字等，归结为程序和数据（统称二进制表示的信息）。其中最重要的技术途径和思想就是“算法”，算法是软件的核心，一个好的算法可以代替大量的硬件，可以真正体现软件的价值。

借助于机械设备或电子设备，我们首先迎来的是图像技术的变革。众所周知，图像是人类获得外界信息的最重要的方式。古往今来的任何美术作品带给人类的都首先是视觉上的冲击。人类对图像认识的转变首先要感谢摄影技术的诞生。虽然早期摄影技术的核心技术手段是照相和洗印技术，但是在当下也早已同数字技术相结合而变为数码摄影了。摄影从诞生之日起，就对传统绘画产生了巨大冲击，以往被画家奉为圭臬的“写实性”、“逼真性”逐渐被摄影取代，绘画开始步入以印象派为代表的近代时期。在摄影发展到数字时代之前，通过暗房技巧精确合成摄影作品成为一种高度技巧性的艺术，并诞生了以尤斯曼为代表的“超现实主义”摄影流派。这一流派通过摄影图形的拼接和剪辑，创造出令人着迷、充满幻觉的神秘效果。自从20世纪70年代出现图像处理软件之后，数码软件开始对摄影产生巨大的控制。用电脑制图、处理特效已经成为一种容易且有效的方法。到了90年代，随着数码相机、数码摄像机、计算机和网络的普及，数字摄影开始取代传统摄影成为主流。数码相机的技术路线与传统的以银盐为基础的相机不同，采用光电转换器CCD（电荷耦合器件，图3.2.4）来记录数据，并在其他器件的配合下完成数据的转换和传播。通过ADC（模拟转换器）将模拟信号转化为数

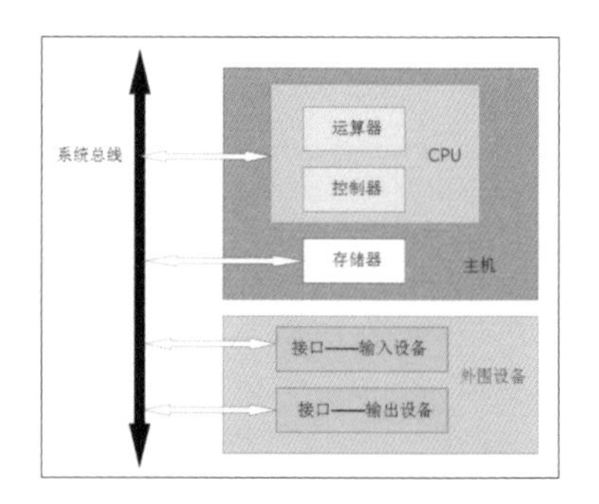

3.2.3 计算机硬件组成框图
The diagram of computer hardware block
3.2.4 光电转换器CCD（电荷耦合器件）
Media Converter CCD (Charged-coupled device)
3.2.5 电影《阿凡达》的海报
The poster of the movie Avatar

字信号，并通过MPU（微处理器）将其压缩为所需要的格式。Photoshop为主的图像处理软件已经成为数字媒体时代最常用的图像处理软件之一。它的功能无比强大，可以对图像进行多种综合处理，如放缩、扭曲、拼贴、虚焦、柔化等，满足了普通用户的各种需求，成为数字时代图像处理的先锋利器。

与摄影类似，数字媒体时代的另一项重要内容——视频同样经历了技术的变革。人类对视觉效果的追求并不满足于静止不动的图像，而是要求动态图像的出现。直到19世纪，西方人才发明快速幻灯技术，利用人眼球的视觉暂留现象模拟连续的动作。终于，在1895年，第一部电影公开放映，人类进入了视频时代。1906年，第一部动画问世，由于动画同时包含了绘画的艺术性和文化的通俗性，因此吸引了大量的观众。在此后20年，华特·迪士尼（Walt Disney）将动画和商业联系起来，完善了动画的制作流程和工艺体系，一跃成为动画行业的巨头。数字技术和电影、动画结合是在20世纪70年代。在一开始，数字技术仅仅用来制造电影特效，而后影响到电影的各个环节，从剧本创作到形象和动作的设计，如模拟三维场景，建立实时的数据库，捕捉运动的轨迹，对图像进行渲染和计算机合成等，几乎是离开了数字技术，电影本身就无法实现。数字技术在电影中的应用，对传统电影技术产生了巨大的冲击，标志着电影的革命。

以电影史上最具有传奇色彩、2009年最为重要的电影《阿凡达》(《Avatar》，图3.2.5）为例，这部电影是著名导演詹姆斯·卡梅隆（James Cameron）历时4年打造的旷世巨作，其奇妙瑰丽的特效技术和震撼逼真的3D影像，给观众带来了史无前例的视觉冲击。而这一效果，正是依靠强大的数字技术，依靠尖端、高效的二维、三维软件设计工具，才得以实现的。在谈到电影《阿凡达》的特效制作时，卡梅隆说:“我们试图在真实场景和数字特技画面之间创作出视觉风格的统一。”作为一名电影导演，卡梅隆运用欧特克软件技术，将虚拟摄像机、先进的动作表情捕捉技术、3D特效软件和实时呈现技术融合，开创了一种前所未有的电影特效制作方式，实现了导演在真实环境中与虚拟场景的紧密互动。

《阿凡达》的特效团队，首先使用欧特克软件，创造出一个虚拟的表演舞台，在捕捉演员的基本动作的同时，将肢体或面部的动作数据映射给数字创造出的人物。在拍摄现场的一台LCD屏幕的虚拟摄像机后，导演卡梅隆看到了过去只停留在他的想象中的阿凡达世界的画面，仿佛真实地置身于如梦如幻的潘多拉星球进行拍摄，并可不断地指导或调整演员与虚拟环境间的互动，将真人的表演完美地融合于计算机所创造出的世界里。3D立体体验是《阿凡达》视觉奇迹的核心部分，它以不可思议的逼真感受将观众带入一个超越想象的梦幻之旅，让这部美轮美奂的巨作成为了3D电影技术史上的里程碑。更加拟真的S3D系统为观众带来了如临其境的可信度，当杰克驾着大鸟穿行在云雾弥漫的崇山峻岭间，时而急停峭壁，时而低飞近水时，由3D透视创造的深度赋予了观众无与伦比的真实感受，就像杰克感受到的一样。[1]

[1]《旷世巨作<阿凡达>热映背后的瑰丽数字技术》[EB/OL](http://ent.3ddl.net/szyl_pws/News/113777.html)

《阿凡达》的成功仅仅是数字技术在当代的一个微小的应用。不仅仅是在影视方面，数字化技术已经影响到了人类生活的方方面面。在广播电视中，现代的声、光、电技术一统天下，单纯而乏味的艺术退居次席。计算机技术和网络的普及更是在改变着当代人的生活方式。

3. 数字化技术的重要性

半个多世纪以来，数字化技术改变了人类的科技发展的进程。数字化技术改变的不仅仅是人类的知识本身，还改变着知识的存储方式。就像是人类的图书馆，一个偌大的图书馆的知识，承载了人类几千年来智慧的结晶，现在仅仅需要几张光盘就可以存储进来。上文提到的电子计算机软硬件的发展、图像的处理、视频的处理，都是数字化技术应用的一些角度。数字化技术在人类生活中起到的作用远远超过了那些。

首先，数字化技术是现代诸多技术的基础。20世纪40年代，香农证明了采样定理，即在一定条件下，用离散的序列可以完全代表一个连续函数。就实质而言，采样定理为数字化技术奠定了重要基础。通过采样定理，可以用0和1来表示数字、文字、图像、语音，包括虚拟现实及可视世界的各种信息等。新的载体与多媒体技术，使艺术作品存放在软盘或光盘之类的物体中，或许将来还会推出另外的介质。这是有利于交流与长期保存的功能。此外，作品的欣赏者从中摄取的不仅是视觉信息，同时还可以有文字、声响、音乐等，多种媒体的结合将造成一种全新的意境，这应该是前所未有的。[1] 数字化是软件技术的基础：数字的集合构成了数字化空间，在这个空间里，数字虽然仅有0与1，但这些数字组成的数串是变幻无穷的，以不同规则组织起来的数串将蕴含巨量的信息。这些信息可以表示数据，也可以表示某一特定的操作。人们按一定规则用一系列数串表达出他们想做的事情，这样就形成了各种各样的功能软件，诸如Photoshop，3DMax，Doubler等。数字化还是信息社会的技术基础：数字化对社会的影响重大，信息社会的经济往往被称为数字经济。数字化技术促进了当前工业设计的信息化，并逐步引发一场范围广泛的产品革命，大多数家用电器设备、信息处理设备都将向数字化方向发展。数字电视、数字广播、数字电影、DVD等便是信息社会数字化的产物。同时，现在的通信网络也向数字化方向发展。

其次，数字化技术改变了人们的生活。毫不夸张地说，数字化技术改变了人类的政治、法律、经济、艺术、科技的各个领域。无论是美军在阿富汗军事行动

---

[1] 辜居一. 数字化艺术论坛：回顾与展望［M］. 杭州：浙江人民美术出版社，2002.

中的无人驾驶飞机，还是日本的天才艺术家进行的非主流数字艺术的创作（图3.2.6），甚至是中国神舟五号飞船上对彩色小麦种子的辐射实验，或是欧洲某个小镇政府的门户网站被伊朗的黑客攻击，人类生活的一切，凡是我们可以想到的，都被数字技术改变了。正如尼葛洛庞蒂在《数字化生存》中指出的那样："今天，媒体实验室已经成为主流，街头流浪的孩子则成了互联网络上的冲阶浪手。数字一族的行动已经超越了多媒体，正逐渐创造出某种真正的生活方式，而不仅仅是知识分子的故作姿态。这些网上好手结缘于电脑空间，他们自称为比特族或电脑族，他们的社交圈是整个地球。今天，他们才代表了落选者沙龙，但他们聚会的地方不是巴黎的咖啡厅，也不是位于坎布里奇的贝聿铭的建筑。他们的沙龙是在'网'上的某个地方。""也许有一天这些将不再只是梦想，烤箱不仅不会把面包烤糊，而且会在你的早餐面包上，印上你的股票昨天的收盘价。而你的左右袖扣或耳环将能通过低轨卫星互相通信。你的电话会像一个训练有素的英国管家，接受分拣甚至是回答打来的电话。现在是让电脑能看得见、听得到也能说话的时候了。预测未来的最好办法就是把它创造出来。"[1]

最后，数字化技术改变了人类的思维方式。对人类来说，创造力和思辨能力是人类发展永恒的动力。从两千多年前毕达哥拉斯学派对"数"的认识，到现在由"0"与"1"这两个简单得不能再简单的数字幻化出的海量的信息和变幻无穷的组合，使人类的想象和视线扩大到了无极限。有人说，科学技术走到极限就上升到了哲学层面，人类对宏观世界和微观世界的探索是永无止境的，包括人类对于"时间"和"空间"的理解，也困扰着一代又一代充满了探索精神的人们，数字技术从一个方面使人们消解了对自然的恐惧，使人们将数字作为工具向自然发起了挑战。因此，数字化技术从本质上改变了人类的思维方式，也影响了人类的历史发展进程。

3.2.6

3.2.6　日本森林之光
日本建筑师（藤本壮介）Sou Fujimoto与其建筑事务所在2005年的米兰设计周上为瑞典服装品牌COS设计了一个宏大的装置艺术作品。这片"光之森林"是通过上面的聚光灯照射下来形成的无数条光锥构成的，这些光锥有规律地跳动着，并不停地改变它们的流动状态，人们在这片"森林"中漫步，感受着无数光芒的照射，用代表时尚的聚光灯与大自然的森林与空间相连接，同时也让人们感受着对大自然的敬畏之心。

[1] [美] 尼葛洛庞蒂. 数字化生存 [M]. 海口：海南出版社，1996.

三、数字化艺术创作的特征

Characteristics of digital art production

上文曾经提及，数字化艺术是以数字化空间为基础，以科技进步为动力，以艺术人文约束为前提的创作。数字化艺术基本离不开两个范畴：数字和艺术。我们在论述数字化艺术创作的特征时，同样离不开这些要点。因此，在本节中，我们整理出了数字化艺术创作的几个基本特征，分别是技术性、艺术性、互动性和虚拟性。下面依次展开论述。

1. 数字艺术的技术性

随着数字化技术的进步，新的媒介促进了新的艺术形式的产生——数字化艺术。从现在与过去之间的巨大鸿沟上，技术一直是区分社会时代变化的主要力量之一，因为实行一种新的技术手段或者扩大我们对自然界的控制，就是技术改变了社会关系和我们观察世界的方式。[1]然而，技术革新已不只是代表一种传播手段的进步，而更多的是介入艺术内容和主题，表现一种新的时代动向。因而，技术性是数字艺术的主要特征之一。

在数字艺术时代，艺术大踏步地与科学靠拢，技术也冲击着艺术的每一个角落。在音乐、美术、电影、文学、舞蹈等各个艺术领域，新的技术手段、交流方式、传播媒体、存在方式、传统的审美活动面临技术工具理性的全面改造。艺术将越来越科学化，科技已不仅仅作为手段或工具而存在，它深深地进入了社会文化的范畴，并对艺术的创作方向产生了深刻的意义。网络艺术、网络游戏、虚拟现实和多媒体艺术等数字艺术为人们带来了全新的视觉和听觉享受，然而这些数字艺术的实现依赖于数字技术的进步和发展。因此，技术已经成为知识、艺术、审美的内容与形式。

艺术的革新在技术的革新下被持续而强劲地推动。从第一部相机的诞生、第一台电影放映机的诞生到第一台电子计算机的设计成功、第一部动画片的问世、第一个图像处理软件的出现等，无数个科技上的第一不仅仅促成了崭新的艺术形式，更是在观念上改变了人们对传统艺术的理解。正如荷兰人在15世纪时发明的油画，因为其先进性取代了流传甚久的蛋彩画，为文艺复兴的绘画辉煌做好了铺垫。中国人发明的造纸术，取代了笨重的竹简和昂贵的绢帛，从根本上解决了书画媒介的问题。这些都是科技的变革在艺术上引起的连锁式反应。数字艺术从诞生之日起，就建立在高科技的基础之上，走在了当代科技的前沿，可以说是伴随着数字技术的始终。从某种程度上说，数字艺术成就的高低同数字技术的发展水平息息相关。以往费工费时、需要多次曝光、需要繁复的暗房技术和冗长时间的超现实主义的摄影作品，现在通过简单的Photoshop软件加工、拼贴和渲染就可以做得天衣无缝。一切都

[1]［美］尼葛洛庞蒂. 数字化生存［M］. 海口：海南出版社，1996.

看起来这么不可思议，但是这就是技术的魅力。我们相信，随着科技的不断进步，数字艺术必将会有进一步的发展。

2. 数字艺术的艺术性

艺术是人类所特有的一种重要的精神交往形式，交往总要借助于一定的媒介才能进行。因此，媒介形式的变化对艺术的存在形态有着重要的影响。绘画、雕塑和建筑一直是艺术的三种基本形式。自20世纪50年代以来，随着数字化技术的进步，计算机艺术、多媒体艺术和网络艺术相继出现并发展起来，艺术的存在形态和传播方式发生了重大变化。

数字艺术是艺术与科技的结合，数字化作为新的媒介产生了一种无形的艺术。著名影像艺术先锋——韩国艺术家白南准说："艺术与科技"真正的意义不是制造出另一个科学玩具，而是应思考如何将急速发展的科技与电子媒体人性化。在艺术的人文约束下，数字艺术不是一种单纯的技术，它也表达着一种思想和理念。数字技术提供了各种便捷的服务手段和方式，将人们的双手从繁杂重复的手工劳动中解放出来，为艺术创作提供了更多的实施方案及技法表现的空间，使艺术家得以更专注于艺术创作。

数字艺术虽然依附于先进的技术，但是它首先是艺术的一个门类，因此具有艺术的基本特征，如审美性、民族性、世界性、传承性、典型性。现当代的数字艺术家严格把握着艺术创作的模式，在最近半个多世纪的探索中，形成了自己独特的艺术趣味、艺术风格和艺术实践的理念。圈外的人却往往陷入唯技术论的怪圈，而忽略艺术最本质的东西。本雅明在《机械复制时代的艺术作品》中所提出来的作为艺术品的独一无二的性质（如原作的原真性），使得摹本和原作的界限更加明晰，艺术品的光晕在消失。[1]这些都是技术在改变着我们对艺术、对生活的看法。我们不能让技术凌驾于艺术之上，而必须严格界定作为艺术的数字艺术与作为技术的数字艺术的区别。康德认为："只应当把通过自由而生产、也就是把通过以理性为其行动的基础的某种任意性而进行的生产，称之为艺术。"从这里出发，严格地说，我们广泛应用于广告中的艺术设计，并不能称之为艺术，只可以算作是一种技能。但是，从广义上说，艺术设计却也是艺术的一个重要的社会功用。

---

[1] 本雅明. 机械复制时代的艺术作品 [M]. 南京：江苏人民出版社，2006.

3. 数字艺术的互动性

"艺术此时并不是高高在上、晦涩难懂，而是让观众在参与中享受艺术、体会艺术、理解艺术。这就是21世纪的互动媒体艺术。"[1] 互动性，是指作者与观众之间的沟通互动，共同参与，共同分享的一种艺术模式。互动性是数字化艺术最鲜明的特征，艺术家可以先通过某种技术手段与智能化机器互动，然后作品可以与观众进行互动，这种互动或许体现在间接的不在场和直接的在场上，或许是根据观众的理解直接去完成作品，或许是按程序演绎出别的花样。[2]

不同于传统艺术，数字化艺术在数字化技术的基础上更加强调互动性和参与性。例如2003年11月，在"艺术与科学——国际数码艺术交流展暨学术研讨会"上，上海大学美术学院的互动作品"吹皱一江春水"为观众营造了一个生动逼真的互动情境：观众向输入设备吹气，悬挂在墙面上的一幅中国山水画中的水塘便会随气流的长短、强弱泛起阵阵涟漪。观众能够直接地参与到作品的呈现中，不仅使得观众的好奇心及创作欲得到了满足，还将作品的内容呈现出更加丰富的效果。正是这一看似简单的观众参与过程，将艺术作品与受众紧密地联系在一起，实现了艺术表现的真谛，同时使受众也达到了"艺术创作"的满足感。这也正是互动艺术的优势所在，是数字化技术融入艺术表现的意义所在。

互动性的数字平台，实现了作者与观众之间、艺术家与非艺术家之间的交流和沟通。通过数字创作平台，观众享有了更大的选择权和修改权，每个人都可以参与互动网络中他所感兴趣的艺术创作，自由地对作品进行补充、修改和再创作。在这个互动过程中，一方面，互动性的数字平台转化成了非艺术家的展现舞台，更多观众在艺术家思想的引导和启发下，大胆地提出自己的想法和意见，展现着自己的才艺与特长；另一方面，每个参与者在这个过程中都品尝到了艺术创作的乐趣，在激情的驱使下，他们创作出了独具个人特色的艺术作品。最终，这种互动形成了艺术与非艺术的互动，艺术家与非艺术家的互动。

2010年上海世博会德国馆的"动力之源"展厅顶端悬挂着巨大的表面浮动着多种图像和色彩的金属感应球（图3.3.1）。进入大厅的参观者将被分为两组，一起呼喊，金属球将移向呼声更大、更整齐的那组，并改变其球面的图案和色彩，金属球静止后，其表面会呈现地球、地球孕育种子、种子又变成花的生命诞生的过程。与此同时，两位虚拟的解说员——德国青年"严思"和中国女孩"燕燕"，与参观者在展厅内互动。德国馆的主题是和谐都市，设计人员采用这种互动艺术的方式无疑是展示了其强大的科技实力和德国数字艺术的发展，"互动性"在整个金属球的展示中发挥得淋漓尽致。

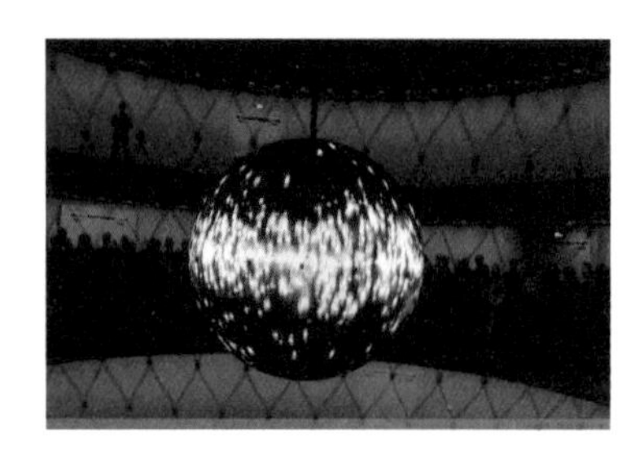

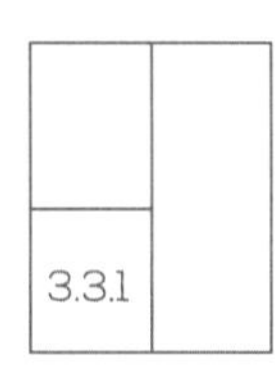

3.3.1 2010年上海世博会德国馆彩色金属球
The colored metal balls in German Pavilion at the Shanghai World Expo, 2010

[1] 李四达. 数字媒体艺术史 [M]. 北京：清华大学出版社，2008.
[2] 张朝晖，徐翎. 新媒介艺术：西方后现代艺术流派书系 [M]. 北京：人民美术出版社，2004.

4. 数字艺术的虚拟性

数字艺术的另一项重要特征是虚拟性。在当代计算机应用中，存在一种虚拟现实技术，是指一种由计算机生成的，通过数学计算、逻辑推理，可以创建和体验虚拟世界的交互式多媒体技术。虚拟现实使不可见的科学世界视觉化，将科学世界变成普通人可视的图像。[1] 在数字化艺术时代，虚拟环境的运用相当广泛。在现实中，由于时空地域的限制，人们不能近距离和多角度地浏览或走遍异地的各个角落，然而，数字化的虚拟仿真制作技术实现了人们的这一需求。例如中科院信息网络中心的“中国科普博览”网站，虚拟地展现了分布在全国各地的100多个专业研究所、著名的研究机构和科普机构。这一虚拟博物馆利用IT技术使人们在虚拟的环境中感受到了真正的世界。

在图形图像与影视制作技术的超强组合中，虚拟性也体现了其强大的施展空间。例如建模与特效制作高手Maya或3DMax，在虚拟仿真制作中，将人物角色的动作、神情刻画得惟妙惟肖。无论是风吹动汗毛的细节，还是人物嘴角触动的瞬间，这一虚拟现实的三维软件都能逼真地制作出来。近几年来3D电影大行其道，最近詹姆斯所拍的《阿凡达》再次为3D技术带来历史性的突破。我们看到花鸦三维影动研究室的捕捉虚拟合成抠像技术在这里被提升，当演员穿上有节点的衣服后，我们可以实时捕捉到逼真的动画，一切都很完美。詹姆斯手持3D摄影机拍摄穿上动作感应紧身衣的主角的一举一动时，现场已可在电脑上看到主角变身成蓝皮肤的Na'vi人在特技森林场景中演戏的画面。这个实时观看3D拍摄效果的技术是史无前例的，同时詹姆斯又在实景中拍摄，令观众难分真假。

数字化艺术的虚拟性还表现在其艺术载体的非物质性上，这是相对于传统手工制作的艺术样式而言的。传统艺术的物质性，即艺术对物材介质的传统依赖，是区别于意识形态而存在的。例如传统的中国水墨画，作为一种传统艺术作品，依赖于水墨、颜料、毛笔和纸张等一些物质性介质而存在。然而，在数字化艺术时代，数字与编码技术打破了这一传统的依赖，使艺术创作过程实现了无纸化。例如现在的平面、包装、广告以及各种影视产品，它们的创作与展示都是通过电脑或电视等人机互动的界面来完成的。现在的数字艺术作品讲求电子、光与速度，消除了所有物质性的堆砌，消除了量化的堆砌。计算机及其软件作为艺术创作的工具，虚拟的数值化的创作实现了另一类的艺术形态，即所谓的非物质艺术。简单地讲，艺术的媒材已由非物质性的数字的符号所替代。[2]

3.3.2/3.3.3　中国台湾的永恒之环
台达电子文教基金会于新竹县低碳绿能灯区呈现“永续之环”。借易经“恒”卦，表达“日月得天而能久照、四时变化而能久成”的意涵，并请书法家董阳孜题字，阐述台达集团的永续理念。全区以低碳概念构成，灯体由潘冀建筑师事务所设计，以可重复使用的钢构为主体，外层覆竹，架构长达70米的巨环。灯体内层以台达高流明投影机融接环形投影，呈现“日月”及“四时”两部影片。

“日月”篇叙述宇宙源起与日月运行的壮阔，省思文明成就引发的危机，并点出后代谋求生生不息之道。“四时”篇以影片“美丽台湾”演绎四时交替，呈现台湾之美。

[1] 梅宝树. 面向新世纪的美育与素质教育［M］. 北京：人民出版社，2004.
[2] 邱晓岩. 数字媒体艺术的新美学特征［J］. 西南民族大学学报，2004（12）.

四、数字化时代的交互设计观

Interaction design in digital art

在数字技术未介入传统艺术之前，其传递信息的方式是发布—传输—接受，这种方式单向地传播了作品创作者的信息，欣赏者只能被动地接受既定的信息，同时，创作者也无法获得观众的任何反馈。然而在数字化时代，数字媒介，特别是网络媒介，实现了双向的信息传递。例如超链接技术能够使人自主地选择喜欢浏览的网页或图片，从而实现真正的交互。这种双向的交互，正是数字化艺术之前的艺术所不易做到的。这一交互性的设计观念在当下已经成为数字艺术的主流。

1. 交互的概念

“交互”，英文中译作“Interact”，意为互动、交流、沟通、合作，相互影响、相互作用。根据《现代汉语大辞典》的解释，“交互”的含义为“互相”。简单来说，交互，即双向互动的意思。韦伯斯特认为交互是相互行动，执行彼此相反的行动，例如聊天、打乒乓球、下象棋、座谈会等都属于交互的范畴。交互设计就是关于创建新的用户体验的问题，其目的是增强和扩充人们工作、通信及交互的方式。威诺格拉德（Winograd，1997）把交互设计描述为“人类交流和交互空间的设计”。[1] 交互设计支持人们的行为，是人本质的又一体现。

交互也是一个社会学概念，指各种因素之间相互影响、相互促进、互为因果的作用和关系。数字化时代背景下的“交互”，更广泛地运用于互联网、数字电视等基于数字平台的相关领域。它成为一种人与人、人与物的交流方式，通过这种行为途径达到信息交换的目的。同时，“交互”作为一种媒介，将艺术与技术、艺术与受众、作品与作者、作者与受众联系起来，并产生相互作用、相互影响的关系。本书中所说的“交互”是一种双向传达，是一种参与过程。在艺术活动或作品中的相互影响、相互作用，包含思维的互动、行为的互动、五感语言的互动、心理的互动等。强调信息输入与输出的双向交流，以达到作者与参与受众信息对接的目的。

在数字化时代，交互性数字化网络技术应运而生，数字产品大量涌入国内消费市场，产品的功能和种类越来越多。同时，数字化技术也给我们的日常生活带来了极大的困扰：使用者在不读说明书之前，往往不能使用所谓的“高科技”产品。最早由Cooper在《让高科技回归人性——交互设计之路》一书中提出的“认知摩擦”便是对这些问题的抽象概括，技术的应用和功能的堆砌使产品变得复杂、难于理解和使用，用户很难通过感官来预期操作结果，这种现象被称为“认知摩擦”。为了解决这一问题，交互设计作为一种新的设计方法被提出来。

---

[1] [美] Jennifer Preece，Yvonne Rogers，Helen Sharp. 交互设计：超越人机交互 [M]. 北京：电子工业出版社，2003.

交互设计，是一种以用户为中心的设计方法，在设计过程中应考虑用户的背景、使用过程及体验，要注意人和产品间的互动，从而实现目标导向型设计，设计出符合最终用户的产品。

数字时代使得人们的生活方式发生改变，也使人们的情感认知与思维方式发生改变，从而使互动性思维得以产生。交互设计观念是一种以“交互”作为设计终极理想的思维理念。“交互”作为这一理念的核心，决定了技术人员和艺术家在设计之初和设计时的思维方式与方法。互动性思维改变了以往艺术创作的思维方式和创作流程，是由单向到双向、一维到多维的思维转换，是将“互动”贯穿于整个艺术品创作和展示过程中的思维方式（图3.4.1～图3.4.4）。

3.4.1
3.4.2
3.4.3
3.4.4

3.4.1/3.4.2/3.4.3/3.4.4
New American Public Art（新美国公共艺术，简称NAPA）是一个多学科的艺术工作室，以设计和制造当代媒体互动装置项目为主，“Your Big Face ”（你的大脸）是NAPA为2014年Illuminus节所设计的一个媒体互动型投影雕塑，巨大的白色多边形人脸悬挂在大楼外壁上，在雕塑的对面安装有实时摄像机，参与者把自己的脸对准摄像机镜头，这张脸就会立刻投影到雕塑上，随意变换的表情非常引人注意，也非常好玩，不过大晚上远远看到一张巨大搞怪的脸庞，怕是要吓到吧。

2. 交互性与网络艺术传播

20世纪90年代以来，互联网迅速发展，网络媒体代替传统媒体，成为信息时代传播文化艺术的主体。其关键在于网络艺术取代了以往单向的信息传递模式，“网上冲浪”是一个双向互动的过程，上网主体有权利和自由对浩如烟海的信息进行有选择的浏览，同时可以自由上传、下载自己加工过的信息。国外一些学者认为，网络的“交互性”有两种含义：一种是指用户在网络上获得信息时，可以控制获取的方式和时间，拥有更多的自主权；另一种是指用户的反馈，即信息的提供者与信息的接收者之间的互动关系。交互性数字化网络技术，为数字化艺术创造了一种双向的交流方式。

作为互联网中最为重要和普及面最广的万维网（World Wide Web），其交互性体现在网站将会对你的选择作出反应，访问者可以不断地选择，可以链接到任意想看的页面。网站提供了许多典型的链接，比如静态图片、带下划线的文本等。这种浏览者控制页面的交互能力，对于电视等传统媒体来说是不可能实现的。人类在五千多年的发展历程中，从未有过这种交互性的获取信息的方式，无论是甲骨、金文、封泥还是纸张、书信，无一例外都是被动获取信息，艺术也是一样。我们在观赏一幅名画或者一个雕塑的时候，这幅画或雕塑相对于观赏者来说，仅仅是一个静止不动的欣赏对象。我们不可能去亲自与它互动，动手修正它，做出在上面涂上几笔之类画蛇添足的事情。因此，杜尚在达·芬奇名画《蒙娜丽莎》的复制品上加了小胡子之后，对艺术界的冲击是如此之大（图3.4.5）。

网络艺术正是在这个基础上应运而生的。百度百科上这样写道："网络艺术必须是数字作品，而且只有在网络上，作品才能最大限度地发挥能量。"技术不同于人文，它始终处于不断提高的过程中，极其忠实地遵循进化论。中国的网络艺术尚不发达，技术的乐趣对于网络艺术家仍然具有很强的吸引力，这在一定程度上导致艺术家沉溺于新技术制造的种种虚拟效果，热衷于与技术博弈。如（2004年上海双年展）杨曦的互动作品"数码涂鸦"，通过互联网可使不同地方的参与者合作，但技术相对简单：用肢体或其他任何物品接触屏幕，可喷出缤纷的画面和转译的声音。"该作品在技术方面没有突破性进展，强调追求娱乐性，以愉悦参与者，从而放弃了或者说很难介入与社会格局有重大干系的事情。这一现象是当前整个中国网络艺术发展的瓶颈，很多作品停留在制造互动虚拟视觉或互动虚拟体验的表象层面，比如虚拟手捏雕塑黏土、虚拟异地舞伴等。"[1]

3.4.5　杜尚"L.H.O.O.O"
Duchamp, L.H.O.O.O

从时间的角度考虑，网络艺术的交互类型可分为同步交互和异步交互两种。同步交互是指受众在接收信息的同时可以进行反馈，提供者可以即时获得这种反馈。异步交互是指受众在接收信息一段时间后再进行反馈，提供者不能即时获得受众的反馈，受众和提供者没有进行实时性的交互，例如QQ聊天、网上游戏都是同步交互，发邮件、发bbs则属于异步交互。无论是同步交互还是异步交互，网络艺术都可以提供多种交互方式来满足它们的需求。例如电子邮件、BBS、MSN、Online Chat等方式都是互联网以自身为渠道提供的，而电视等传统媒体艺术则必须借助于电信或网络来获得受众的反馈。借助于互联网，我们可以随时随地对网上的新闻发表评论，同时可以查看别人的评论，达到和计算机的互动，实现和异地受众之间的互动。据统计，《人民日报》（网络版）所开设的"网上人民论坛"，2000年每天上帖量在5000条左右。[2] 网络艺术受众的高反馈率，将为文化艺术的传播提供有力的支持。

[1] http://baike.baidu.com/view/1973776.htm?fr=ala0_1
[2] 刘海贵. 关于中国四大媒体现状与趋向研究 [J] 新闻大学，2000（3）.

	3.4.6
	3.4.7

3.4.6/3.4.7　东京索尼 Sony Building "Crystal Aqua Trees"
自1986年以来，索尼公司每年都会举行一次慈善活动，号召民众捐款。在2012年的慈善活动中，公司邀请东京设计团体Torafu architects为其设计了一个水晶音乐雕塑，坐落在东京银座索尼大厦的广场上，名为"Crystal Aqua Trees"（水晶喷泉树）。作品的灵感来源于罗马的“爱之泉”——特雷维喷泉。整个音乐雕塑集合了喷泉、水和圣诞树等概念，在优美的音乐伴奏下产生和谐美丽的灯光变化，与街道上的人们进行互动。画面如流水喷泉，黑色抛光地板表面街面地板的反射照明，在银座大街的中央创造出一个美好的景象。摄像头与传感器相连，广场上有一个捐款箱，当有人朝里面丢硬币，音乐雕塑就转化成为另外一种闪烁模式，对当前捐款作出反应。这是一个交互式体验装置，让人们在愉快的氛围中进行捐助，并且让人们的付出显得更有意义，很显然，这是一个非常有创意的作品。
项目地址：Tokyo Ginza Sonybuilding 1F “SonySquare”

3. 交互与经验

从艺术的角度来说，交互往往和感知、解释、意图、感觉、想象、激起、思考等词汇有关。这些词既与行为有关，也与情感有关。所以，交互意味着时间和空间的存在，意味着参与某事，经历了某事，交互是经验。交互艺术通常与数字艺术紧密相连，它能够对观众的输入作出反应，或者被观众再修改、再创造，因此艺术家与观众之间的界限变得模糊。经验是指从多次实践中得到的知识或技能。数字交互从行为出发，塑造经验，创造境界，一种以往任何方式都不能给予的境界。[1] 这种层次的“境界”不仅能够使人体验到日常生活中的经验，而且能够使人体验到未曾有过的生活方式，来探索和发现生命及宇宙的科学秘密。从某种程度上说，交互是培养经验的最好方法之一。交互越过了那种单一、呆板的获取经验的模式，通过人机互动、人人互动，可以尽可能高效率地实现目标。

在数字游戏设计中，交互作为经验可以得到进一步的解释。理查德·卢斯三世在《游戏设计——原理与实践》中认为：玩家期望玩而不是看。数字化导致人类活动的领域开始向虚拟和网络的方向延伸，交互的目的是激起人们的活动欲望，在控制和反控制中体验存在的本真。首先，人与人的关系，就像血液一样被交互注入事件之中，整个游戏更加具有情节和趣味。其次，计算机能够及时作出反应，玩家可以通过比试反应速度来提高游戏的娱乐性。此外，交互方式的多样性设计，可以增加游戏的吸引力。例如打地洞、买枪、种太阳、逃跑等都是一些交互方式的设计，通过这些虚拟的交互方式，玩家可以完全沉浸在变化着的游戏环境之中。经验还通过交互的方式影响我们对艺术的体验。

[1] 曹田泉. 数字艺术的交互本质与特征 [J] 艺术与设计, 2007 (1).

五、数字化公共艺术的出现

Emergence of digital public art

数字化公共艺术发展经历了漫长的过程，直至今日仍不是很完善。下文中的"萌芽、发展、兴盛"，仅是针对数字化公共艺术现状提出的发展进程图（3.5.1）。数字化公共艺术本身的发展不仅与公共艺术有关，其历史的根源更多地涉及新媒体艺术、影像艺术等当代艺术范畴，是社会发展、艺术形态多样化的产物，是各种艺术形态相互交融并加以科技手段而形成的艺术表现。

由于数字化公共艺术的发展在一定程度上依赖于技术条件，并在一定程度上受到技术水平的制约，所以不同历史时期的技术应用于公共艺术作品时，造就了公共艺术表现形态及创作观念的转变。本节将以技术史与艺术史相结合的线索展开，从历史的角度探讨数字化公共艺术的发展。

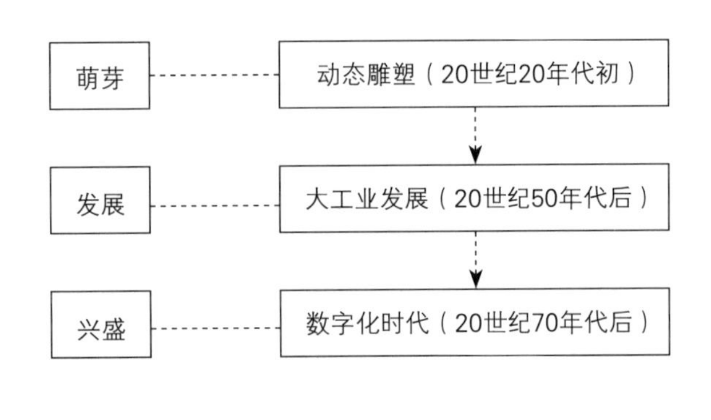

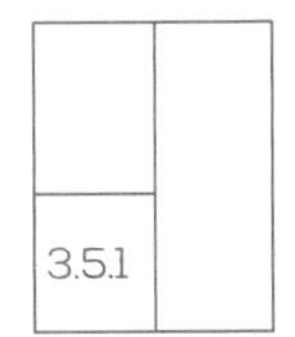

3.5.1 数字化公共艺术发展进程

1. 萌芽——源于动态雕塑

互动性作为数字化公共艺术的基本特性，"动态化"的呈现方式成为了数字化公共艺术作品的基本要求，长期以来，雕塑都是公共艺术的主要表现形式，因此，可以认为数字化公共艺术的萌芽源于动态化雕塑的产生。当雕塑作品从架上艺术走向公共空间，并将固态的艺术表现形式动态化，在特定的历史时期引起艺术运动的同时也给观众的欣赏体验带来了革命性变化，并为日后的数字化公共艺术及其他互动艺术的发展做出了良好的铺垫与引导。

电话、无线电通信、电影、X光、自行车、汽车、飞机、火车等新技术产品的发明和应用，为艺术形式的变革提供了物质基础。动态雕塑起源于意大利著名画家和雕塑家，未来主义画派的核心人物——波丘尼（Umberto Boccioni）。他认为可以在雕塑中使用更为广泛的材料："玻璃、木材、硬卡纸板、钢铁、水泥、马鬃、皮革、布料、镜子、电灯等"[1]，并在其作品"马+骑手+家"中运用了多种非传统材料。他提出了使用电动机等电子设备使作品活动起来的构想，后由构成主义实践，并在20世纪60年代发展到了高潮。

20世纪20年代初期在欧洲兴起的"活动艺术"，

[1] http: //baike.baidu.com/view/661913.htm

是指在作品中使用机械构件利用自然因素或电动机等机械手段实现作品动态表现的艺术流派。代表艺术家有瑙姆·加博（Naum Gabo）、亚历山大·考尔德（Alexander Calder）和莫霍利·纳吉（Laszlo Moholy-Nagy），这些艺术家的作品以一种独特的方式对20世纪初生活中出现的机械现象作出诠释。[1]

活动艺术的概念在1974年由《雷奥纳多》杂志主编弗兰克·玛丽娜所著的《活动艺术》中出现：

（1）包括光、机械、磁力、电气装置、电子系统、化学反应、液体等因素在内的艺术以及这些因素与时间和运动一起发生变化的过程中形成的绘画或雕刻作品。

（2）有程序控制随时间发生不规则变化、对所赋予的强度进行反馈、随声音的频率发生变化并且对脑电波特性等进行反馈的艺术作品。

（3）采用幻灯投影、电影、电视等视觉技术创作的艺术作品。

俄罗斯艺术家瑙姆·加博是第一位将技术手段引入艺术表现的艺术家。1920年，他利用电话工厂中的废料、电磁石和铁棒创作了第一件动态雕塑作品“立着的浪”（Standing Wave）。作品由电动机驱动金属棒转动，并在转动过程中形成立体视觉效果。

“立着的浪”是艺术史上第一件使用电动机装置的作品，旋转的金属条形成的虚拟的立体感是雕塑史上的先例。这件作品打破了几千年以来艺术品静止不动的历史，为三维艺术注入了时间因素。

同一年，杜尚也利用电动机创作了“旋转玻璃”。1922~1930年，莫霍利·纳吉利用不锈钢板、塑料、木材、电动机、羽毛等复合材质创作了“光和空间的调节器”，利用电动机转动及光影投射，成为了机械化时代的代表作品。[2]

1922年，莫霍利·纳吉在一份声明中提出活动艺术作品和观众的互动关系：观众不是被动地观看，而应该成为作品的一部分，主动参与到作品中，作品将根据观众的参与发生相应的变化。他的作品与理论为后来的交互艺术打下了坚实的基础，同时，他提出的作品与观众的互动关系也是以互动性思维为导向的数字化公共艺术所要实现的。

动态雕塑的发展，使技术手段首次融入艺术作品的创作中，并证明了科学与艺术的关系，颠覆了传统雕塑的静态表现和材料运用，使受众的欣赏感官及对待作品的态度发生了改变，并由纳吉首次提出作品与观众的互动关系，为数字化公共艺术提供了早期的理论指导。

---

[1] 陈玲. 新媒体艺术史纲［M］. 北京：清华大学出版社，2007.
[2] 陈玲. 新媒体艺术史纲［M］. 北京：清华大学出版社，2007.

2. 发展——兴于大工业发展

战争在很大程度上推动了科技的进步，从而在战后催生了大工业的发展。第二次世界大战结束后，各参战国受到重创并在战后大力发展工业、重建城市的过程中，推动了第三次科技革命。以原子能技术、航天技术、电子计算机技术的应用及人工合成技术、分子生物学和遗传技术为代表的第三次科技革命，使人的观念、思维方式、行为方式、生活方式发生了改变，同时催生了新的艺术表现形式，并使科学技术广泛应用于艺术作品中。

20世纪50年代，由于计算机技术、航空技术等新技术的发展，很多技术已经由军事转向民用。艺术家在创作活动中积极探索和应用新技术，并将融入新技术手段的艺术作品带出博物馆、美术馆，走向城市广场、街头，使其真正成为公共艺术作品并开始引导受众的参与。数字化公共艺术在这一时期真正得到了发展，互动性、科技性的艺术作品走向了公共空间，越来越多的艺术家及科技工作者开始研究与创作互动性的公共艺术作品。

第二次世界大战结束后的20世纪50年代后期开始，以欧洲为中心在世界各地都出现了以探索“艺术与技术结合”为目的的综合艺术实验团队。这些团队包括德国的“Zero Group”、意大利的“GruppoN”、法国的“视觉探索小组/GRAV”、日本的“实验工房”等。他们在创作中将战后的城市环境考虑到作品中，并将艺术家与技术人员合作、艺术与环境的关系及以观众参与为目的等创作方法在作品中实践。

1946年，以技术在空间和环境中的延伸为艺术表现主题的艺术小组“Group Arte Madi”的成员久洛·科西奇（Gyula Kosice）利用荧光灯管创作了“光的构造物”。1968年在纽约现代艺术博物馆举办的“机器——机械时代终结”展览，成为20世纪艺术从机械装置向电子装置转换时期的一次标志性活动。[1]

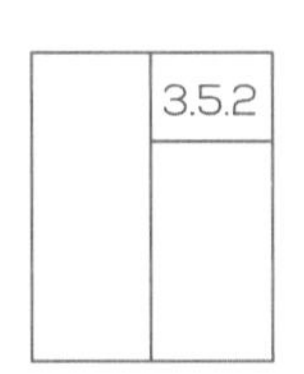

3.5.2 “空间力学——控制塔”
The Cybernetic Tower of Liege

1961年在比利时出现了第一件真正意义上的数字化公共艺术作品。出身于匈牙利的法籍艺术家尼古拉斯—舍弗（Nicolas Schoffer）受比利时列日市委托于1961年创作了大型公共艺术作品“空间力学——控制塔”（The Cybernetic Tower of Liege，图3.5.2）。这件作品由计算机驱动的66个反射镜、33个旋转轴以及光线的反射、声音等组成。利用120个彩色投光机、光电管、湿度计、气压测量剂和传感器等将周围环境中的光、声

[1] 陈玲．新媒体艺术史纲［M］．北京：清华大学出版社，2007．

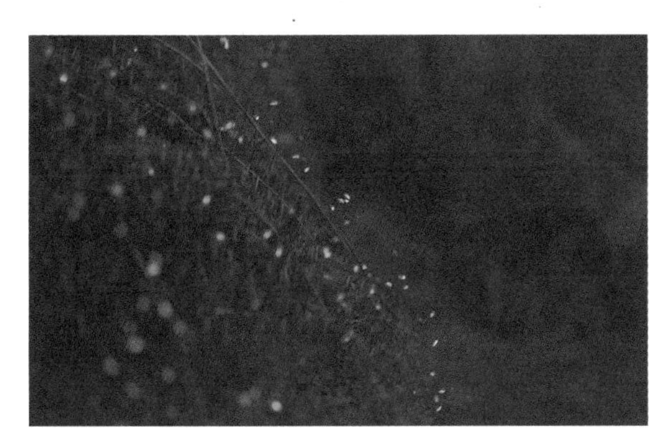

3.5.3	
3.5.4	
3.5.5	

3.5.3/3.5.4/3.5.5　发光森林（Bioluminescent Forest）
摄影师Tarek Mawad和动画师Friedrich van Schoor花了6周的时间制作出新颖的数字投影视频——发光森林（Bioluminescent Forest）。视频时长约4分钟，向我们展示了森林中的生物如果会发光将是什么样子。创作者们运用丰富的想象力向我们展示了一个别样的新奇有趣的森林空间。对这些生物进行数字投影需要极大的耐心，使得投影能够投射在正确的地方。创作者们只用了笔记本电脑、一台投影机和一部数码相机。所有的这些效果都是实时投影进行拍摄的，创作者们未在视频中添加任何后期特效。发光森林相比先前在建筑物表面或者是墙面进行投影有了较大的变革，在内容和形式上都使人眼前一亮。

音、湿度、气压等因素反馈到设计程序中。阴天时，温度计和湿度感应器将投射红色光束；晴天时，则投射蓝色光束。这件作品还包含有声音程序，形成了活动雕塑和舞蹈音乐的相互作用，使得作品成为了20世纪60年代现代化城市的象征，同时，对日后的数字化公共艺术作品从技术应用到创作观念及表现形式，都产生了很大的影响。

20世纪60年代初期，电视以视听双重传播资讯的特殊功能以及同时兼备的即时性等特征超越了之前所有的媒介，一跃成为了大众媒介的王者。1960年加拿大社会学家马歇尔·麦克卢汉出版了《理解媒介——论人的延伸》，他指出以广播和电视为中心的“电子媒介”将取代传统的活字文化，“电子媒介时代”即将到来。1960年，索尼公司发明了小型摄像机及编辑系统，使得影像艺术开始发展。韩国艺术家白南准作为影像艺术的杰出代表，在20世纪60～90年代创作了众多具有时代影响力的影像艺术作品。德国艺术家沃尔夫·弗斯特（Wolf Vostell）提出：“电视将成为20世纪的雕塑。”此后，有很多与空间环境相结合的影像装置作品产生，如“动态雕塑的发明”“庭院”等。

20世纪60年代末，各种复合媒介的艺术活动和展览在日本开始活跃。众多日本艺术家及设计师的复合媒介作品开始涌现。1970年，日本大阪世博会成为了日本艺术家、设计师、建筑师及计算机技术人员展示艺术与技术作品的良好平台。在此时期，德国的“Zero Group”也有很多传递艺术与技术、艺术与空间的作品呈现。

3. 兴盛——盛于数字化时代

1946年第一台计算机诞生后，以计算机为工具的艺术表现逐步发展。随着90年代互联网的出现，借助互联网传播的艺术作品开始出现，同时各种网络产品及技术的应用改变了人类的生活方式，进入了数字化时代。数字化公共艺术在70年代后随着计算机技术应用的普及而有了长足的发展。在2000年以后达到高潮，虚拟现实、全息影像、交互技术、感应技术、传感技术及网络技术等各项技术的成熟，使得部分数字化公共艺术作品在各个发达国家的广场、公园中永久性陈设。

70年代以后，以欧洲为中心产生了多个电子艺术社团、电子艺术节及展览中心，它们的建立使更多的公众了解了加入数字技术的艺术作品，并使技术手段得以更快地发展及在艺术作品中更广泛地应用，极大地推动了数字化公共艺术的发展。

1979年奥地利电子艺术节（Ars Electronica）开始举办，并成为电子艺术领域的国际盛事。于1987年开始设立电子艺术大奖（Prix Ars Electronica），建立了以计算机为媒介，在艺术与技术及社会层面进行创作的跨学科平台。

1981年荷兰V2成立，从成立之初的5名成员已经发展到几十位，并在互动艺术及媒体艺术领域享有盛誉。V2的成员中有艺术家、科学家、工程师，他们通力合作将艺术与技术融合，创作互动影像、音乐及装置作品。V2每两年一次在荷兰鹿特丹举办荷兰电子艺术节（DEAF，the Dutch Electronic Art Festival）。数字化公共艺术作品的成功案例“Body Movies”等就出自V2成员Rafael Lozano-Hemmer之手。

1997年，酝酿已久的德国ZKM艺术与媒体中心正式成立。ZKM作为公益性文化机构，包含博物馆、研究所及学校，同时承担了创作、展览、研究和教育的功能。ZKM的展览活动反映了科技的快速发展和现实生活、社会环境的互动。

同在1997年，日本ICC媒体艺术中心在日本新宿开幕，成为亚洲第一个媒体艺术中心。它重视艺术与科技的相互作用，并发行馆刊以传递更多的媒体艺术资讯，不断引进日本本土及欧美艺术家的作品，并长期举办展览、研讨会和讲座，同时开展以教育为目的的Workshop。

我国也在2004年以后出现了电子艺术节。2004年，北京举办了首届国际新媒体艺术展；2006年，台北开始举办“台北数位艺术节”，至今已经举办了四届；2007年开始举办“上海电子艺术节”，并已连续举办三届。

众多电子艺术领域的展览、活动、机构的成立，极大地推动了数字化公共艺术作品的发展，在这些展览中涌现出了很多走向公共空间的作品，并涌现出了一大批艺术家和科技工作者，其中有很多作品也已经在城市空间中得到永久性展示。数字化公共艺术在数字化时代背景下，得到了极大的发展，并随着社会进步、科技水平的提高、大众审美与认知的转变继续向前发展。

六、数字化公共艺术的特性及表现形式

Characteristics and expressions of digital public art

1. 数字化公共艺术的特性

数字技术为公共艺术实现新的功能与作用提供了强有力的技术支持，现代人的审美方式与心理认知的转变也对公共艺术提出了新的要求。公共性、互动性、地域性、社会属性等都是传统意义下公共艺术所具有的基本属性，而数字化公共艺术除了具有传统公共艺术的基本属性外，还具有一些在数字技术背景下产生的新特性，但基本的前提是属于公共艺术的范畴，即介于公共空间服务与广大公众之间的艺术形态。

公共性

公共性是公共艺术的基本属性，公共艺术作品并不是艺术家张扬个性的艺术展示，而是一种大众欣赏、大众参与的艺术形式，是共享的艺术，有着极强的公共属性。公共艺术从诞生之日起就是一种具有公共性的文化符号，是社会形态、政治形态、文化价值、科技水平等符号的表征，所以它有别于美术作品的私域性艺术形态。城市公共艺术的公共性不仅体现在艺术作品的大众共享层面，更应该关注大众的认知度和提高他们的话语权。[1]

数字化公共艺术作品的公共性不仅在于公众的艺术形态，更重要的是基于数字技术平台的公共艺术作品要安放于公共空间并能够被大众接触到。不论是长期置于户外公共空间，如城市广场、公园，还是长期置于室内公共空间，如商场、飞机场、火车站、码头，抑或短期性地展览于美术馆、博物馆、画廊、广场、公园等任何公共空间中，笔者在此均把它们看作是数字化公共艺术。由于当前的技术水平和公民素质等一系列问题，很大程度上限制了数字化公共艺术的陈列场地及时间。

互动性

互动性是公共艺术的重要属性，更是数字化公共艺术的本质属性。数字化公共艺术的互动性是公共艺术互动的一种高级表现形式，它的双向传播模式从根本上改变了公共艺术的社会形态及大众参与艺术创作和规划的热情。

究其公共艺术场所和地域特征以及其创作、建设的初衷，大众的参与是必不可少的，也就是作品与受众的互动。互动性是公共艺术服务公众的有效证明，它的根本目的是满足公众需求。互动性不仅可以使公众接触到作品，更高层次的互动还可以使受众体验到作品的动态变化，而互动的最高层次在于受众参与作品的“创作”，对作品、作者产生信息反馈，实现双向信息传达。数字化公共艺术的互动性，基本能够实现受众体验层次的互动，而以互动性思维为导向的数字化公共艺术作品将实现最高层次的互动。这也是数字化公共艺术互动性与传统公共艺术互动性的区别。

[1] 王峰，张旭．城市公共艺术的未来发展探究［J］．艺术百家，2009，3.

科技性

数字化公共艺术有别于传统公共艺术的一大特性就是科技性。

从创作材料来看，数字化公共艺术的创作材料是基于数字技术的媒介材料，这其中包括：感应器、LED、数字显像系统、计算机、通信工具、网络等；计算机编程技术、虚拟现实技术、交互系统等技术手段和平台。而传统公共艺术的创作材料一般为木材、石材、玻璃、玻璃纤维、水泥、钢板等。

从创作过程来看，数字化公共艺术的创作往往要经过数字虚拟模型、电路铺装、电路调试、软件测试等步骤；而传统公共艺术在创作过程中并没有电子元件介入。

体验性

在传统公共艺术和数字化公共艺术中，公共性和互动性都是基本属性。公共艺术是社会文化的产物，随着体验经济、用户体验、体验设计的出现，公共艺术的体验性也备受关注。公共艺术的体验性指的是受众在欣赏、参与作品时，通过五感及心理对作品产生的直接体验，是受众与作品的直接交流，比如：传统公共艺术中，受众在作品中攀爬感受作品的材质、造型；数字化公共艺术作品中，受众直接参与作品的创作或身临其境地感受作品的动态变化，这些都是公共艺术体验性的表现。体验性，以艺术作品受众为服务对象，以受众参与作品为目的，通过作品与受众的交流来满足受众对作品的需求，是公共艺术作品人文关怀的具体写照。

交叉性

数字化公共艺术的交叉性体现在以下几个方面：

（1）从艺术表现上看，数字化公共艺术融合、交叉了多种艺术表现形式，诸如影视艺术、装置艺术、图形图像艺术、音乐艺术等。

（2）从媒介材料上看，数字化公共艺术作品综合运用了计算机、投影仪、大型显示屏幕、可触显示器、传感器、声音装置、移动通信设备等数字媒介，还有日常生活用品、体育健身器材等，当然还包括传统公共艺术作品的创作材料。

（3）从技术手段上看，数字化公共艺术作品的制作采用了计算机技术、影像技术、虚拟现实技术、网络技术、全息影像技术、交互传感技术等多种技术手段。

其他

数字化公共艺术，首先，它是公共艺术，就必须安放于公共空间，使公众可以接触到作品。公共空间，广义上指街道、道路、城市广场、公园及公共建筑，如图书馆、博物馆、美术馆等。在国外，市政大厅、网络公共论坛等都被纳入了公共空间。北欧国家，如挪威、瑞典和芬兰，还设立了专门的法规来界定：所有自然区都视为公共空间。

本书中特指的公共空间包含以下两类：

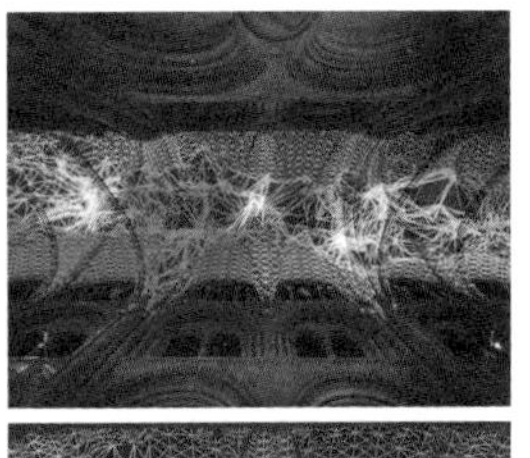

3.6.1	3.6.3
	3.6.4
3.6.2	3.6.5

3.6.1/3.6.2/3.6.3/3.6.4/3.6.5
达勒姆大教堂灯光网格展览
艺术家：Miguel Chevalier
时间：2015年
音乐：Jacopo Baboni Schilingi
所产生的生成和互动虚拟现实装置：artichoke
位置：Lumiere Durham 2015, Durham Cathedral, UK
日期：2015年11月12日至 15日
软件：Cyrille Henry and Antoine Villeret

技术制作：VoxelsProductions
2015年，在英国最大的灯光节，Miguel Chevalier举办了他的作品“复杂的网格”的首映式。首映式在达勒姆大教堂举办。达勒姆大教堂始建于11世纪末，是最具有代表性的英格兰诺曼式建筑。浑厚的建筑外观下，教堂内部反而呈现出光线丰富的哥特式教堂的效果，加上地面漂亮的石材拼花，很是漂亮。
“复杂的网格”是一个巨大的照明艺术作品，它投影在达勒姆大教堂的中殿肋拱顶的天花板上。网格是由建筑构架中使用的三维物体组成的，三维物体由简单的点、线和面形成，众多网格线框形成了几何图形本身的美感。三角形、四边形组成不同颜色的织造图案，并与其他多边形重叠，与此同时，所有图形不断地进行变换。这些庞大的投影扭曲、移动，不断创造多样化和复杂的形状，产生了一个生动的不断变化的抽象宇宙风景画。这些生动的色彩网格通过创建移动弧线的感觉使得参观者产生错觉，为达勒姆大教堂创建了一个神秘的气氛，邀请游客坐在长板凳上，吸引他们看向天花板。

（1）城市广场、道路、街道、公园等属于公众活动的室外公共空间。

（2）艺术中心、美术馆、画廊、博物馆、购物中心等属于艺术品陈列或商品流通的室内公共空间。

第一类公共空间即传统意义上公共艺术的安置场所，而数字化公共艺术既然是公共艺术，就首先要满足这一条件。但是，限于当今科技水平、社会推广力度、艺术项目资金来源、公众素质等一系列社会问题，致使很多数字化公共艺术作品不得不于室内场所展示；受到后期设备维护、看管等条件的约束，很多艺术作品只能临时性地展示。上述诸多因素导致现有的数字化公共艺术作品的展示大多在第二类公共空间中。

本书中的案例分析与举证大多来源于第二类公共空间的作品，而本书最终所探讨的数字化公共艺术及未来的发展是介于第一类公共空间中的，真正让作品得以解放、走向室外空间并充分与公众接触。

2. 数字化公共艺术的表现形式

传统公共艺术的表现形式以雕塑、壁画、景观小品、装置、地景艺术、公共设施等为主，数字技术的介入使得数字化公共艺术的表现形式更加多样化。

数字化公共艺术的表现形式与特性相辅相成，既相互制约又相互促进。数字化公共艺术的特性在一定程度上决定了其表现形式，而表现形式又反作用于其特性，两者密切相关。数字化公共艺术的科技性与交叉性对应于其多媒介的表现形式，互动性与体验性对应于其多感官的表现形式。

数字艺术的表现形态多种多样，各种技术手段和硬件设备的介入，将数字艺术形式边缘化、多样化、复杂化。数字化公共艺术在表现形式中融合了图形、影像、游戏、网络与通信、音乐、装置艺术等多种表现形式，在艺术语言上更加丰富多彩，达到了多感官的体验效果。

多媒介的表现
媒介指的是使事物之间发生关系的介质或工具。本书中指的是数字化公共艺术作品创作中使用的技术及材料。

1）光电媒介
光电作为工业时代的产物，更多地是服务于日常生活，在城市公共空间最早是起到夜晚照明的作用。然而，受到时代背景、科技水平、艺术流派斗争等诸多因素的影响，一些艺术家开始尝试使用光电作为城市公共艺术的表现载体。早在1961年艺术家尼古拉斯—舍弗（Nicolas Schoffer）就运用光电媒介创作了大型公共艺术作品“空间力学——控制塔”（The Cybernetic Tower of Liege）。

随着技术水平的进步和人类思维的发展，越来越多的数字化公共艺术作品以光电作为媒介，并加入了很多互动元素，交予更多的权利给受众，同时光电媒介也成为了城市夜间景观工程的重要表现手段。墨西哥艺术家Rafael Lozano-Hemmer创作了众多数字化公共艺术作品，他擅长利用传感跟踪、影像、网络及程序语言创作大型作品。他的作品具有极强的互动性，受众在作品中起到了关键作用，没有受众的参与很多作品将无法呈现，并且多数大型作品都安置于室外公共空间。可以说，Lozano-Hemmer是数字化公共艺术领域的杰出代表。

他于2008年创作的“PULSE PARK”（图3.6.6）[1]，展示于美国纽约麦迪逊广场

[1] Rafael Lozano-Hemmer [EB/OL] http: //www. lozano-hemmer. com/

（Madison Square Park）。作品以互动灯光雕塑（Interactive Public Light Sculpture）的形式呈现，通过作品内置的传感装置监测受众的心率并激活200盏大型射灯，营造出光线脉冲在公园中央椭圆形草坪上的矩阵。由于每位受众的心脏收缩和舒张率都不同，所以产生的光束频率及宽窄变化也不同，从而使得他们创作出不同的作品。作者的创作目的是想用光电的形式对人的生命体征进行诗意的表达，将各种信息在公共空间中传达、转换成稍纵即逝的光线和动作。受众的参与起到了至关重要的作用，没有受众的参与作品将无法呈现，作者在创作之初就将受众纳入到作品中，并将受众参与作品及互动了形式规划好了。创作的整个过程由互动性思维来指导，使受众与作品、作者之间的关系产生了微妙的变化。

2）显像媒介

显像媒介，由于技术成熟及后期维护等诸多实际因素，在数字化公共艺术中运用最为广泛。显像媒介基于视觉语言传达作品信息，往往也会与听觉、触觉等其他感官协同传达。通过显像媒介表现的作品在数字化公共艺术中占有很大的比重。

芝加哥千禧公园（Millennium Park）于2004年7月开幕，位于

3.6.6	
3.6.7	

3.6.6 Pulse Park

3.6.7 位于千禧公园内“皇冠喷泉”
Crown Fountain with interactive fun, located in Millennium Park

芝加哥市区繁华的密歇根大道上，耗资4亿多美元，历时6年建成。主要的设计理念是将互动式的数字科技融入城市公园当中，它的出现也将芝加哥的公共艺术推向了全新的境界。其中由西班牙艺术家Jaume Plensa创作的皇冠喷泉（Crown Fountain）（图3.6.7～图3.6.10[1]）是两座相对的玻璃瀑布砖墙，墙上是利用电脑控制的LED画面，艺术家拍下不同肤色、不同年龄的1000位芝加哥市民的脸，以每小时6张的速度播放，还有金字塔、尿尿小童等影像穿插其中。这件作品充分与受众融合，在精神层面和娱乐层面都与受众形成了良好的互动，并带给受众良好的艺术体验。每天都有许多父母带着孩子来与水同乐，尤其是当墙上的脸变成微笑时，所有的小朋友都跑到前方等待，水柱便由嘴部喷出，大家乐成一团。

整个作品从素材选择到呈现，都有受众的参与，使公众充分享受到了数字化公共艺术作品，但美中不足的是受众无法自行改变作品的呈现形态。

3）可触媒介

可触媒介，是基于触觉语言传达作品信息建立沟通渠道的表现手段。可触媒介通过触摸屏幕、热传感器、感应跟踪装置等实现，由于技术及设备的特

	3.6.8
	3.6.9
	3.6.10

3.6.8/3.6.9/3.6.10
千禧公园内的皇冠喷泉
Crown Fountain with interactive fun, located in Millennium Park

[1] Chicago Public Library [EB/OL] http: //digital. chipublib. org/

殊性，往往作品只能在室内公共空间展示。

作品“Bloomberg ICE”（图3.6.11[1]）由艺术家Klein Dytham创作，安装于日本Maruonuchi东京车站附近的公共区域。由5m×3.5m的玻璃墙面构成，通过红外线传感器感应在50cm范围内的受众的动作，从而实现互动效果。受众可以通过身体语言来输入信息，控制作品的呈现状态，实现数码竖琴、数字阴影、数字波和数字排球等游戏的玩耍，具有很强的互动性、体验性和游戏性。

4）复合媒介

复合媒介运用了多种媒介材料，如显像、灯光、可触、声音、传感等，是数字化公共艺术科技性与交叉性的综合体现。

位于德国慕尼黑的Reactive Spark互动灯具装置（图3.6.12[2]），由Markus Lerner 为著名灯具企业OSRAM设计，安置于慕尼黑OSRAM公司总部门前交通流量很大的中环路。这组交互灯具装置包含了11万个LED灯，通过实时跟踪器采集公路的交通流量并用巨大的LED灯具实时显示。灯具底部显示的波浪为交通流量，每当有新的车辆通过，屏幕上即会有“火花”闪现，将路面车流通过动态灯光实时传递给公众。作品中既运用了LED灯光显像装置，也有传感装置，同时运用了雕塑造型手法，结合了多种媒介完成作品。

3.6.11　Bloomberg ICE
3.6.12　Reactive Spark交互灯具

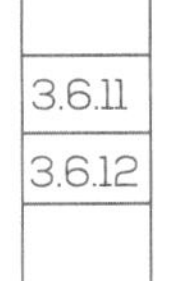

多感官的表现

感官泛指能接受外界刺激的特化器官与分布在部分身体上的感觉神经，是生物体得到外界资讯的通道。就人类而言，感官包括眼睛的视觉、耳朵的听觉、口腔的味觉、鼻子的嗅觉等主要的特化器官与皮肤的触觉。[3]数字化公共艺术的表现形式，从人类感官上讲，囊括了视、听、味、嗅、触五种人类感官。

[1] Klein Dytham［EB/OL］ http：//www．klein-dytham．com
[2] Markus Lerner Studio［EB/OL］ http：//www．markuslerner．com/
[3] 维基百科［EB/OL］感官 http：//www．wikilib．com

第四章 交互之城

Chapter 4 Interactive Urban spaces

一、数字化技术的交叉性
二、交互理念在城市公共艺术设计中的体现
三、交互性内涵层次的转变及关系媒体
四、数字化公共艺术的社会联结性和包容性
五、数字化城市公共艺术交互系统的构成

YOUR
BIG
FACE

一、数字化技术的交叉性

Interdisciplinary digital technologies

1. 数字化技术的多样性

数字化时代的到来，从本质上说是20世纪科学技术革命的必然结果。然而，同以往的科技革命不同，数字化无疑是一种这样的技术：它既是技术本身，更是一种技术的存在方式。这句话看起来相当拗口，但是其逻辑性是没有问题的。

我们首先来回顾一下技术的定义：技术泛指根据生产实践经验和自然科学原理而发展成的各种工艺操作方法与技能。技术涵盖了人类生产力发展水平的标志性事物，是生存和生产工具、设施、装备、语言、数字数据、信息记录等的总和。技术是促使人类改造其周围生存环境、实现某种目的的积极手段，是人类活动的一个专门领域。从人类发展史来看，我们大致可以根据工具材质的不同将人类的早期技术发展分为“石器时代”、“青铜器时代”、“铁器时代”，在18世纪，瓦特发明的蒸汽机促成了工业革命，人类进入了蒸汽时代，19世纪开始了电气时代，直到20世纪数字化信息时代到来，并延续至今（简称信息时代）。

数字化是指信息存储的一种方式，我们在前文讲过，我们把外界信息如图、文、声、像等，经过一定的转化，变为可以度量的数字信息，再以这些数字、数据建立起适当的数字化模型，把它们转变为计算机能识别的二进制数字“0”和“1”的代码，并使用机器对其进行统一运算、加工、存储、传送、还原。因此，数字化技术颠覆了人类处理任何技术问题的方式。数字化既是一种技术，又是这个时代信息传递的载体。我们知道，技术必须借助载体才可以流传和延续。从历史的角度看，技术传播在古代主要通过人的大脑，这个人可以是能工巧匠，可以是游吟诗人，也可以是宗教领袖。然后是自然物的出现，这一载体变为了甲骨、青铜器、竹简、书籍、图画、档案等。而在现代，信息则储存在大学实验室和图书馆的各类多媒体存储记忆元器件、电脑硬盘、光盘等数字化芯片中。因此，在现代，数字化更是一种技术存在的方式。数字化技术已经演绎成为复杂的全方位的多种学科技术工程，具有多样性和交叉性。

可以说，数字化技术现在已经成为了一种当代人的生活方式。首先看一看现代影视、新闻、广告、音乐、体育以及各种娱乐活动，与传统方式进行比较，就不难体会人的内在空间在数字化时代已经被科技影响到什么程度。再来看看物质化的实实在在的生活，我们吃的大米——实验室里数字技术培育的，我们吃的大豆——转基因的，我们所使用的电器——电路集成的，我们住的楼房——计算机设计的图纸，甚至发放工资的方式——银行卡，都在进行着数字化的改变。最后再看一看我们学习的方式。数字化技术把看上去不可能的一个虚拟的世界展示在你眼前，为你提供了浩如烟海的信息。读书、看报、欣赏艺术，我们有数字图书馆、各类门户网站、新闻网站、数字博物馆，一切似乎都离不开计算机、离不开数字技术了。人类对数字化技术已经产生了浓厚的依赖感。

2. 数字化技术的交叉性

数字化技术因其具有多样性，故而在科学技术的各个领域都有极大的应用。数字化技术的一个最为重要的特点就是其根深蒂固、本身即带有的交叉性。上文提到，广义上说，数字化是信息存储的一种方式，任何技术都需要信息的存储，而数字化技术交叉性的出现，最重要的表现就是计算机技术的广泛采用，为其他诸多技术服务。

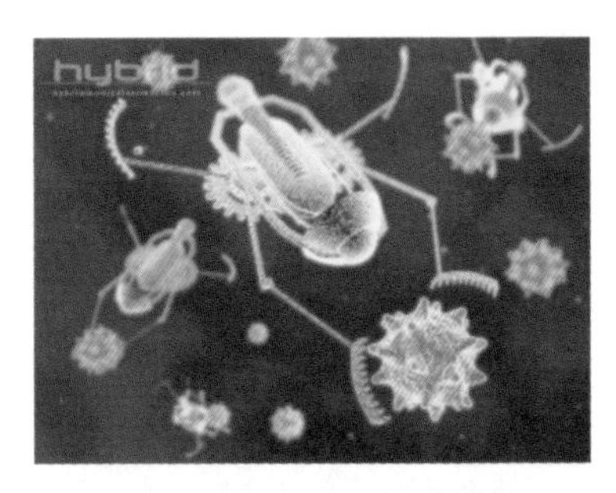

计算机应用是计算机学科与其他学科相结合的边缘性交叉学科 ，研究计算机应用于各个领域的理论、方法、技术和系统等。一般可以分为数值计算和非数值应用两大领域。数字化技术的非数值应用又包括数据处理和知识处理，例如信息系统、自动化、图形学、模式识别、机器人、机器翻译等领域。

从整体上说，数字化技术的交叉性朝着以下几个趋势发展：

首先，广泛化。数字化技术已经成为当代人生活中不可或缺的几部分，从低端到高端，都有着广泛的应用。摩尔定律是由英特尔（Intel）的创始人之一戈登·摩尔（Gordon Moore）提出来的。其内容为：集成电路上可容纳的晶体管数目，约每隔18个月便会增加一倍，性能也将提升一倍，或者说，每1美元所能买到的电脑性能，将每隔18个月翻一倍以上。这一定律揭示了信息技术进步的速度。发展到现在，目前正在研制的巨型计算机的运算速度可达每秒百亿次。这些最尖端的技术往往首先被应用在国防军事工业中，如卫星轨迹和图像识别、导弹弹道、宇宙飞船动力学，而小到一块手表、一部手机、一个洗衣机的控制模块、一个地铁里的监控摄像头等，无一例外都离不开数字化技术的支持，故而其交差性是十分广泛而明显的。

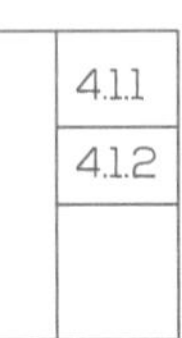

4.1.1 纳米机器人
Nanometer scale machines
4.1.2 杜尚“自行车轮”
Duchamp, Bicycle wheel

其次，微型化。作为日常生活随处可以见到的一部分，微型计算机已经走进了我们的千家万户。在常用的仪器、仪表、家用电器等小型仪器设备中，微型数字芯片已经成为控制设备运行的心脏，各种“数控”模块的普及使得仪器设备实现了“智能化”。手机和计算机的体积在不断缩小，功能却愈加强大，这些都要感谢微电子技术的发展。甚至在医学中出现了微小的纳米机器人（图4.1.1），进入人的血管中担当“清道夫”。在军事上，工作人员也开发出了微型探测器，具有红外探测、窃听情报、搜集讯息等功能。

再次，网络化。网络是数字计算机技术和通信技术的交叉学科。网络的推广和普及是20世纪技术革新的一件大事。网络在数字技术的交叉运用中，作为信息沟通和资源共享的重要途径，发挥着重要的作用。一方面，在网络上，用户可以共享信息资源；另一方面，计算机之间也倚靠网络实现信息传递。除了万维网（World Wide Web）之外，网络现已广泛运用在各企事业单位、科研机构等处，这些部门大都建立了自己的专用网络，如教育网、银行网、军事内部网等。网络化同时也是数字技术交叉性的最好表现之一。

最后，智能化。人工智能（Artificial Intelligence），简称“AI”。它是研究、开发用于模拟、延伸和扩展人的智能的理论、方法、技术及应用系统的一门新的技术科学。智能化是数字技术发展的一个重要方向，旨在了解智能的实质，尝试设计出以与人类智能相似的方式作出反应的智能机器。这一领域涉及面比较广，交叉性较强，研究包括机器人、语言识别、图像识别、自然语言处理和专家系统等。

3. 数字化技术与艺术的交叉及其应用

20世纪，随着科技的进步，数字化技术水平不断提高，艺术也随之受到了技术的冲击，开始走向当代。早在1913年，杜尚就将一个废弃的自行车轮倒置在一个圆凳上（图4.1.2），成为了“现成品艺术”中最为经典的作品，代表了那个时代先进技术的“机械化”对艺术的影响。从20世纪60、70年代开始勃兴的观念艺术、行为艺术开始，未来主义、达达主义、波普艺术等一个个“你方唱罢我登场”，在某些实验艺术中开始出现机械化、电子化的影子。

现代社会中，艺术和技术之间的隔膜日益缩小。虽然正如康德指出的，技术本身并不是艺术，只能算是技巧，但是，在现代社会中，艺术本身深深地被技术改变了。对于艺术家来说，身份的互换成为一种简单的方式。一位普通的程序员，可能昨天还在为公司编写代码，今天就创作出数字艺术作品，摇身一变成为前卫艺术家。这种例子在数字艺术滥觞的60、70年代是十分普遍的。随着时间的推移，数字艺术的出现和普及，标志着数字化时代技术和艺术的融合。

狭义的数字艺术指的是数字化技术与美术的交叉，广义的数字艺术则是指数字化的艺术，包罗万象。如以数字技术为手段的平面设计、以数码相机为主要工具的“数字摄影艺术”、以网络传播为主要模式的“网络艺术”、以数字视频为主要表现对象的“数字影像艺术”、以多媒体为主要媒介的“新媒体艺术”等，只要以数字技术为载体，具有独立的审美价值，都可以归类到数字艺术中。

数字摄影艺术是数字化技术与摄影艺术的交叉。数字摄影艺术首先要感谢数码相机和图像处理软件的出现。数码相机的成像元件是CCD或者CMOS，该成像元件的特点是光线通过时，能根据光线的不同转化为电子信号。早期数码相机技术被用在美国登月飞船上，在20世纪80年代之后逐渐普及，并在21世纪逐步取代了传统的胶卷相机。以“Photoshop”、“CorelDraw”等为代表的图像处理软件则取代了传统的光学滤镜，可以对数码相片进行即时的编辑、剪辑、放缩，增加不同的滤镜，以达到不同的效果。

在计算机诞生的20世纪50、60年代，欧美计算机实验室的科学家和工程师成为了最早的计算机数字艺术的先锋。他们利用计算机所具有的操纵、控制、设计等技术功能，在一些实验中加入了视觉艺术的因素。1952年，美国数学家本·拉波斯基（Ben F. Laposky）就创作了一幅黑白电脑绘画作品，成为了世界上第一幅数字艺术作品，具有划时代的意义。曼弗雷德·莫尔（Manfred Mohr）将自己创作的计算机生成艺术于1971年首次在法国巴黎现代艺术博物馆展出。80年代之后，数字艺术家已经遍及全球。在一些前卫的城市双年展、三年展中，可以频频发现他们的身影。[1]

新媒体艺术是数字艺术的重要组成部分。新媒体艺术是指“西方20世纪60年代以后出现的，利用电视、计算机、音响和激光等多种媒体技术手段创作的一种崭新的，兼具视觉、听觉和表演等特征的新艺术形式。”[2] 新媒体建立在以数字技术为核心的基础之上。新媒体艺术在几十年的发展中，将数字化技术的交叉性利用得淋漓尽致。它追求题材的日常生活化、制作的技术化、影像的虚拟化和思想的哲理化以及技巧的多元化，将数字化时代大背景下人们对生活、对艺术、对世界的看法通过一种前卫、琐细甚至无聊的方式表现出来，从某种程度上代表了西方影像艺术的发展方向。

数字城市公共艺术是数字化技术与城市艺术的交叉，它也是本章的重点。人类社会发展到现代阶段，城市在实现了经济中心的同时，也在追求文化领导者的地位。城市公共艺术成为了社会公共事业和公共建设不可或缺的一个重要部分。公共艺术不仅能够点缀城市环境，反映城市的修养和内涵，优秀的公共艺术作品还会融入到一个城市的文化脉络中，最终成为一个城市历史记忆的一部分。如果说实验艺术仅仅是先锋艺术家的一些前卫的尝试，那么当艺术走入城市中心，成为可以被大众触摸的“有形”雕塑、壁画等公共艺术作品的时候，这种实验就已成为一种经典，为大众所接受。数字化技术的成熟，使得将数字艺术用于城市艺术设计成为一种可能。

数字化公共艺术的交叉性体现在以下几个方面：首先，从艺术表现上来看，数字化公共艺术融合、交叉了多种艺术表现形式，诸如影视艺术、装置艺术、图形图像艺术、音乐艺术等。其次，从媒介材料上来看，数字化公共艺术作品综合运用了计算机、投影仪、大型显示屏幕、可触显示器、传感器、声音装置、移动通信设备等数字媒介，还有日常生活用品、体育健身器材等，当然还包括传统公共艺术作品

[1] 李四达.数字媒体艺术史［M］. 北京：清华大学出版社，2008.

[2] 万书元.新媒体艺术论［J］. 艺术百家，2009（1）

的创作材料。最后，从技术手段上来看，数字化公共艺术作品的制作集中了计算机技术、影像技术、虚拟现实技术、网络技术、全息影像技术、交互传感技术等多种技术手段。城市公共艺术作品将无形的介质在有形的载体上灵活展示，传达出一种公共艺术的新力量。

近年开始流行于多个国家的虚拟现实技术让公共艺术作品开创了全新的展示空间，让艺术作品变成了动态的、涉及多维空间的新形态。

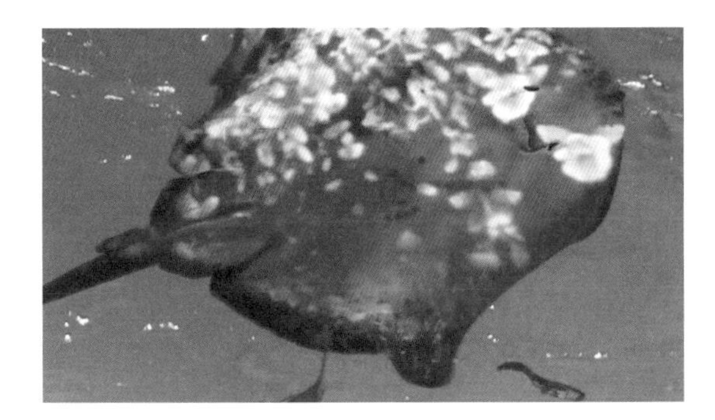

4.1.3	4.1.6
4.1.4	4.1.7
4.1.5	4.1.8

4.1.3/ 4.1.4/4.1.5/4.16/4.1.7/4.1.8 日本水族馆
日本神奈川县的新江之岛水族馆在相模湾大水槽一带设置了投影，欲打造一片数码世界，游客可以来此欣赏各种水生生物。日本TeamLab公司创作的“花与鱼”装置描画了植物的外形，叶子和花瓣，它们静悄悄地浮在水槽表面，当有鱼游过时，游客便能看见百花盛开的场景。

柔光投影成的花朵打在恰好经过的水生生物上，彩色的花朵和鱼瞬间完美地融合在一起。当水槽里的鱼经过花朵位置时，花朵就会分散成闪着光的花瓣，慢慢消失在游客的视线中。该装置所用到的影像并非是提前设定的，而是根据水槽内鱼儿的游动随机产生的，所以每一幅影像都是独一无二的，不会再出现第二次。

水族馆还添置了一些其他装置，如能感应人体触摸而改变颜色的“感应球体和夜晚之鱼”，能把游客的手工绘画变成数码电子墙艺的“绘画水族馆”，还有当游客靠近时能改变水槽颜色的“小型感应之海”。

二、交互理念在城市公共艺术设计中的体现

Interaction design in urban public digital art

前文已经就交互及其交互观念进行了有效的阐述。在城市公共艺术的设计中，交互思维已经起到导向性的作用。在现代城市公共艺术30余年的实践中，已经收获了一些卓有成效的案例。交互理念为导向的城市公共艺术，是将互动性思维贯穿于整个城市公共艺术作品制作的全过程，从构思到最后的作品呈现，而传统意义上的公共艺术作品的互动，仅仅体现在作品的最终呈现上。正是互动性的思维方式与创作理念，将数字化公共艺术的互动性发挥到了极致，真正使参与的受众成为了作品的“创作者”之一。交互理念的表现方式，从艺术的本体论来说，可以分为三个阶段：其一，从设计者的角度出发，交互理念的诞生。其二，从赞助者的角度出发，对交互理念进行了选择。其三，从受众的角度出发，交互理念的实施。

1．交互理念的选择——从设计者的角度出发

用什么样的方法组织思维、认识对象和思考问题，既取决于思维对象的性质，也取决于主体思维器官的发展程度以及作为主体和客体中介的思维工具的性质。思维的对象决定了思维的方式与方法，而公共艺术随着社会的不断发展，其内容和形式不断地变化，其创作的思维方式、方法也随之变化着。数字时代使得人们的生活方式发生改变，也使人们的情感认知与思维方式发生改变，从而使得互动性思维得以产生。

自20世纪80和90年代，西方人开始思考实现思想和技术互动的模式的变化。随着新技术手段的不断涌现，新型的艺术表现形态也随之产生。当网络技术、数字影像技术、交互技术等诸多技术手段成为艺术创作“材料”时，人们已经不满足于被动地去赏识艺术，而更多地是要参与其中，要与其对话、交流。互动艺术就此产生，它是一种交互式的艺术表现，是艺术与技术、作品与受众、作者与受众之间有着密切关联的艺术形式。互动公共服务设施、互动电视、互动影视、互动游戏、互动装置艺术等，是基于“互动”这一技术平台发展的新形态。可以说，设计者把视野投向公共艺术的时间还是相对较晚的。

公共艺术在某种意义上也是一种“观念艺术”，它并不仅仅是创造一个个具体的形象，也不是对公共空间单纯的视觉装饰，公共艺术的目的还在于传达思想、追求社会意义。它的出现与经济发展，消费文化的出现以及艺术发展的多元化，艺术表现的通俗性分不开。它与陈列地点的环境融为一体，因时间、地点的转化而发生意义的改变。

最初的设计者注意到，交互技术同公共艺术的结合将会引起一场革命性的变革。由于公共空间具有不可回避性，放置在其中的公共艺术作品具有强制欣赏的特点。所以，公共艺术作品不

应该高高在上让人被动接受，也不应该像在展览馆里只许参观，不许触摸，它应该成为人生活中的一部分，可以依靠，可以攀爬，甚至可以进入内部，使人感到亲切，使作品充满活力。通过这种交互性，人们能够主动地思考和创造性地参与，人和公共艺术作品建立一种新的关系，使受众从中得到一种新的审美体验。艺术家和公众的交流，双方都会得到提高，进而提高市民的整体审美素质。体验和参与是交互艺术的特征。这种互动可以是接触式或者非接触的，也可以是通过其他各种媒体平台触发的。随着技术的发展，互动形式层出不穷，“可能性”在不断地扩展当中。

从这里出发，交互理念支配下的城市艺术的设计者就要在两个身份间不断转化，即艺术家和工程师的双重身份。艺术家的首要任务就是通过自身的创造力和思辨，实现作品的设计理念，协调好艺术和观念之间的关系。工程师则比较务实，他们思考的问题是：城市公共艺术作为一个“工程”，“交互性”的设计理念将如何实现？原本空洞的“物化”概念如何转成实实在在的可以触摸、可以参与的城市公共艺术作品。这里面会涉及很多界面与交互设计艺术的知识，包括建筑、材料、计算机网络以及通信方面的知识。我们在后面的章节中会有专门的论述。

2. 交互理念的选择——从赞助者的角度出发

城市是人类文明的主要组成部分，城市也是伴随人类文明的进步发展起来的。公共艺术则是伴随着城市的发展而来的，伴随着社会发展与科技进步，从私域性艺术走向属于大众的公共艺术。公共艺术是一种艺术表现载体，将公共空间作为展示场所，以传达内在的精神诉求与时代的审美标准。公共艺术的意义不在于其表现形式，而是对其内在的价值取向的表达。城市作为公共艺术的展示场所，在空间上就限定了城市公共艺术作品传达城市文化、历史沿革、时代背景的功能；作为视觉文化符号，城市公共艺术作品体现的是一种大众审美，甚至是一座城市的城市标志。

城市公共艺术的建设，是一种精神投射下的社会行为，而不是物理空间的城市公共空间艺术品的简单建设，最终的目的也不是那些物质形态，而是满足城市人群的行为和精神需求，在人们心目中留存城市文化意向。它渗透到人们日常生活的路径与场景中，通过物化的精神场和一种动态的精神意象引导人们怎么看待自己的城市和生活。在数字技术快速成长的时代，伴随着广泛的人群互动的各种新艺术正在成为时代的最强音。

从这一点出发，对于城市艺术的决策者——市政府、城市的管理者们来说，首先要考虑的是何种城市公共艺术可以代表一个城市的文化精神。对于不同定位的城市来说，其文化核心的定位是不同的。由于战后欧洲国家享受了和平的发展，以英、德为代表的国家制定了相应的文化政策并成立委员会来支持公共艺术的发展，建立公共艺术的发展机制。如1996年奥地利采用了一种新的艺术政策：地方政府每年将建设工程费的1%作为公共艺术发展基金。瑞士在公共艺术的议题中，相对于其他欧洲国家引入了更多的民主制度，并采用地方分权的模式，让不同地区和城市有更大的空间去探索适合自己地域文化的公共艺术。美国的公共艺术也一直走在世界的前列。公众渴求平等的艺术，艺术也应实现民主化，艺术家的艺术创作能够表现美国的理想与认知价值，希望通过艺术将美国各地域的人都联系起来，创造美国的艺术语言。不少艺术家开始挑战传统公共艺术，很多庄严、肃穆的富有纪念意义的大型雕塑被搬下了神坛，而出现了很多平民化、世俗化的艺术。这些都与美国制定的文化策略相关，美国很多城市艺术中的重要设施，由凯悦集团、英国石油、埃克森石油、波音公司、大通银行等知名的企业捐助建设。市政府与基金会、财团的公共艺术投资项目类别很广，可以独立于任何一个建筑项目，包括市区广场设计、纪念碑设计、居民空间设计。也可以资助短期的公共艺术创作。公共艺术包括雕塑、街头家具、环境设计等。基金会的评审团来自社会各个方面，包括本地及海外的艺术家、建筑师、设计师和其他方面社会人士。这就使得一些出色的公共艺术作品可以通过投标的方式进入实施阶段。

除此之外，各个城市展示自己新艺术成就的重要窗口——双年展、三年展等，也成为了公共艺术创新和实践的重要方式。双年展（Biennial）是当代视觉艺术最高级别的展示活动，其在美术界的重要性相当于体育界的奥林匹克。双年展一般都以城市命名，在众多的国际双年展中，威尼斯双年展是历史最悠久、最有影响力的。它有着一百多年的发展历程。除此之外，世界各地的重要双年展还有巴西圣保罗双年展、美国惠特尼双年展、澳大利亚悉尼双年展、法国里昂双年展、韩国光州双年展等。中国则有上海双年展（图4.2.1）和广州三年展。很多国际艺术家都把双年展、三年展作为尝试自己最新艺术观念的实验

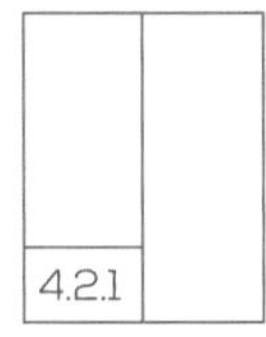

4.2.1 2006年上海双年展
Shanghai Biennial in 2006

田，互动式城市公共艺术中很多思想的火花都是从这里为人所知并走向成熟的。

现在，互动性城市公共艺术在我国的发展依然处于滞后阶段。城市公共艺术的发展离不开政府机构的支持或团体、私人的赞助，创作的目的始终是“为人民服务”。只有建立规范化的公共艺术机制，艺术家把灵感放在受众生活中，创作被大众认可的公共艺术，创作体现城市特色和国家形象的公共艺术，才是中国公共艺术继续要完善下去的方向。互动性是公共艺术发展的必经阶段，需要大众的参与及作品与受众的互动，这样才能成为真正意义上的大众艺术。然而，目前国内这种互动性的作品还不多，大多拘泥于机械式、物理式的互动。负责审批项目、管理城市公共艺术的官员，往往又是不懂艺术的。因此，在中国，互动性城市公共艺术的发展还需要一个漫长的过程。

3. 交互理念的实施——从受众的角度出发

互动性思维是一种过程的思维方式，其在城市公共艺术创作与实践中的导向作用也是贯穿于全过程的。

我们知道，互动性思维是一种过程的思维方式，其在城市公共艺术创作与实践中的导向作用也是贯穿于全过程的。交互式城市公共艺术的重点同样在于过程，通过艺术家和工程师的设计以及城市公共艺术管理者的支持和赞助，城市公共艺术的模型已经建立起来，但因为还没有受众的参与，艺术本身的过程并没有完成。这里首先要用到“接受美学”的理论。1967年，德国康茨坦斯大学文艺学教授姚斯（Hans Robert Jauss）首先提出了这一理论。接受美学的核心是从受众出发，从接受出发。姚斯认为，一个作品，即使印成书，读者没有阅读之前，也只是半成品。[1] 同样，一个城市公共艺术雕塑，哪怕已经建成，在没有受众与之互动之时，也只能算作半成品。

从受众的角度出发，互动性在城市公共艺术中显得尤为重要。城市公共艺术在体现城市文化内涵、装饰城市环境的基础之上，为了最大程度地体现其作品的社会效果，将与观者互动放在了一个很重要的位置。本书将以西方城市公共设施或者公共艺术的载体——喷泉为例，分析城市公共艺术中交互理念是如何体现的。

---

[1]［德］H·R·姚斯. 接受美学与接受理论［M］. 周宁, 金元浦译. 沈阳: 辽宁人民出版社, 1987.

早在巴比伦人建立空中花园的时候，喷泉就早已出现。在传统的西方人的理念中，喷泉往往是一个城市文明的标志。从狭义的角度出发，喷泉并不是艺术品，只是一种公共的设施。但是从广义的角度讲，喷泉已经进化为一种公共艺术。欧洲的皇家喷泉以巴黎凡尔赛宫喷泉群最为重要，建于路易十四时期，是古典喷泉的巅峰之作，装饰以贴金的大理石和青铜雕塑，以奢华、宏伟、气势磅礴而闻名于世。徜徉在凡尔赛喷泉周围，受众感受到的是一种17世纪巴洛克艺术的奢华。就艺术造诣而言，它已经达到了古典喷泉的最高水准，成为了古典喷泉艺术的绝唱。观看者在欣赏喷泉的自然喷涌时，虽然可以在装饰喷泉的大理石雕塑的注视下于池边嬉戏玩耍，但是却不能与喷泉进行互动（图4.2.2）。

4.2.2
4.2.3
4.2.4
4.2.5
4.2.6

4.2.2　凡尔赛宫喷泉
Versailles Fountain
4.2.3　上海世博会喷泉表演
Fountain Show at Shanghai World Expo

4.2.4/4.2.5/4.2.6 美妙空间（Engaging Space Display）
美妙空间是Dalziel and Pow公司在2015年零售业博览会上的展出项目。整个空间的展板上绘有48个不同的图形，当游客触摸图形时，会播放动画，与游客产生互动。每个图形都对应了一个动态的效果，有的简单，比如按下灯泡会发光，有些复杂，比如树木从砍下开始的加工过程。无论是简单还是复杂的变化，均透出了相当的趣味性，吸引了大批的游客。这些图形都是日常常见的物件，如鞋子、房子和乐器等。游客能与展板形成一种交流，动态的展示显然更加生动。使用可导电的油墨来感知游客的触摸行为，同时在展板夹层中添加电路板来实现动画的播放。

随着现代技术的应用，产生了各种自控喷泉。法国巴黎的拉德芳斯广场上，有著名的“阿加姆”音乐喷泉，建于1980年，66个喷头呈“S”形布置，喷出1～15m高的水柱，利用电脑控制水、光、音、色，能表演“蓝色狂想曲”、“水上芭蕾舞曲”等十多个精彩节目，使喷泉艺术进入了崭新的时代。这一时期的喷泉，由于声、光、电技术的采用，受众在欣赏喷泉的同时还能享受到音乐带来的听觉冲击，而由于各色彩灯的使用，视觉享受也变得多元化起来。不仅在白天，在黑夜也能欣赏到喷泉的美。但是观者只能按照电脑事先安排好的顺序欣赏喷泉的灯光和音乐。虽然只有喷泉一方在动，但是已经朝互动性前进了一步。

这里我们将再次提到2004年由西班牙艺术家约姆·普朗萨（Jaume Plensa）设计的芝加哥千禧公园的皇冠喷泉（Crown Fountain）。这座喷泉是新世纪互动喷泉的典型例子。这一喷泉由两个高达50英尺的玻璃块立方体组成，里面存有1000个芝加哥人的头像，利用现代技术投影到立方体的表面。喷泉从人的嘴里吐出来，加上灯光和图像的千变万化，令人叹为观止，成为芝加哥城市的地标之一。

芝加哥千禧公园皇冠喷泉的整体设计原则是强调数字科技、自然地景与亲民互动。其互动性表现在以下三个方面：①选择头像的普遍性。玻璃立方体中的头像，是随机选取的芝加哥市民的头像。相比以往的城市艺术，亲民性大大增强了。②喷泉的变化性。原本静止的物体与游客互动起来。玻璃立方体内的装有发光二极管（LED）的图像，以每小时6张的速度播放。除了保存在电脑里的1000个芝加哥市民头像之外，还会有一些尿尿小孩之类的图像穿插其间，充满趣味。③市民的可参与性。皇冠喷泉设计的理念充分考虑到了人们如何在喷泉中嬉戏，设计师将喷泉的两座大型屏幕中间设计成黑色的大理石地板，薄薄一层水在上面流淌，不怕溅湿衣服的孩子们欢快地在上面嬉戏玩耍。在芝加哥，互动性并不仅仅是设计师的一个理念，它已经成为一种受众和城市艺术之间自然交流的纽带。

上面提到的喷泉发展之路，代表了人类城市公共艺术的三个不同的阶段：自然阶段、声光电阶段和交互阶段。这三个阶段，也正好代表了交互理念从无到有、从空想到实施的过程。值得一提的是2010年4月30日上海世博会的开幕式，开幕式采用了大型的灯光喷泉焰火表演，江水中色彩绚丽的喷泉依然是重头戏，在黄浦江之上隆重演出了一场大规模的如梦似幻的喷泉庆典。由此可见，世博会开幕式中表现出的上海的城市公共艺术理念还留在声、光、电阶段（图4.2.3）。

三、交互性内涵层次的转变及关系媒体

Implication of interactivity and its impact on media

上文提到了交互性理念在城市公共艺术设计中的体现，并分别从设计者、赞助者和参与者三个方面进行了分析。交互是一个极其宽广的概念。人与人之间，人与物之间，物与物之间的相互作用都可以叫做“交互”。在这里，我们所谈及的“交互”，依然是指城市公共艺术视野下的交互。在这里，观众和艺术品、观众与艺术家之间的相互作用都可以称为互动。在传统的艺术中，艺术作品与观者之间是单一和被动的互动，是无参与性的。而交互式公共艺术鼓励审美客体的参与，作品形态的转变是由参与者来决定的，使接触作品变成了富有乐趣的体验过程。这种互动是体验型的、多形态的，是在作者的许可、鼓励下进行的，很多时候观众的行为也是作品的一部分。从本体论[1]角度出发，我们有必要探讨“交互性”作为城市公共艺术的内涵。在这里，我们将交互性的内涵分为四个层次，作为本节的四个部分展开论述：其一，基于人类行为的系统体验。其二，基于界面的系统体验。其三，基于社会网络的系统体验。其四，基于虚拟场景的系统体验。这四部分的内在逻辑是并列关系。

1. 交互性内涵的转变

基于人类行为的系统体验

人类行为（Human Behavior）一直是科学家所关注的，艺术家在创作数字化公共艺术作品时首先考虑的就是人类行为，因为人类行为——动作和姿势，不仅仅关系到作品本身，更是受众与作品直接交流的渠道，使得身处公共空间的大众得到创作艺术的乐趣。

奥地利经济学者、人类行为学（Praxeology）专家米塞斯认为，人类所有的有意识的行动都是为了增进他们自己的快乐和满足感。在交互性公共艺术中，人类行为在本质上得以实现自我价值，在艺术中得到满足和升华。人类行为作为交互性内涵的第一层次——最基本的层次，决定了交互性的本质是人的动作，这种动作行为包含人和人之间的、人和装置之间的不同类型的行为之间的互动。人类行为的介入，实现了交互性的本质特征：参与性。艺术家通过自己的奇思妙想的设计，搭建了一个提供互动的平台。这个平台如果脱离了人类行为的介入，是无法实现这一艺术过程的。

由美国艺术家保罗·迪马利尼斯（Paul DeMarinis ）创作的“雨舞”（Rain Dance），是运用人耳感受不到的声波和声音振动来控制水柱的出水量，直到水碰到大雨伞，声音才会被解码且回响于雨伞表面，雨伞本身具有了喇叭的功能。人们在这样特殊的水柱下撑伞，可以感受到水与声音的交

[1] 1991年内奇斯（Neches）等人提出了本体论在信息科学中的定义：“给出构成相关领域词汇的基本术语和关系以及利用这些术语和关系构成的规定这些词汇外延规则的定义。”

流、电子声音的混合、节奏与旋律的共振。每位参与作品的受众，身高不同、打伞的姿势与高度不同，他们所得到的作品反馈也就不同。从这一例子出发，我们可以知道数字化城市公共艺术中人类行为起到的作用。不同于以往的对艺术作品的单纯欣赏（虽然欣赏本身就是一种行为），人类行为的本身构成了艺术实践的重要部分。这种行为是需要人动用视觉、听觉、触觉甚至嗅觉等不同的感知系统亲身参与并共同构成的综合性行为（图4.3.1）。

基于界面的系统体验

界面（interface）的定义比较复杂。从物理、化学角度出发，界面是相与相之间的交界面。以计算机术语来讲，界面就是呈现在用户面前的显示器屏幕上的图形状态。从设计的角度出发，界面就是设计师赋予物体的新面孔。从交互的角度出发，界面是一种传统意义上的人机交互体验设备。对于这里提及的城市数字化公共艺术来说，界面是基于公共空间中的界面并作为艺术表现的一部分，是受众参与作品的一种媒介。

在城市数字化公共艺术中，交互性的界面成为艺术的一种表现形式。在界面这一层上，人类行为和艺术达成交互。因此，界面其实是艺术语言的最外在的内容。在这里，界面可以是一个电子屏幕，可以是一个发出奇妙变化的装置，可以是喷薄而出的七彩泉水。人类的行为最终在这层界面上实现，在互动性的前提下，人类同界面的相互作用同界面本身一起构成了艺术的本体。

例如近年来城市屏幕节系列逐渐发展成为了一个世界性的运动，其目的是以全新的方式重新界定和扩大数字屏幕在公共场所的影响，使其融入城市景观并成为城市艺术的一部分。受众可以通过安置于城市公共空间的可触键盘，向不远处的超大城市屏幕传达信息。作为界面的屏幕无疑担当了重要的角色，随着科技的进步，这种界面本身发生着剧烈的变化，从普通阴极射线管（CRT）到液晶（LCD）、发光二极管（LED）等媒介，界面材质的进步使得艺术的传达效果也不尽相同。

2005年，在阿姆斯特丹，Mirjam Struppek发起了第一次城市屏幕会议（图4.3.2），研究网络文化和艺术介入空间。会议旨

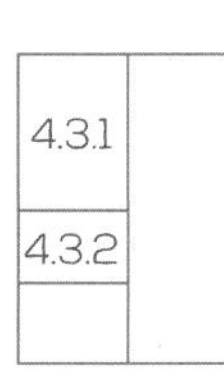

4.3.1　“雨舞”保罗·迪马利尼斯
Rain Dance, Paul DeMarinis

4.3.2　2005年阿姆斯特丹，城市屏幕会议
City Screen Conference in Amsterdam, 2005

在研究运用新的技术手段，通过跨学科的方式对这一公众参与，由艺术家、设计师、建筑师和媒体制造商共同完成的艺术作品展开讨论。把各种多媒体工具交织在一起建立一个现代的公共空间网络，与艺术融合并成为一个信息交流的公共化平台。这个项目在很大程度上为市民的合作交流和公民教育提供了帮助，并给参与者带来了良好的交流体验。

最近15年已经成为人机互动界面的艺术作品蓬勃发展的重要时期。很多项目大多已经超出了室内的领域，如美术馆、博物馆和其他公共场所。在这些技术的推动下，现代架构使建筑外立面成为了交互式数字内容的显示膜。然而，我们并不是仅仅依赖电子屏幕，设计师们已经开发的界面甚至包括活的植物。

上海电子艺术节上展示的作品“加速的旋律”（图4.3.3），通过现场装置的感应器采集、发射数据，使观众发出的声音与音响效果产生互动。作品在每个仙人掌上面都粘着传感装置，周围的音箱会把植物和自然环境变化通过声音的方式解读出来。参观者的走动速度、身高以及自然条件的变化，都会使作品的解读发生改变。这一作品采用的界面形式相当具有创意，尤其是仙人掌和传感装置的搭配，使得整个作品的艺术表现妙趣横生，独具匠心。由此可知，一个好的界面是交互性艺术重要的艺术语言形式。

基于社会网络的系统体验

社会网络是指社会个体成员之间因为互动而形成的相对稳定的关系体系，社会网络关注的是人们之间的互动和联系，社会互动会影响人们的社会行为。现代社会的信息流通，已经突破了以往孤立的、离散的信息流通，网络的出现使得一切的沟通变得极其快捷和简单。数字化公共艺术作品还可以让受众在公共空间中体验虚拟的社会网

4.3.3
4.3.4

4.3.3 “加速的旋律”，上海电子艺术节
Accelerated rhythm, Shanghai E-Arts Festival, 2008
4.3.4 “喂，一段成熟的对话”，2008年上海电子艺术节
Hey, a mature dialogue, Shanghai E-Arts Festival, 2008

络，将我们日常所熟悉的事物以艺术的方式呈现出来。

马克思认为，人的本质是一切社会关系的集合。人总是活在一定的社会网络之中，这种网络在有形和无形中对我们产生了深刻的影响，影响着我们的世界观和人生观，改变着我们对生活、对艺术的看法。在数字化公共艺术作品中，社会网络的采用最大化地激发了人类社会性的网络组织在艺术中的传达和表现，从而突破了以往艺术的个人体验性，促成了群体体验的形成，达到了一种不同于以往的特殊效果。

在互动性数字艺术之中，社会网络的表现更具有意义。人与人之间的关系网络成为艺术传达观念的一种模式。受到西方社会学的一个重要分支——社会网络分析学派的影响，互动性数字艺术的创作者将视线投到社会网络的互动性表现上来。互动性在社会网络中表现得更加突出，在一定的人类行为和精心设计的艺术界面中，人与人之间的交往联系被提升到一个很高的地位。为了更好地体现社会网络的交互性，这里引用了一个广为流传的“六度空间”理论（Six Degrees of Separation）。理论指出：一个人和任何一个陌生人之间所间隔的人不会超过6个，也就是说，最多通过6个人，一个普通人就能够认识任何一个陌生人。交互性的设计理念正是在这些理论的基础上被艺术家们所吸收和采纳，并将其视作从事交互性数字艺术工作的重要手段，通过这种方式为受众建立更加互信和紧密的社会关联。

“喂，一段成熟的对话”（图4.3.4）是2008年上海电子艺术节上展示的作品。体验者面前有个老式的电话，电话前面是一个摄像头，摄像头后面的大屏幕被分割成8格，除左上角的格子空出之外，其他的每一块都有一个人在通电话，其余的7个人其实是之前的时间点记录下来的人物打电话的场景。我们在打电话时，其实是在与人交流、沟通，而这种交流、沟通往往是看不到对方的，所以除了声音之外，都是自在且轻松的，但当视频元素介入到通话中时，便会产生更多的碰撞与冲突，以至于全身都处在“紧张”的注视之中。作品屏幕中有很多与你不相干的人在凝视着你，是否有异样的感觉？作者正是想通过这种方式来建立一种虚拟的社会网络，让受众有一种全新的体验。

基于虚拟场景的系统体验

如果说前面三个层次是数字化艺术的三个阶段，那么，随着虚拟网络技术的发展，计算机通过数字通信技术勾勒出的数字化场景——虚拟场景就是在技术推动下形成的交互性的高级形式。虚拟现实（Virtual Reality），简称VR，是近年来出现的高新技术，也称灵境技术或人工环境。虚拟现实是利用电脑模拟产生一个三维空间的虚拟世界，提供使用者关于视觉、听觉、触觉等感官的模拟，让使用者身临其境，可以及时、没有限制地观察三度空间内的事物。

借助新技术手段的体验式互动形式，不仅可以体验“运动”，更可以通过虚拟现实、数字交互等高科技手段来让你身临其境。在虚拟场景的环境中，我们可以最大程度地将交互理念贯彻下来。因为在这个环境中，除了人本身的存在是现实的，其他的一切环境、场景、图像都是计算机虚拟出来的，这样可以最大限度地放大交互的效果，弥补普通界面的不足。

在2009年ITP创新艺术与科技春季展上由艺术家Nobu Nakaguchi创作的TUUUG-of-War将受众带到了近乎真实的拔河比赛中（图4.3.5）。作品通过声音传感器与大屏幕连接，参与的受众可以通过对声音传感器的呐喊来实现对大屏幕中拔河比赛的控制。让你的声音来代替身体的力量。这种虚拟空间场景的交流体验，不仅使得作品的呈现形式更加丰富多彩，还使得参与者的兴趣大增，真正将公共艺术的公共性和互动性发挥到了极致。

在虚拟场景技术的支持下，人在虚拟场景中不仅仅可以扮演参观者，还可以通过自己的行为（人类行为）去体验，去介入场景并发挥作用。从某种角度来说，交互性艺术已经具有一种游戏性质。虽然在有些时候，是各人完成这一过程，但是在更多时候，这种作用是需要社会网络的支持的。因为在虚拟场景中，一个人的能力往往是有限的，系统内在需要一个群体的介入。社会网络开始发挥作用。

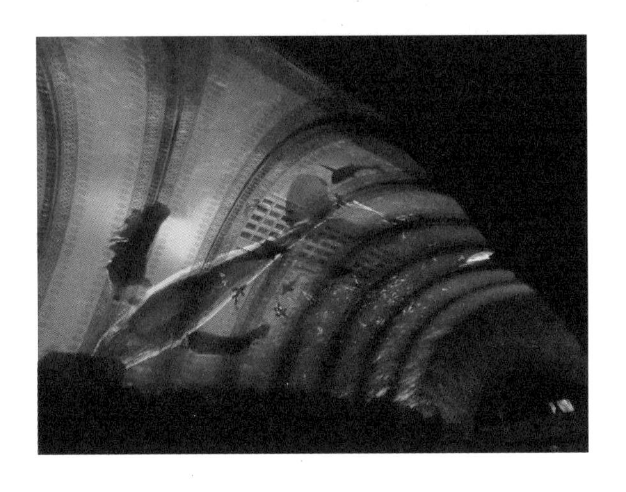

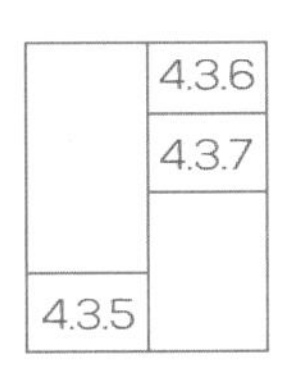

4.3.5 “拔河比赛”，2009年ITP创新艺术与科技春季展
Tug-of-war Competition ITP Innovation Art & Technology Spring Show, 2009

4.3.6/4.3.7 体验大厅（Grand Hall Experience）
体验大厅是目前美国最大的室内沉浸式数字投影展示，坐落于圣路易斯联合车站。在1894年建成的车站的半圆形顶棚上投影出各种不同的图像，伴以立体声音响、LED灯光和自动控制系统，体验大厅现已成为圣路易斯的必游景点之一。每当夜幕降临，游客就能进入这个动态展示大厅亲自感受不同的灯光营造出的迥然不同的氛围。墙上还会随机出现飞舞的精灵，使得整个画面更加生动。

这个项目赢得了2015年THEA（Themed Entertainment Association）的现场表演的杰出成就奖和IAAPA（International Association of Amusement Parks and Attractions）大会的铜奖，给历史悠久、缺乏活力的圣路易斯重新注入了活力。

2. 交互性作为关系媒体

上一节提到了交互性内涵层级的四种转变：其一是基于人类行为的系统体验；其二是基于界面的系统体验；其三是基于社会网络的系统体验；其四是基于虚拟场景的系统体验。这四部分的内在逻辑是并列的关系，共同构成了交互性内涵层次的拓展。在这一节中，我们将以交互性为核心，阐述在数字化城市公共艺术中交互性连接的几种不同的范畴。在这里，交互性成为了一定意义上的关系媒体。

狭义上的媒体，是指传播信息的介质，或者说是宣传的载体或平台，例如报纸、杂志、电视、网络等。我们常说的所谓"多媒体"，也就是多种平台技术的综合使用。在这里，媒体是媒介的意思，指信息表示和传播的载体。关系媒体，是指承载了两种或多种不同范畴的信息媒介。在数字化城市公共艺术中，交互性作为关系媒体，连接了四对范畴，分别代表了"交互"所带来的四种不同的显著变化：其一，是从机械到电子；其二，是从视觉到触觉。其三，是从艺术家到读者；其四，是从现实到虚拟。我们将在下面分别展开论述。

从机械到电子

艺术自诞生之日起就与不同的媒介相关。从岩石、甲骨到印纹陶、青铜器、铁器，艺术随着人类认识世界的水平的不断提高而发展出新的形式。进入公元纪年之后，雕塑、绘画在东西方占据了数千年的统治地位，其工具和媒介几乎没有什么变化。只是印刷术出现之后，艺术得以迅速普及，但艺术本身并没有发生什么变化。

自19世纪后半叶起，随着工业革命轰轰烈烈地进行，艺术也开始依靠技术的变化而不断革新。在机械复制时代的冲击下，艺术呈现出前所未有的特点，开出了各种灿烂的花朵。电影《摩登时代》(Modern Times)描写的是人和机器的冲突。巨大的机器齿轮、夸张的动作和神情，折射出了机器时代带给人类的恐惧与打击。艺术也随之受到了技术的冲击，开始走向当代。有些画派更加注重技术的实现而不是艺术的实现。1913年，天才艺术家杜尚使用一个废弃的自行车轮创作出了"现成品艺术"中最为经典的作品，代表了那个时代"机械化"对艺术的影响。从20世纪60、70年代开始，随着后现代思潮的勃兴，观念艺术、行为艺术、未来主义、达达主义、波普艺术等纷至沓来，某些实验艺术家开始尝试使用机械装置、电子装置进行创作。计算机的发明大大加速了这一过程，早期实验室中的科学家和技术人员也加入到这个行列中来，促成了电子艺术的滥觞。

早期的机械艺术和电子艺术并不是互动性的，而是人为地创造一些或复杂或简单的装置供人观赏。对于这一时期，我们将其称之为“机械式互动”。

所谓机械式的互动，是在公共艺术作品创作之初，作者有意或无意地留给受众一些空间，使得人们可以零距离地触摸到，甚至是可以“动”它。艺术从原来的“架上”走下来，真真切切地与公众走到一起。同时，这种机械式的由艺术本身的物理性和生理性产生的互动，也是公共艺术与公众发生互动“接触”的开始，使设计师、艺术家将创作的目光投向了公众，而不仅仅是一种视觉艺术的开始，使公共艺术与环境更多地与“人”发生交流，是更加人性化的开始。

“1986公路游行圣歌”是为1986年世界博览会创作的一组公共艺术作品群。作者把人们日常生活中熟悉的交通工具按原比例制作成雕塑，让人们感到无比亲切。本届世博会的主题是交通运输，这些作品不仅迎合了世博会主题的需要，也从空间距离、心理归属上拉近了作品和受众的距离。从儿童的脚踏车，到汽车或飞机，每个人都可以找到熟悉的东西，都可以找到属于自己的“作品”。人们不仅能看到这些车辆，而且还可以触摸和乘坐，再也不用顾忌“禁止触摸”。同它们的亲切接触引发了极大的愉悦，观众表现出了一种天真的喜悦和快乐，儿童和成年人一起感受着这种情绪、这种气氛。这也是公共艺术所主张的艺术与公众的互动关联。

随后声、光、电的引入使得这种装置艺术更具有观赏价值。随着时间的推移，早期声、光、电综合艺术的出现，是艺术朝互动性迈进的重要一步。艺术家们开始不满足于让人们欣赏到什么，他们开始构建一种场景，观众可以进入这一场景中实现互动。数字化时代的到来，使得机械化互动开始让位于数字化互动。数字媒体技术的运用是结合了影像、声音、文字、控制技术的超级文本，贯通了多种可能，链接着极尽丰富的表现元素，参与者或者说创作者每次不同的操作都可能导致不同的结局——这正是数字化公共艺术所拥有的互动性所带来的无穷魅力。可以这么说，电子时代的到来给予了互动以无限的可能。

从视觉到触觉

我们一般认为，人类的感觉系统可以按照官能的不同分成视觉、听觉、触觉、嗅觉、味觉等五种不同的感觉，还有人会提出神奇的第六感，即人的直觉。对艺术的追求中，不同的感觉创造着不同的艺术形式和艺术门类。古往今来，就美术而言，无外乎视觉艺术之绘画、雕塑、建筑等门类。视觉艺术几乎成为了美术的代名词。在人类数千年的文明发展史中，这些艺术上的杰作，无论是秦始皇兵马俑还是梵高的《鸢尾花》，无一例外都是通过人的眼睛的视觉将艺术传达给人的。数字化城市公共艺术则突破了这一习惯的定式，在这种特殊艺术形式中，不仅有了听觉上音乐的参与，更有了肢体感受的触觉，甚至嗅觉的体验。

从根本上讲，交互性作为关系媒体，连接了不同的感觉器官共同为之服务，当代数字化城市公共艺术已经具有了一种艺术体验的功能。在这一艺术中，我们找不到“禁止触摸”的牌匾，恰恰相反，我们获得的是一种交互式的可以触摸（touchable）的体验。这种触摸和以往对冰冷的雕塑或绘画作品的触摸是截然不同的。我们知道，艺术和艺术欣赏是两码事。在数字化城市公共艺术中，这种触摸本身构成了艺术的一部分，而不仅仅是艺术欣赏的一部分。

我们依然要举出前面屡次提到的例子：芝加哥千禧公园的皇冠喷泉（Crown Fountain）。除了数字控制的LED画面墙之外，它所具有的戏水功能使得小朋友可以同喷泉进行互动。当墙上的脸变成微笑时，所有的小朋友都跑到前方等待，水注便由嘴部喷出，大家乐成一团。触觉从本质上成为了艺术的一部分。这种可触摸的体验式城市艺术无疑将成为未来发展的一个趋势。

其实触觉并非一种艺术欣赏的最佳方式，因为触觉带给人类的信息是远不及视觉的。但触觉代表了一种全新的艺术体验。在4D电影院中，我们可以获得这种超乎寻常的感受：荧幕中大雨滂沱，座椅上也会淋下雨点；当荧幕中飞机颠簸的时候，观众的座椅也会前后晃动；甚至当屏幕中的主人公步入一片鲜花丛中时，座椅附近也会喷洒香水，使人有一种身临其境的感觉。最新的成果已经超越了触觉，把味觉都表现了出来。这一切都要归于一种体验：艺术体验。数字化城市艺术的目的之一就是为人们提供一种艺术体验。这种体验是超越视觉的感官体验，这是与以往的非互动式艺术截然不同的。在2010年上海世博会上就有多个场馆展示了最新的4D电影，取得了重大的成功。

从艺术家到读者

交互性作为关系媒体，在艺术家和读者中建构起了一座桥梁。在交互性艺术诞生之前，艺术家和观者的关系是泾渭分明的，即一种传统的艺术家—艺术创作—艺术作品—观者的关系。艺术家通过艺术创作将自己的观念和艺术语言传递到艺术作品中，并且在观者的欣赏中得到体现。

20世纪60年代德国学者姚斯（Hans Robert Jauss）提出了“接受美学”的理论，在文艺理论界产生了巨大的影响。在这种风潮的波及下，在艺术中扮演主角的首次不是艺术家，而摇身一变成了欣赏者。

在交互性对于城市公共艺术中日趋重要的今日，艺术家往往在设计伊始就将读者的因素考虑进来，读者的参与使得读者同艺术家之间形成了一种默契，共同构成了整个艺术过程。交互性作为连接二者的关系媒体，使得这一艺术行为并没有停留在一个静止不变的阶段，而是通过不同的参与方式，使得艺术表现出一种开放式的结尾，即随着参与者的不同，艺术可以呈现出无数种可能。读者权利的扩大导致了另外一种可能的出现，即读者可能会颠覆艺术家本来的想法。这一特例使得艺术变得更有意味。这一极端的例子可能是：读者取代了艺术家，成为了新的艺术家，从而诞生新的作品。这种例子是可以重复的，换句话说，新的读者会取代旧的读者，成为更新的艺术家，反反复复，周而复始，无穷无尽。在后现代语境中，艺术家的地位和读者几乎相同了：艺术家即读者，读者即艺术家。

在城市公共艺术中，不存在上述的问题，因为城市公共艺术从存在方式来说是一种设施，并非是简单的装置。所以，读者仅仅是艺术的一部分。例如雕塑家周阿成创作的一组奥运雕塑“你动我动齐运动”，以自行车运动为原型，将正在骑车的运动员和自行车雕塑通过约5m高的金属杆支起，地面上有与雕塑相连接的脚踏板与链条，公众可以在下面“骑车”，上面的“运动员和自行车”也随之运动，不仅提高了公众的参与性，更弘扬了奥林匹克精神，使得公共艺术的意义得以体现。周老师的这组公共艺术作品在北京展出时受到了市民的热烈追捧，场面一度需要保卫人员维护，这也说明了公众对体验、参与的要求和愿望的高涨。

一场以“感恩之乐、和谐之美”为主题的大型公共空间互动创作活动在杭州举办。现场搭建起了一堵以“感恩知乐”为主题的“众乐之墙”。此次活动由有一定美术基础的少年儿童和美院师生合作共同完成，在公众参与的过程中，让公共艺术真正进入公共环境和公共人群，为城市建设、公众文化服务，以美育普惠社会，加强艺术与生活的联系，把独乐变成众乐，把小众变成大众。这种让公众直接参与艺术创作的形式，正是公共艺术互动所要实现的目的和最终理想。但是这种方式在公共艺术领域推广，还是有很多的局限性，而且过程也是漫长而曲折的。

从现实到虚拟

艺术在其发展过程中呈现出了一种从现实向虚拟的过渡。以往的艺术形式，其存在方式都是实实在在的载体，如大理石、青铜、画布、蛋彩等；艺术发展到今天，已经开始走向虚拟时代，而艺术的载体也开始虚拟化。交互性所连接的现实和虚拟两个范畴，统一在数字化时代的大的背景下。

在当代计算机应用中，存在一种虚拟现实技术，是指一种由计算机生成的，通过数学计算、逻辑推理可以创建和体验虚拟世界的交互式多媒体技术。新技术手段的运用正影响着我们对空间、对艺术的心理关系和概念。如今，新的数字技术可以让不同的媒体形态相互结合，并给予观者自主的控制权，与作品本身建立互动性，作品则提供更多的可能给观者，这种非线性的思考过程改变了以往的审美体验，使观者参与并沉浸在作品之中，体会“创作”作品的快感。这样看来，数字媒体技术的运用已经是结合了影像、声音、文字、控制技术的超级文本，贯通了多种可能，链接着极尽丰富的表现元素，参与者或者说创作者每次不同的操作都可能导致不同的结局——这正是数字化公共艺术所拥有的互动性所带来的无穷魅力。我们先看一个现实的数字化公共艺术的例子：由伦敦维多利亚阿尔伯特博物馆（V&A）和PlayStation创作的“Volume”发光交互公共艺术作品（图4.3.8、图4.3.9），是由UVA（United Visual Artists）和OnePointSix 共同完成的。这个公共艺术作品已经被放置在伦敦维多利亚阿尔伯特博物馆（V&A）内的John Madejski 花园里，也曾在我国香港、台湾作过展出。volume是个声光的装置作品，由一系列的光柱组成，从而成为了John Madejski花园里美妙的一景。volume具有很好的体验交互功能，可根据人的行动而发出一系列视觉和声音感应。当你的形体动作与volume交互时，你将体会到非凡的声光享受，而且每个人“创作”的声光艺术都不一样。

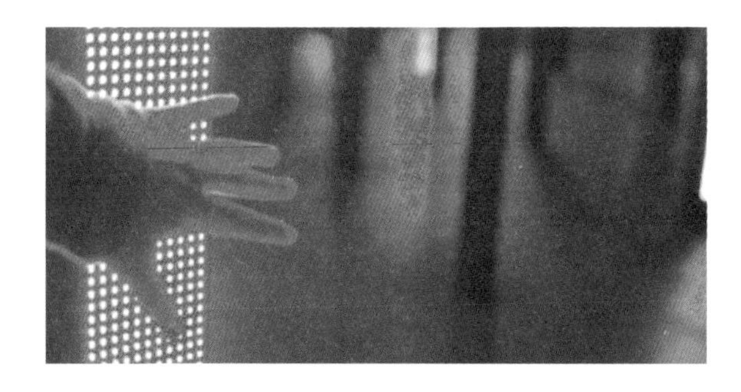

借助新技术手段的体验式互动形式，不仅可以体验“运动”，更可以通过虚拟现实、数字交互等高科技手段让你身临其境。“The Legible City”（图4.3.10、图4.3/11）是美国艺术家Jeffrey Shaw和Dirk Groeneveld合作完成的作品。作品中参与者面对一个大屏幕蹬自行车，屏幕中显示的是城市中的众多街道，参与者可以控制自行车的速度、方向从而决定屏幕上显示的内容。而作品画面中所呈现的是根据真实城市街道周围的文字组成的虚拟街道。这种综合了互动技术、计算机绘图视觉化技术和实物装置的作品，使得身处世界不同角落的人们在同一个虚拟空间中旅行成为可能。在这一背景下，在虚拟场景中进行的艺术过程，虚拟和现实的相互制约和相互转化也是交互性实现的重要方式。

4.3.8	
4.3.9	
4.3.10	4.3.11
4.3.12	
4.3.13	
4.3.14	

4.3.8/4.3.9　“Volume”，伦敦维多利亚阿尔伯特博物馆
Volume，Victoria and Albert Museum in London

4.3.10/4.3.11 “The Legible City”，美国
The Legible City，America

4.3.12/4.3.13/4.3.14 HUD
HUD的全称为Head-up Display，即抬头显示器。HUD技术的出现是为了避免驾驶员在驾驶过程中时常低头去寻找信息从而造成危险。现在许多高端车型已经在追求出厂时就内置HUD技术了。

国外已经有了相对成熟的抬头显示器Navdy，售价约为500美金。将其放置于挡风玻璃和方向盘之间，同时连接你的手机，它便能将手机中的信息投影在挡风玻璃上，并能够不受太阳光或其他强光的干扰。由于搭载了红外摄影头和麦克风，它具备了语音操作和手势操作功能。其功能有地图导航、测速、自定义信息显示、行车记录仪、音乐播放、分屏处理等。HUD既方便了司机的操作，又提高了驾驶的安全性，类似的产品，国内也正在大力地研发中。

四、数字化公共艺术的社会联结性和包容性

Social connectedness and social inclusion in digital pubic art

1. 城市公共艺术的社会联结性

城市正以迅猛的速度发展。高速的发展伴随一系列问题的产生，其中之一为由于居民与城市发展的步调不一而导致的城市归属感的逐步减少。一般情况下人们在城市的公共空间内并不多作停留。交互公共艺术装置为增加人群与城市之间的互动带来了新的契机，安装交互公共艺术装置后，人群作为参与者，由被动地观察转化为主动参与，以自主的方式与艺术装置进行互动。许多蓬勃发展中的城市都面临着如何提高居民生活质量的问题。更高质量的生活是大多数人心之所向。为了满足这类需求，城市发展正采取一系列转型策略来加强城市居民的联结感，使之感受到更强烈的被包容感。增加空间的包容性而非排斥性已成为全球性的研究热点，中国新的发展中城市的城市规划对这一议题尤为重视。本概念设计的范围是整个城市的公共空间。

在这些开放的公共空间中，我们设计了一系列名为“留下你的印记”的装置并形成了网络，装置包含了一块可以让参与者在上面自由表达想法的黑板。此时，该装置网为参与者们创造了一个由数字化元素与城市中其他区域实时相连的环境，并且参与者可以自行对公共空间的艺术效果进行加强。以此，人们对于所处空间的联结感与被包容感有所增加。整个项目源于一个自问命题：“如何设计出一个以数字化增强物理空间来提高人们的联结感与被包容感的数字公共艺术装置?”我们产生了“让人们留下自己的印记”的概念。出于对命题本身以及原始设计概念的综合考虑，首先需要确定的是，当我们为参与者创造出可以留下自己的印记进行自我表达的条件（例如提供纸和笔）的时候，参与者是否真正具备参与的意愿（即确实使用提供的条件进行自我表达）。这一点是整个项目能否成立的基础。为此，我们提出假设：

H1：当我们为参与者创造出可以表达自我的条件（例如纸和笔）的时候，他们并不会确实进行自我表达。推翻假设H1是研究得以继续进行的必要条件。公共空间的建设涉及多种不同的几何图形。在设计创造交互公共艺术装置时，几何图形的应用十分重要，在考虑装置如何融入环境时应将其纳入考虑。
由此，我们继续提出假设：

H2：参与者将不使用几何图形来作为自我表达的方式。

H3：参与者在得到“可以使用几何图形来作为自我表达的方式”的暗示后，将不使用几何图形来作为自我表达的方式。

H4：参与者在得到“可以使用几何图形来作为自我表达的方式”的暗示后的联结感与“仅可

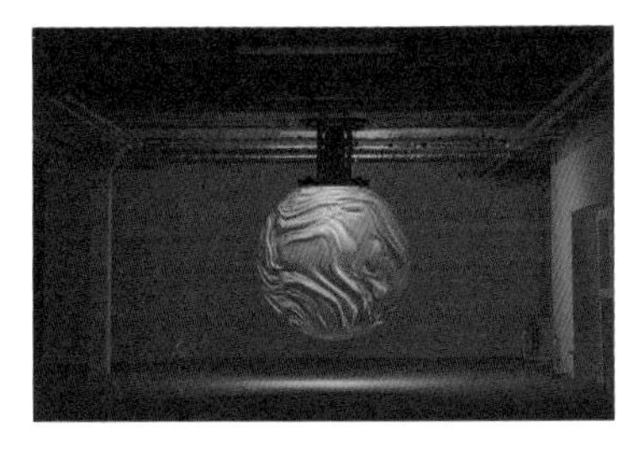

4.4.1	
4.4.2	
4.4.3	
4.4.4	

4.4.1　南非开普敦的公共艺术装置
4.4.2/4.4.3/4.4.4　ANIMA Iki
作品类型：数码艺术，美术
作者：onformative
城市：柏林，德国
"ANIMA"是一个通过运动、纹理、光和声音探索本身及其环境之间的关系的雕塑。安装有一个巨大的发光的球体，测量直径为2m。这个具有传奇色彩的实体悬挂在顶棚上，在一个漆黑的房间里，好像悬浮在半空中。在空间里，发光雕塑作为唯一的光源，吸引观众。金属流体包围地球表面的视觉效果形成了一个有趣的和神秘的氛围。

以使用黑板"时并无差异。在后续实验中，我们提供给被试人员一块黑板，用于留下自己的印记。黑板是一种低门槛的媒介，人们都知道如何与之进行交互。由此，我们使用黑板测试此法是否可以提高参与者的联结感与被包容感。对于数字化元素的相关讨论将在本书的其他章节进行。为研究被试人员与黑板相关的联结感与被包容感，我们又提出了四个假设：

H5：在公共空间中让参与者在黑板上以设计的方式进行自我表达不能增加参与者与空间以及相同空间内其他事物的联结感。

H6：将不同黑板中得到的反馈进行互相投影，让参与者与参与者之间的画作得到分享等方式对参与者的联结感不造成影响。

H7：在公共空间中让参与者以受控的方式使用设计好的黑板进行自我表达对参与者的联结感不造成影响。

H8：将不同黑板中得到的反馈进行互相投影，让参与者与参与者之间的画作得到分享等方式对参与者的被包容感不造成影响。首先介绍一些相关已有案例，随后提出我们的理念，并对上述研究问题和假设进行初步探索。后续章节中将依次阐述实验中所使用的考量方法、最终实验方案及解释、装置安装、参与者及实验过程，对实验结果进行讨论并得出结论。

2. 城市公共艺术的社会包容性

城市中，建筑物或墙面上的涂鸦作品并不鲜见，有时人们甚至可以欣赏到一些公共空间中地面上的精细粉笔画作。人类在公共空间中采用极富创造力的方式进行自我表达已有一段历史。尽管这其中的一些行为是无组织的甚至并不合法，但仍有一些设计或是精心组织的活动给人们提供了社区中彰显个性、交流思想的机会，例如"快闪"。"感染城市"是南非开普敦小镇上的一个小型节日（图4.4.1），这个节日目标是通过艺术活动打开城市居民之间的联结性，正如他们所说："使公共空间真正成为大家的空间。"

3. 社会联结性与包容性的交互方式

日本艺术家草间弥生（Yayoi Kusama）创造了艺术作品“The Obliteration Room”（图4.4.5）。她构建了一个纯白色的房间，然后给每个参观者发放一张彩色波点贴纸，让他们按照自己的喜好将贴纸贴在空间中的任意位置。以此，空间中的每一个波点贴纸都是参观者们对该空间的参观经历的一种表达。社区黑板活动（图4.4.6）是由美国弗吉尼亚州夏洛茨维尔的“Company Site”所组织的。它的组成内容就是一块公共黑板，代表了对美国宪法第一修正案的纪念——第一修正案中提出，任何人都有分享想法与意见的权利。张凯迪（Candy Chang）在失去一个深爱的人之后，于新奥尔良发起了“在我临终前”项目（图4.4.7）。项目的主体是一块画好格子的黑板，上面写了一个不完整的句子，以“在我临终前”为起始，句子的剩余部分由参与者用粉笔补充完整，任何路过这块黑板的人都可以使用粉笔写下自己在临终前想要完成的事情。这个极具启发性的项目已经扩展到了全球的189个城市。一部分对于内外动机影响的研究与我们手头的主题有密切的相关性。已见报导的关于包容性和联结性的研究都局限在纯数字或者纯物理的领域中。此类研究使用博客或移动电话等工具作为概念，例如何淑英（Shuk Ying Ho）在工作中研究了个人定位对用户使用移动通信服务意愿的影响。与之前已有报道不同的是，本研究对公共空间中公共艺术装置的包容性和联结性的考量不再局限于纯数字或纯物理的领域中，而是将二者结合起来。下面我们将简要阐述“留下你的印记”的概念。

我们为参与者提供了一种有趣的交互方式，让他们以“绘画”的方式在公共空间中留下印记（图4.4.8）。我们以趣味激发及内在激励的方式鼓励参与者们进行自我表达。本概念涉及异形投影，并使用了数字化增强的黑板，目标是构建一个城中公共艺术生长系统来增加城市居民对所处公共空间及相互之间的联结感和包容感。看点1：试想，一座城池，一栋建筑，一块黑板，有人经过，执粉笔而书画其上，留下自己的印记，同时，将这些黑板上留下的印记投影于整个建筑，换言之，对物理世界进行数字化增强。看点2：我们在概念中还添加了更多“联结”的成分。部分地点的黑板装置了摄像头，摄像头所捕捉到的画面将被投影到城市中另一地点的黑板上，

4.4.5
4.4.6
4.4.7
4.4.8

4.4.5 装置艺术作品 The Obliteration Room
4.4.6 社区黑板
4.4.7 “在我临终前”
4.4.8 “黑板”概念

当有人从接受投影的地点走过时，可以看到一个陌生人正在安装了摄像头的那块黑板前留下属于自己的印记的景象。这些活动的过程中均使用了视频反馈。最终，参与者可以看见并非自己本人而是其他地区参与者的参与情况（经过或者在黑板上进行自我表达）。

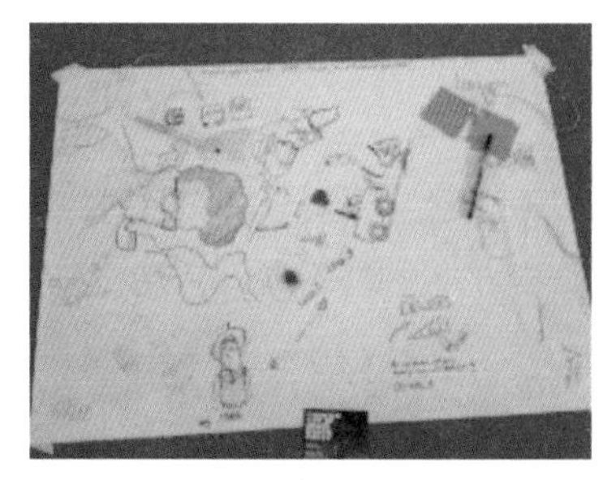

4. 社会联结性与包容性的探索方式

探索1

推进本概念的第一步是确定是否可以触发参与者在公共空间中与他人进行分享的意愿（假设H1）。为此，我们进行了首次探索。我们在埃因霍芬理工大学（Eindhoven University of Technology）张贴了8张A0尺寸的白纸（图4.4.9），每张大纸上都贴了1～2张彩色标贴，同时写有“留下你的印记，写吧，画吧，来吧”的字样作为引导参与者的触发点。纸张的平均悬挂时间为1周。

纸张上被分享的事物共计有144个，其中，77个为绘画形式，44个为文本形式。据此，我们推测，在类似的情境中，与文字相比，人们更倾向于采用绘画的方式，所以，在最终概念中，我们应同时开放这两种方式。37个（32.5%）的被分享事物来自于张贴在学校礼堂附近的咖啡厅内的纸张，这张纸也是八张纸中获得最多书/画的一张。这是我们将该地点选为后续实验地点的原因之一。实验过程中，我们每天对张贴纸张的地点进行监测，发现现象如下：第一、二个被分享元素（绘画或者文字）出现的时间相对较长；在纸张上已有分享元素的情况下，在较短的时间内即有较多的参与者参与分享，分享的平均时域降低。这种现象表明，参与者之间的参与性呈正向相关。第一个基于纸和笔的探索表明，当有纸笔提供时，参与者具有在张贴于校园内的纸张上进行书画的意愿。公共空间受到该空间中建筑物的形状与形式的限制。这种制约也许是使用我们的最终概念对物理空间进行增强的一个有趣的机会。但是在这些限制下，比如假设本例中我们在纸张上剪刻出固定的形状，参与者是否仍会参与进来？

	4.4.9
	4.4.10

4.4.9　A0尺寸的白纸
4.4.10　奥林巴斯摄影游乐场
“INSIDEOUT”是艺术家Leigh Sachwitz创作的一个巨大的新媒体装置艺术作品，其实是一座半透明的“房子”。艺术家利用铝合金创造了一个简易房子的框架，拥有半透明的墙壁，360°全方位多媒体装置在室内放射出狂风暴雨或者电闪雷鸣般的影像，无论从外部还是内部，都能给参观者一个真实的体验。当然，只靠影像还是不够的，由屡获殊荣的作曲家、音乐家和制作人Andi Toma设计的音频效果与影响效果相融合，真实地还原了一个狂风暴雨下的小屋，效果极其震撼。

探索2

探索2使用了与探索1一样的形式。区别是：在探索1中悬挂

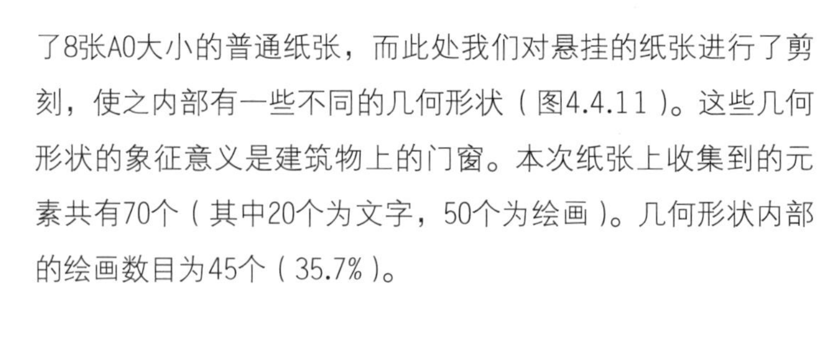

了8张A0大小的普通纸张，而此处我们对悬挂的纸张进行了剪刻，使之内部有一些不同的几何形状（图4.4.11）。这些几何形状的象征意义是建筑物上的门窗。本次纸张上收集到的元素共有70个（其中20个为文字，50个为绘画）。几何形状内部的绘画数目为45个（35.7%）。

几何形状外部收集到的元素为25个（64.3%）。据此，我们可以推论，给出的几何图案可以引发参与者对给定图案的利用（绘画或共享内容），尽管由于在最终实验中所使用模型的限制，参与者们并不能在镂空的部分进行绘画。

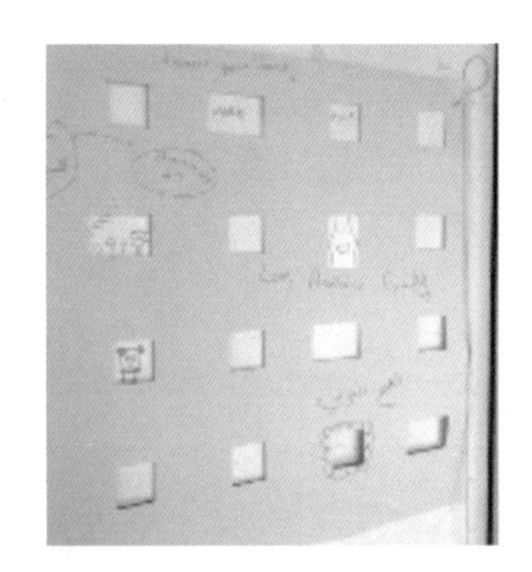

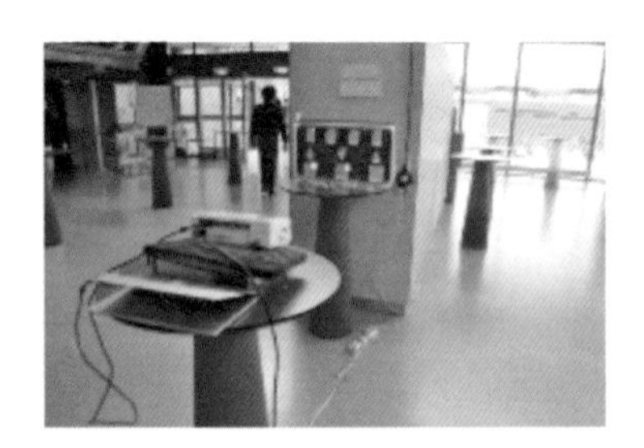

5. 社会联结性与包容性的交互方式

实验地点选定在埃因霍芬理工大学礼堂的咖啡馆。这是在笔纸模型的探索中获得最多参与者分享元素的地点。如果从人们身处其中时的互动性、态度以及心境的角度看，该地点类似城市中有咖啡店和饭店的广场，是一个具有社会交互性质的地点。 根据课表日程，同一群人每天都经过礼堂咖啡馆的情况并不多见。足够的参与者以及参与者之间类似的背景使学习效应较小的组间实验得以开展。测试时间为星期二和星期五的午餐时间：11：30～13：45。实验中使用到的工 具有：调查问卷（SCS-R，ICS），手工制黑板及粉笔（图4.4.12），投影仪、电脑以及一段预先录制好的影像，影像内容为人们在黑板上绘画（图4.4.13）。

方法：

社会联结性量表修订版

Social Connectedness Revised Scale

实验中使用了社会联结性量表修订版（SCS-R）。SCS-R共有20个陈述，被试者需要对每个陈述作出判断，根据自己对陈述内容强烈同意或强烈反对的态度，用分值1～6进行描述。该量表具有很高的内稳性（a=0.86～0.89），由此，我们认为，在实验中使用该量表是合适的。

个体社区包容性量表

Inclusion of Community in Self Scale

实验中同时使用了个体社区包容性量表。该量表使用了6组由

4.4.11
4.4.12
4.4.13

4.4.11 实验模型
4.4.12 实验搭建（a）
4.4.13 实验搭建（b）

2个圆圈组成的图示进行陈述，其中一个圆圈代表社区，另一个代表“我”。每组图示与相邻组别以增加相交面积的方式进行区分，相交的面积越大，该环境中居民所感受到的城市包容感就越大。

采访：

我们在被访者合适的时间对其进行了采访。采访地点由被访者在被访者工作处和礼堂咖啡厅之间作出选择。采访的平均时长为30分钟，其中最长时间为45分钟，最短时间为15分钟。被访总人数为10人，人员组成为每一实验组选择2人参与采访。采访的目的是收集在之前的实验及问卷调查中被访者没有给出的有用 信息。

参与者：

100名学生参与了本次实验（每次实验参与人数为20人）。参与者们包括了不同的 人种和不同的教育水平（本科/硕士/博士在读学生）。参与者们的年龄段为18~33，平均年龄为22.31。在100名参与者中，61名为男性，39名为女性。

过程：

实验结束后，参与者们将填写前文所述的调查问卷。我们将问卷的目的事先告知参与者，若参与者愿意参加后续采访，可在问卷的相应位置上留下自己的电子邮件地址。参与此次实验没有任何形式的奖励。我们从每一个测试组中挑选两名参与者进行后续采访，以获得其他所需信息。选择标准为：其中一位具有较高的SCS-R分值，另一位总分较低。

数据分析：

对照实验及实验A、B、C（详细描述见下文章节）中所得到的结果都按照所使用量表中描述的方法进行了评估及计算，并进行了标准偏差校正。我们进行了单因素方差分析来确认组间数据差异是否具有显著的统计意义。我们使用单因素方差分析的原因是：至少3组（3次实验）中的参与者除了都会出现在同一个地方（测试地点）之外，并无其他共同点。基于以上理由，我们在单因素方差分析的多重比较的选择项里选择了邦费罗尼（Bonferroni）。同时，邦费罗尼也相对更适用于对成对、较小数据的分析。

测试设置和条件：

我们进行了两组对照实验以获得午餐时间校礼堂咖啡馆内联结性和包容性本底水平的有效基线。通过对照实验和其他实验结果的对比，我们可以获得更加可靠的实验数据。对照实验的测试时间为2013年5月14日以及2013年5月18日。这20名参与者仅需填写与其他组别参与者一致的调查问卷（包括SCS-R和ICS相关内容）。

4.4.14	
4.4.15	
4.4.16	

4.4.14　实验A场景
4.4.15　实验B场景
4.4.16　实验C场景

实验A：A组实验时间为2013年5月22日。两个相同的黑板被放置在通往礼堂咖啡馆的隧道内的自动售货机的两侧（图4.4.14），黑板旁提供有彩色粉笔。我们打印出“留下你的印记”字样并将其悬挂在黑板上方。每一位在黑板上分享事物的人都被邀请并填写了与对照实验中一致的问卷。由于大部分参与者的观看或分享行为仅牵涉两块黑板中的一块，第二块黑板的存在是多余的，在后续实验中被撤销。

实验B：实验B在实验A的基础上增加了数字化元素，其余部分与实验A类似。测试时间为2013年5月28日。我们预先录制了一段长度约为2小时的人们随机经过黑板并进行绘画的视频，将其投影在板上（图4.4.15）。每一位在黑板上分享事物的人都被邀请并填写了与对照实验及实验A中一致的问卷。

实验C：最终实验C进行于2013年5月31日星期五。与实验B相仿，我们在实验C中再次使用了投影仪。与之前不同的是，本实验中我们将如何使用几何形状的暗示（将这些形状与自己的绘画结合，而不是仅在几何形状外面进行绘画）作为投影内容展示了出来（图4.4.16）。

本实验将得出是否需要使用几何形状作为约束，使用几何形状作为约束是否有价值的结论。在上文中，我们提到，这些几何形状代表着生活中公共空间内现实存在的情况（建筑物的门和窗），这些真正的公共空间才是本概念最终实施的目标地点。我们希望根据实验C的结果得知参与者们是否会使用提供的几何形状，从而对我们的概念进行微调。

结果：

几何形状使用情况的观察结果

在实验A中，2名参与者使用了几何形状作为绘画

			Mean Difference	Std.Error	Sig.
sum_score	control	testA	-5,50000*	1,96689	,037
		testB	-13,85000*	1,96689	,000
		testC	-5,85000*	1,96689	,022
	testA	control test	5,50000*	1,96689	,037
		testB	-8,35000*	2,27117	,002
		testC	-,35000	2,27117	1,000
	testB	control test	13,85000*	1,96689	,000
		testA	8,35000*	2,27117	,002
		testC	8,00000*	2,27117	,004
	testC	control test	5,85000*	1,96689	,022
		testA	,35000	2,27117	1,000

Bonferroni SPSS results of the SCS-R scale across the tests

(I)test condition	(J)test condition	Mean Difference (I-J)	Std.Error	Sig.	95%...
					LowerBound
control test	testA	-,60000*	,20935	,031	-1,1640
	testB	-,95000*	,20935	,000	-1,5140
	testC	-,65000*	,20935	,015	-1,2140
testA	control test	,60000*	,20935	,031	,0360
	testB	-,35000	,24174	,906	-1,0013
	testC	-,05000	,24174	1,000	-,7013
testB	control test	,95000*	,20935	,000	,3860
	testA	,35000	,24174	,906	-,3013
	testC	,30000	,24174	1,000	-,3513
testC	control test	,65000*	,20935	,015	,0860
	testA	,05000	,24174	1,000	-,6013
	testB	-,30000	,24174	1,000	-,9513

Bonferroni SPSS results of the SCS-R scale across the tests

4.4.17 （左）使用图形作为基础，（右）使用图形作为灵感
4.4.18 各实验SCS-R分数的邦费罗尼SPSS结果
4.4.19 各实验ICS分数的邦费罗尼SPSS结果

的基础或灵感。在实验B中，6名参与者使用了几何形状作为绘画的基础或灵感。在实验C中，15名参与者使用了几何形状作为绘画的基础或灵感（图4.4.17）。

社会联结性量表修订版（SCS-R）

两个对照实验的结果并无显著统计差别。这表明，我们所使用的量表是可靠的。由此，我们将两个对照实验的结果合并，对照实验的平均分值为 54.90，标准方差 7.78，标准误差 1.23。与实验 A 的结果比照，实验 A 平均分值为 60.40，标准方差 6.35，标准误差 1.42。实验 B 的 SCS-R 平均分值为 68.75，标准方差 6.53，标准误差 1.46。实验 C 平均分值为 60.75，标准方差 7.29，标准误差 1.63。

如表4.4.18所示，根据对照实验与实验A、B、C之间的统计显著差异来判断，它们的SCS-R分数有显著的不同（p = 0.037，0.000，0.022）。表中结果同时表明，实验B和实验A（p = 0.002），实验B和实验C（p = 0.002）这两组实验对比中，SCS-R分数也有显著不同。但实验A和C之间并无统计显著差异。

个体社区包容性量表（ICS）

对照实验的平均分值为3.90，标准方差0.84，标准误差界限0.13。实验A平均分值为4.50，标准方差0.60，标准误差界限0.14。实验B平均分值为4.85，标准方差0.67，标准误差界限0.15。实验C平均分值为4.55，标准方差0.83，标准误差0.18。使用SPSS对实验结果的平均值进行单因素方差分析，计算结果表明，对照实验与实验A，B，C的结果平均值有统计显著不同（p值分别为0.031，0.000以及 0.015）。实验B对实验A，实验B对实验C以及实验B对实验A的ICS量表的分值无统计显著不同。

6. 社会联结性与包容性的讨论方式

本研究为探索性研究，研究目的旨在寻求项目初期所寻求问题之解。我们已将这些问题利用提出假设的形式分解为若干小问题。相对本概念所关注的研究目标——“城市”而言，实验以一种更可控的方式在一个较小的环境中进行。必须指出的是，实验结果的有效性局限在当前实验环境下。下述讨论中，我们假设，本实验所得结论对城市环境同样有效。

H1：参与者将不使用几何图形来作为自我表达的方式。
第二个实验与最后一个实验的结果都表明，当没有任何使用几何图形的暗示给出时，仍有一小部分参与者会使用这些图形作为绘画的基础或灵感。由此，我们可以完全推翻假设H2。在不给出暗示的情况下，尽管确实有参与者使用了这些图形，但这些参与者仍是极少数。

H2：参与者在得到“可以使用几何图形来作为自我表达的方式”的暗示后，将不使用几何图形来作为自我表达的方式。

在实验C中，我们在黑板上使用投影的方式给出了暗示。在这种情况下，相较实验A、B的结果，实验C中较多的参与者在绘画中使用了给出的几何图形作为绘画的一部分或绘画灵感。在实验B中，使用图形的参与者数目是实验A中的2倍多（图4.4.20）。

观察SCS-R和ICS的统计分析结果，将实验C与实验A、B进行比较，我们可以得出结论：是否给出“使用几何图形作画”的暗示对参与者所感受到的社会联结感及包容感并无影响。然而，在与黑板进行交互时，所给出的“使用几何图形作画”的暗示以及其他参与者使用几何图形作画的行为，确实可以导致参与者使用几何图形进行作画。根据这些比例进行推断，最终更多参与者们使用几何图形进行作画的确实行为可以推翻假设H3。基于以上几点，在本概念的最终版本中继续使用几何图形是有意义的。

H3：参与者在得到“可以使用几何图形来作为自我表达的方式”的暗示后的联结感与“仅可以使用黑板”时并无差异。

根据实验A对实验C的SCS-R结果，我们可以认为，给出暗示仅仅导致参与者们使用几何图形进行绘画的行为（见上文论述），但对参与者所感受到的联结感并无影响。换句话说，实验C中的参与者与实验A中的参与者所感受到的联结感与包容感类似。由此，假设H4成立。

SCS-R量表

将所有实验结果的平均值进行比较，与对照实验相比，所有其他实验中参与者们所感受到的联结性都有显著增加。结果表明，实验A与对照实验有统计显著不同。这意味着，当空间中存在一块可以与之互动的黑板时，空间内人群之间的联结性增加。实验B、C与对照实验之间具

4.4.20
4.4.21

4.4.20　各实验中使用图形的参与者数目
4.4.21　数码园
作者：Karen Chiu
设计师凯伦出生在台北，从事品牌视觉和视觉交互界面设计。“数码园”旨在创造城市空间的概念，该装置由高约3m、宽约2m的数字面板整齐排列而成，整个制作花了5周时间。每个电子触摸屏中屹立着一颗茂密的树，外部温度和声音的变化会改变背景和树叶的颜色，带给人们四季变化的感受。这种设计后来为四季酒店室内环境布置提供了经验，展示了数字艺术品的潜力。

有与此类似的差异性。由于霍桑效应（Hawthorne Effect）的存在，我们知道，任何引起参与者注意的环境影响或变化都可对参与者所感受到的联结感产生影响。必须承认的一点是：实验结果之间的不同是否完全是由于黑板的设计尚未明确。无论如何，实验A表明，实验结果确实产生了差异，尽管实验A更多是作为实验B、C的参照，在实验B、C中，我们更多地关注了数字增强的部分。实验B、C与对照实验之间的比较与实验A类似。

H4：在公共空间中让参与者在黑板上以设计的方式进行自我表达不能增加参与者对空间以及相同空间内其他事物的联结感。

所有实验的结果都与假设H5相矛盾。此处，我们可以推断假设H5不成立。由此，似乎我们可以作出推断，在公共空间中让参与者进行自我表达可以增加参与者的联结感。这一推断引发了研究者们的深思：在结果层面，实验A、B、C之间是否存在显著差异。实验A与实验B：实验B与实验A有显著不同。使用数字化增强的方式使参与者与他人进行实时互动对社会联结感有较大影响。实验B与实验C：实验B与实验C的显著不同表明，使用数字化增强的方式使参与者进行实时互动与仅使用数字化增强给出使用图形的暗示相比，可以对参与者的社会联结感造成更大的影响。

H5：将不同黑板中得到的反馈进行互相投影，让参与者与参与者之间的画作得到分享等方式对参与者的联结感不造成影响。

从实验B与实验A，实验B与实验C的比较结果来看，假设H6不成立。数字化组件对参与者所感受到的联结性有较大的影响。同时，本结果与其他研究的结果一致。关于这一点，本书在采访部分将作更为详细的论述。结果表明，实验A与实验C并无显著差异。这意味着数字化增强对参与者所感受到的社会联结性并无任何影响。可以推断，在这些情况下，精细设计的数字互动可以取代与环境之间的物理性互动，而并不影响参与者所感受到的社会联结性。有人认为实验A与C之间的结果之所以没有像对照实验和其他实验间一样表现出显著差异，是因为霍桑效应。这一观点，我们将在未来的工作中继续进行研究。

ICS量表

H6：在公共空间中让参与者以受控的方式使用设计好的黑板进行自我表达对参与者的联结感不造成影响。

当将实验A、B、C的结果与对照实验相比较时，参与者在非对照实验中均可体验到较高的被包容感。这可以从统计学意义上推翻假设H7。由此可以推测，参与者参与互动的任何行为，包括仅仅留下“印记”，都将导致参与者感受到更高的社区融入感。

H7：将不同黑板中得到的反馈进行互相投影，让参与者与参与者之间的画作得到分享等方式对参与者的被包容感不造成影响。

对实验A与实验B、实验A与实验C之间的结果进行比较，并无显著差异。实验B与实验C之间的结果也无显著差异。由此，假设H8不能被推翻。此处SCS-R量表的统计分析结果与ICS量表的统计分析结果产生了不一致性。就此，ICS量表可能缺乏敏感性和有效性，对于此类实验的适用性值得质疑。

采访

在关于“请描述你感受到被包容感最强的时刻”的回答中，参与采访的10名参与者中的9名描述了一个认识陌生人的过程，包括偶发性事件（例如在荷兰，火车的突发故障）以及特殊情境（例如节日）。这个事实向我们传递的信息是将人们与陌生人联系起来的事件可以导致包容感的增加。在一些个案中，有人在被访问者所绘制的图形上进行了扩展绘画。这些情况里面，我们所收集到的反馈强烈而类似。例如其中一名被访者说：“我喜欢它！ 我喜欢这个形状！就是说，我感觉好像我特地为某人做了些什么东西一样。我还想继续下去，我对于其他人来说挺有帮助的。”参与者们有互相帮助的感觉，并且喜欢这种通过合作成为某种体系的一部分的感觉。

当参与者们看见其他人在现实中或者是投影中进行绘画的时候，反应如下：“从某种意义上来说，我们在一起做一件事情。如果他们是在同一时间同一块黑板上进行绘画，会影响我更多。我们是一起在做这件事情，而不是我自己一个人。”“我画画的时候看见了黑板上画好的猫胡子。它们好像在邀请我一样。我还看见一个笑脸。我感觉到整个人都放开了而且很快乐，这些画让我笑了出来。我也开始画画，然后特别好玩的就是投影里面突然出现一个人开始画跟我画的差不多的东西。这让我特别高兴。”已有画作可对参与者造成影响，降低参与者的心理阈值，邀请观望者参与绘画。被访者描述看到他人绘画时的感觉为高兴。

当被要求描述“看到自己的绘画成为整个系统的一部分”的时候，非对照组的6名参与者给出了类似的答案：“像我刚才说的，我觉得成为了黑板系统的一部分。我没有感觉到被排斥。我觉得好像我们真的一起在创造什么东西，可实际上我们压根就不认识。”这似乎是参与者们的情绪共识。实验A与实验C中的参与者们在访谈中提出，当他人在自己的画作上进行扩展的时候，他们将得到更多的包容感。对所参与实验的重温，或是看到实验结果，都对参与者们的后续情绪造成影响。这引起了我们的思考，当参与者再访问同一个公共空间时看见自己留下的作品得到了再度阐述，将影响参与者所获得的被包容感。另外，投影中所反馈的其他参与者的绘画或者其他参与者对画作进行的延伸绘画行为是否可以影响参与者的被包容感也是一个有意义的命题。内在动机存在十人类与生俱来的本性中。人类这些根深蒂固的特点使得我们被好奇心所驱使，去参加社会活动。从采访中我们看出，参与者们正是被他们的好奇心以及自然的内在动机所驱使，从而参与到我们的社会活动中来。例如有一位参与者说道："我在想其他人在黑板上会做些什么（写什么或者画什么）。我看了看我留下的东西与其他人的相比的情况。它影响了我所选择的地方、大小以及颜色，但是没有影响到我所画的内容。我觉得挺好。"

"留下你的印记"这个概念的美感在于它的简约和参与性。它创造了一个非常合理的低阈值，让人们的参与和退出都非常容易。它为我们之前的命题——"为增强人们的联结感和被包容感设计数字化手段增强物理空间的公共艺术装置"提出了一种合适的解决方案。在本案中，我们可以得出，本概念的原型展示可以影响人们的联结感和包容感。实验A、B、C之间ICS量表的结果无显著差异的原因并不一定是霍桑效应。我们将在日后的工作中对此展开具体研究，尤其是关于实验A、B、C间ICS量表的结果无统计显著差异的原因。从实验的最终结果来看，SCS-R量表的结果有显著差异而ICS量表无显著差异。这为我们提出了一个论题：关于此结果，我们应该质疑ICS量表的有效性和正确性，还是应该认为社会联结性与包容性并非耦合概念？此处，我们更关注社会联结性量表修订版的结果。"留下你的印记"这个设计概念可以使用在公共艺术系统中，用以改善城市居民的联结感。当存在其他参与者作画的附加数字化反馈时，参与者们将得到更强的联结感。后续的采访进一步确认了此结论的成立。

由于本次实验为探索性实验，全部实验均在可控的设置下完成，距离真实的装置设置还有一定的距离，所得结果也具有一定的局限性。值得注意的是，本实验需要在公共空间中使用真实的装置重新进行。本实验中所得结果是否与真实公共空间中所得结果一致是值得探究的。希望本探索性实验项目对城市公共空间中数字化增强的公共艺术装置研究起到抛砖引玉的作用。

五、数字化城市公共艺术交互系统的构成

Structure of interactive digital urban public art

城市是人类文明的主要组成部分，城市也是伴随人类文明与进步发展起来的。公共艺术则是伴随着城市的发展而来，伴随着社会发展与科技进步，从私域性艺术走向属于大众的公共艺术。公共艺术作为一种艺术表现载体，以公共空间作为展示场所，以传达内在的精神诉求与时代的审美标准。公共艺术的意义不在于其表现形式，诸如雕塑、壁画、景观小品、装置、地景艺术、公共设施等，而是对其内在的价值取向的表达。城市作为公共艺术的展示场所，在空间上就限定了城市公共艺术作品传达城市文化、历史沿革和时代背景的功能；作为视觉文化符号，城市公共艺术作品体现的是一种大众审美，甚至是一座城市的城市标志。

城市公共艺术的建设，是一种精神投射下的社会行为，而不是物理空间的艺术品的简单建设，最终的目的也不是那些物质形态，而是为了满足城市人群的行为和精神需求，在人们心中留存城市文化意向。它渗透到人们日常生活的路径与场景中，通过物化的精神场和一种动态的精神意象引导人们怎么看待自己的城市和生活。

互动性是公共艺术的重要属性，究其场所和地域特征以及其创作、建设的初衷，大众的参与是必不可少的，也就是作品与受众的互动。这种属性也是有别于其他艺术形式的一种归属于大众的艺术，它的最高层次在于受众能够真正参与到作品的创作中去，达到作品与受众、作者与受众的双向交流，使得作品不仅仅停留在信息的输出上，更多地是受众对信息反馈的输入。然而，这种互动性的作品还不多，目前大多拘泥于机械式、物理式的互动。

数字化时代背景下的“互动”，更广泛地运用于互联网、数字电视等基于数字平台的相关领域。互动成为一种人与人、人与物的交流方式，通过这种行为途径可达到信息交换的目的。同时“互动”作为一种媒介，将艺术与技术、艺术与受众、作品与作者、作者与受众联系起来，并产生了相互作用、相互影响的关系。本书中所指的互动是一种双向传达，是一种参与过程。在参与艺术活动或作品时的相互影响、相互作用，包含思维的互动、行为的互动、五感语言的互动、心理的互动等。强调信息输入与输出的双向交流，以达到作者与参与受众信息对接的目的。

城市公共艺术的交互必须是完整的、系统的、规范的，这样才能保证城市公共艺术有序开展，并且符合整个城市的整体规划和城市性格。因此，建立一个成熟的城市公共艺术的交互系统是十分必要的。

一般来说，一个完整的城市公共艺术的交互系统需要综合考虑三方面的因素，这三个方面分别是城市公共空间、城市公共艺术作品与城市公共艺

术的主体。这三者也可以概括为环境、作品、人。城市空间、城市公共艺术作品、城市公共艺术的主体这三者之间是互相影响、互相作用的，构成了一个立体的交互关系。只有将这三个要素综合考量、互相配合，才能使城市公共艺术的交互系统达到最优化。

1. 城市公共空间方式

城市公共空间是一个城市构成的必需要素。假设一个城市只有私有空间而没有公共空间，则城市的基本功能如交通、大型活动、职能部门等将无法实现，整个城市的文化精神更是无从谈起。城市公共空间对一个城市来说是十分重要也是十分必要的。总体来说，城市公共空间主要有四项基本功能，分别是：提供交通运输的空间，配合建设城市防灾能力；提供基本公共活动和大型集会的空间场所；维护和改善生态环境，保护城市自然景观和人文历史景观；组织协调城市和市民之间的行为，使市民有受教育、旅游、休憩、体验文化的空间。

城市公共空间的主要构成元素有地面、绿地、水面、建筑物、花草树木等。其中地面、绿地和水面构成了城市空间的地底界面，建筑物、树木花草等构成了城市空间的侧界面。城市公共空间按照不同的标准有多种划分方式，对城市公共空间的细致划分可以使我们更加了解自身的居住环境，并且能够根据城市公共空间的不同功能、性质、特征等来创作不同种类的公共艺术作品，使得公共艺术作品与城市本身能更加完美地结合。

城市公共空间按照构成方式，主要可以分为两种：

第一，外向型空间。这种外向型空间以建筑实体占领空间以外的地域为主，像街道、广场等。
第二，内向型空间。这种内向型空间一般以建筑体合围起来构成的中空式的空间为主，像庭院、四合院、园林等。

城市公共空间按照存在方式来划分，一般分为四种：自然空间、人工空间、人文空间和虚拟空间。

第一，自然空间：包括山地、河流湖水、山林、绿地等地理景观，它们属于城市自然景观的一部分。
第二，人工空间：包括建筑物、街道、广场、公园、小巷等，它们一般由人工筑造而成，是城市空间中关于人活动空间的很大一部分。

第三，人文空间：包括著名城市遗迹、城市文化生态园区、艺术园区、名人故居、博物馆美术馆等。这是记载着城市的历史和文化精神的空间。
第四，虚拟空间：主要是存在于互联网、多媒体当中的多维虚拟非实体空间。这类空间是人类数字技术发达之后产生的技术延伸空间，像很多网上社区、论坛、互联网游戏等都是城市居民集会的重要空间。近年来，随着网络虚拟社区的不断完善与发展，虚拟空间以其便捷、快速、普及的特点成为了城市空间的又一存在，并在一定程度上弥补了实体空间在时间地点上的有限性，是城市公共空间必不可少和不可忽视的重要组成部分。

城市公共空间按功能可以分为四个类别：

第一，居住型公共空间：与市民的居住环境密切相关，如社区活动中心、少年宫、老年活动中心、街道休闲处等。
第二，交通型公共空间：与交通、运输相关，如飞机场、火车站、汽车站、加油站、地铁站、立交桥、码头、过街天桥、步行街、沿江大道等。
第三，工作型公共空间：主要与人们的工作环境密切相关，比如工业园区、市政广场、新兴开发区、商业园区等。
第四，娱乐型公共空间：供市民娱乐悠闲的空间，比如公园、度假村、游乐场、商业购物中心、娱乐中心、各种博览会等。[1]

城市公共空间通常是一个城市的重要景观之所在，所以在设计城市公共艺术作品的时候，必须考虑到与周围城市公共空间和环境的协调与配合，需要综合考虑作品的尺寸、色彩、造型等与周围城市公共空间的关系。

2. 交互性城市公共艺术作品

传统公共艺术的表现形式以雕塑、壁画、景观小品、装置、地景艺术、公共设施等为主。数字技术的介入使得数字化公共艺术的表现形式更加多样化。数字艺术的表现形态多种多样，各种技术手段和硬件设备的介入，将数字艺术形式边缘化、多样化、复杂化。数字化公共艺术融合了图形、影像、游戏、网络与通信、音乐、装置艺术等多种表现形式，在艺术语言上更加丰富多彩，达到了多感官的体验效果。

[1] 刘茵茵. 公众艺术及模式：东方与西方［M］. 上海：上海科学技术出版社，2003.

4.5.1	
4.5.2	

4.5.1　互动装置作品“接触我”
Interactive Installation, Contact Me

4.5.2　SMSlingshot
作者：VR Urban
SMSlingshot是一个由高频率的无线电、Arduino电路板、激光和电池组成的交互装置。

装置外形是一个木制弹弓，人们可以在弹弓手柄的木质键盘上键入短句，并以发射弹弓的形式发送到建筑物外立面上的目标点。此时，建筑物表面出现飞溅的色块和短句，仿佛被弹弓射出的颜料球打中一般。这个有趣的互动装置先后在圣保罗、柏林、利物浦、马德里、帕尔马、埃因霍温和维也纳进行展示，给所到之处的人们带来快乐，也使人们重新思考自己的交际行为。

城市公共艺术，从广义上来讲，应该是任何人都可以参与创作的艺术，它既包括一些永久性存在的艺术，如雕塑等，也应该包括一些临时的、无形的、偶发的行为艺术。如果想做一个成熟的城市公共艺术作品，必须在建筑物的设计阶段就开始进行相关的准备。

交互性城市公共艺术作品除了要在视觉、听觉、触觉等感官领域满足观众的体验需求之外，还应该在交互形式及交互过程的体验方面满足观众，这些交互形式、动作及过程更好地满足和促进了观众的体验行为。公共艺术作品可以将观众的肢体语言当作引发一个互动的行为或事件，将互动形式另类化和独特化。其中，观众与作品之间的距离是可变的，非固定的。互动性公共艺术的设计和操作过程中，人的因素起到了很大的作用，整个创作及设计都必须围绕人的行为方式、思维习惯、生活常识、生理特点等进行，使观众在参与作品或观看作品的同时，能够与作品本身或由作品联想到的一切产生心灵上的共鸣，从而实现人与作品之间的情感交互。

例如互动装置作品“接触我”（图4.5.1），参与的受众通过身体的某一部分与作品表面的接触，达到犹如扫描仪扫描身体的效果，受众的影像便会呈现在磨砂玻璃表面。在下一位受众参与之前，作品所呈现出的图像将被保留，成为作品暂时的呈现形式。每一位受众参与后得到的作品都不一样，这也就体现了人在作品交互中的作用与意义。

一般来说，交互性城市公共艺术具有以下几个特性：

第一，公共性。这是交互性城市公共艺术最基本的特征，也是一切公共艺术最本质的特征。这里的交互性城市公共艺术除了具备一般的公共艺术的公共性之外，还强调公众对整个公共艺术事件的前期规划调研与后期的意见反馈，并且要求政府具备一套城市公共艺术的发展规划体系、城市公共艺术专项艺术基金与城市公共艺术的评价系统。

第二，互动性。这也是交互性城市公共艺术非常重要的特征之一。交互性城市公共艺术必须重视大众的参与性行为。作品要创造出能让观众置身其中的氛围，并提供某种进行互动的条件。观众介入和参与是交互性城市公共艺术作品本身不可分割的一部分，这样可以让观众以多角度进行欣赏，也可以让观众多角度地参与到作品的生成过程中，成为作品构成的一部分。互动的特性将城市公共艺术从原本被动地取悦观众的情况转化为主动地吸引观众的情形。互动形式给城市公共艺术带来了人性化、审美感、参与感与包容性，同时为作品本身增添了许多精神层面的内涵和意义

第三，功能性。交互性城市公共艺术相比传统艺术更具功能性。传统的艺术，要么是纯审美性的，要么是纯实用性的。而交互性城市公共艺术让艺术进入了社会生活和大众视野中，并且其展示的空间比现代艺术存在的美术馆要宽泛得多。正因为城市公共艺术从一开始就进入到了大众的日常生活中，所以它必须具备除了审美之外某些公众的属性，如教育功能、娱乐功能、引导功能、商业功能等。这也和城市公共艺术与城市本身结合紧密，要与城市本身多样化的需求相结合有关。此外，交互性城市公共艺术强调大众的互动性与参与性，也使得作品要具有观赏性、引导性、启发性、刺激性、新奇性等。

3. 城市公共艺术的主体

交互性城市公共艺术作为一种公共艺术的形式，主要的服务对象是人，并且大部分是长期居住在城市的市民。交互性城市公共艺术试图通过互动性的技术手段，让受众在公共空间中通过作品的造型语言、视觉符号、声音片段、材质、色彩、空间元素等诸多方面得到全方位、立体化的感官体验，参与到作品的全过程中。对于交互性城市公共艺术来说，参与互动的主体包括两个方面：一是艺术家，也就是城市公共艺术作品的创作者；二是公众，也就是城市公共艺术的接受者、参与者和体验者。这二者共同构成了体验、经验和意识的主体存在。

一方面，对于交互性城市公共艺术的创作者——艺术家来说，他是整个作品的构思者、设计者、创作者、执行者，他必须从作品的选址、运用的材料、造型、采用的技术手段、观众的情绪、大众的反应和市政部门的规划和要求等各个方面进行考虑。他也是整个互动行为的发起者、引领者和最后的反馈者。互动行为本身也给艺术家以一定的想象空间和拓展空间，促使观众来帮助他完成最后的作品，并且制造偶发效果，探测公众对某一事件和社会问题的看法。

另一方面，受众也是交互性城市公共艺术的另一个主体，是一个以接受和体验为主要目标的主体。一般来说，受众参与到城市公共艺术作品的互动中去，也

4.5.3	
4.5.4	

4.5.3　阿根廷的保拉·吉塔诺邓可迪设计的“情感动物”
Argentina's Paula Gitano Deng Curti, Emotional Animal

4.5.4　丹麦国家海事博物馆常设展览
建筑师：Kossmann Dejong
设计师：Kossmann Dejong
灯光设计：Rapenburg Plaza
项目年份：2013年
建筑面积：5000.0 m^2
建筑师Kossmann Dejong对丹麦国家海事博物馆的陈列进行了重新设计，整个展览都设在地下，地面设计为干燥的船坞，周围的电子显示屏显示了海水，整个展览就好像是船坞航行在大海上。他抓住人们普遍的探索海洋的心理，将展览设计为一次航海旅程，利用数字媒体技术让他们获得海上的冒险经历，在游览者体验冒险的同时，展馆还会展示丹麦的航海历史，也包括一些航海的概念：港口、航海、战争和贸易等。

就是他们在身体、心理和行为上对艺术品进行了全面感知和体验。因此，观众对公共艺术作品的观看与参与不能理解为是被动的过程，而应当作是一种主动参与与评价的过程。观众以艺术作品作为评价对象，以审美的眼光去审视作品，通过联想、想象、感知等思维活动和行为活动对作品进行自我分析与认知。

如阿根廷的保拉·吉塔诺邓可迪设计的“情感动物”（图4.5.3）便是动用观众的想象和好奇心的一个公共艺术案例。Alexitimia是个机器人，造型犹如人类的大脑，其呈现的形式与不确定的物质使得观众犹如看到了UFO般好奇。当观众触摸其表面时，神奇的Alexitimia会像人一样产生生理反应，流出“汗液”，它表层布满的是被用来触摸的感应器，输出设备是水。这件作品充分地估计到了观众的行为模式和预期效果。

4. 三者之间形成的交互系统

城市公共艺术作品与城市公共空间的互动关系

城市公共艺术作品与城市环境有着密切的关系，无论在物理空间还是在精神空间中，他们都在一个相互交织的网络上。城市公共艺术作品作为传递城市文化与市民精神的担当者，随着社会的变迁、科技的进步、市民素质的不断提高，也悄然“进化”着。

人们在接触、认识一个城市的时候，往往是先从这个城市的艺术作品中进行感知，了解这个城市的地域特色和文化脉络。城市公共艺术作品不仅承担着美化城市环境、塑造城市形象的作用，同时还在城市空间划分及功能分析上起到重要作用，城市公共艺术作品被放置在城市公共空间中，就要与周边的环境发生联系，如建筑、绿地、道路、广场等，都会或多或少地对作品本身产生影响。城市公共艺术作品与它所处的环境形成一种相得益彰的紧密关系，在对空间造型、体量尺度、色彩材质等的表现上，产生与环境对比协调的关系。[1]

城市公共艺术作品的表现形式很大程度上受到材料的限制，而数字化技术手段的介入使之发生了根本性的变化。在数字

[1] 翁剑青. 城市公共艺术［M］. 南京：东南大学出版社，2004.

技术还没有介入到公共艺术作品的创作中时，往往在创作过程中追求的只是完稿的效果，一旦作品完成就不再有创作意图的变动，有的只是对其物理性的修复。其问题的根源出在信息传播的单向性上。往往艺术家、行政管理部门在创作作品的时候，只把作品作为一种传播的工具，作为一种向社会传达信息的载体，却忽视了信息是需要双向传递的，正如我们的公共艺术作品同样需要接收信息一样。数字技术的介入正是解决问题的关键，也使得公共艺术作品的存在状态发生了根本性的变化。当作品与社会在信息传递上形成一个输入、输出的系统时，必然会产生互动，而这种互动形式是与以往意义上的公共艺术互动有着很大差别的。这是一种主动的、双向式的互动，作品以动态或不确定的状态呈现，是一个具有生命的活动体，通过信息交换来演绎其生命的意义。

城市公共艺术作品与主体的互动关系

1）城市公共艺术作品与艺术家

艺术作品往往被认为是艺术家个人的创作表达，是一种个人审美情趣与思维意象的凸显。城市公共艺术作品在创作上恰恰与之相反，是需要大众接收与认可的城市符号的表征。在数字技术没有介入到城市公共艺术作品的创作中时，艺术家创作作品仅仅是从作品本身出发去考量其展示的效果，在创作过程中也是自己单独创作，并没有意识到创作者还需要大众，更没有意识到作品完成之后还会有“动态”的变化。

当数字化技术介入到城市公共艺术创作的过程中，作品与作者之间的关系也发生了前所未有的变化。作者不再是艺术家本身，作品的创作权不再被艺术家所垄断，而更多的是享受作品的受众，他们从过去的被动接受的观众转化为主动创作的“作者”，使得城市公共艺术的本质得以凸显。

2）城市公共艺术作品与受众

以往的作品是要求人们被动地接受，例如电视、广播、报纸、杂志等，城市公共艺术作品同样如此。当网络出现时，人们有了自主选择的权利，但是这种选择仅仅局限于计算机和网络平台。当人们走在街头，漫步于城市广场，沉浸在博物馆中，他们还都是在被动地接受眼前的事物。那么，让我们试想，未来的某一天，我们可以随时自主地过滤我们的视觉信息，并且有选择地参与其中，体验自主创造与设计的快感，人人都可以成为设计师、艺术家，创作属于自己的“作品”。

城市公共艺术作品随着现代科技手段的进步，也在不断地发展，各种交互技术及设备在城市公共艺术作品中的应用，不仅促进了城市公共艺术的发展，同时使得受众参与艺术创作的热情大大增加，而在受众参与的过程之中，作者所要表达的内容也就可以更加直接地传达给受众了。

正如克劳赫斯特·伦纳德提倡的那样，考虑到参与者，公共空间中的艺术品应该注意以下几点：

（1）创造出愉悦感、快乐感以及对城市生活的惊叹感。

（2）通过对传奇、寓言、神话或历史的吸收以及创造可以被人控制、可以坐在上面或从下面穿过的形式，激发人们的玩心、创造力和想象力。能够吸引儿童的雕塑或喷泉同样能够吸引成年人。

（3）促进接触和交流。醒目而且接近道路的雕塑或喷泉可以吸引行人停下来，甚至可能坐在附近或引发交谈。

（4）在艺术作品内部或附近添加可让人歇坐或倚靠的台阶、凸台或栏杆。感觉体验可能会带给人一种短暂却愉快的感受。

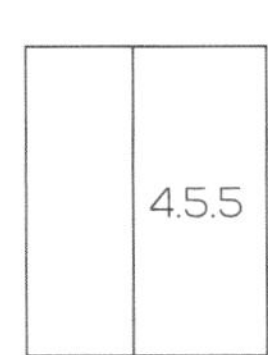

4.5.5　“waterlicht”

Daan Rossegaarde的沉浸式照明艺术“waterlicht”在阿姆斯特丹8英亩的博物馆广场上空谱写了一支光的迷幻舞曲。

“waterlicht”的光芒使博物馆广场上的人们仿佛置身于水世界，来访者可以亲身感受到那种几乎已经被忘却的自然资源的力量，并感受到这份力量的脆弱。这件艺术作品由波状起伏的灯光投影线条组成，灯光投影使用了最新的LED技术、软件以及镜头。

“waterlicht展示了失去水务设施后的荷兰的景象——用视觉上的滔滔洪水进行展示。在水务设施和历史的推动下，整个国家的景观都在不断地革新，然而，随着时间的流逝，我们似乎早已将国家四周的水忘得一干二净。”艺术家Daan Roosegaarde说道。

阿姆斯特丹国立博物馆近期采集了17世纪 Jan Asselijn的一幅绘画作品，这幅作品描绘了1651年发生在阿姆斯特丹的大洪水，而这便是激发艺术家在博物馆广场展示“waterlicht”的主要诱因。绘画和照明这两个作品均反映了荷兰与水之间的深远历史，同时也反映了人与自然和科技三者之间的相互作用。

“这幅画作清晰地表达了荷兰的状况：我们始终生活在海平面以下。”阿姆斯特丹国立博物馆综合部主任Wim Pijbes说道。“于是我们将古老的绘画与现代的‘waterlicht’组合起来，共同组成展览，向更广泛的来访者开放。”荷兰国际集团首席执行官，这次展览的支持者及阿姆斯特丹国立博物馆的合作伙伴Nick Jue总结道。

（5）促进人际交往，将人视为演员而不是观众。[1]

3）城市公共空间与主体的互动关系

一方面，城市空间不仅仅是个地域概念，还是每天生活在这个城市中的人的生活。城市公共空间应该兼顾实用功能与审美功能。自然景观优美、居住环境舒适和具有文化底蕴的城市公共空间，不仅能够使身在其中的城市人的身心得到放松，而且能够陶冶性情，净化心灵，塑造城市形象。优秀的城市空间，其话语权应交由生活在其中的市民，城市空间不仅应该满足市民基本的居住需求，还要从心理空间、精神诉求等方面考虑，使得城市空间成为人与人交流情感、交往共存的优良空间。

如笔者创作的南京地铁小龙湾站公共艺术项目“九龙丽景”（图4.5.6），以“龙”的形态为创作主题，突出了所处站点的名称。其灵感来自于九龙壁的造型形态，以现代装饰语言创作了“新”九龙壁。画面借鉴玉璧龙纹的造型，将金属材质与玻璃锦砖镶嵌和LED灯光有机结合，表达出了丰富细腻的色彩与纹饰变化。在背景的处理上，既有传统线刻的水纹、云纹、龙纹等，又将浮雕的云纹巧妙融合在飞跃跳动的弧线之中，前景、中景、后景层层相叠，形态互为呼应，呈现出绚丽的色彩与强烈的动感，也隐喻着地铁发展的腾飞。

4.5.6

4.5.6　南京地铁“九龙丽景”
Nanjing Subway，Jiu Long Li Jing

[1] 汤和．当代公共艺术的互动性研究［D］．重庆：重庆大学，2009．

另一方面，市民在所处的城市空间中去适应其周遭的人文、地理环境，市民对环境中事物发生的变化等产生的信息进行接收、识别、贮存、加工等。反过来，一个具有高艺术修养和公共意识的艺术家和受众群体也会对整个城市的公共空间的塑造起到良好的推动作用。如果一个城市的代表性公共艺术家的水平高，那么他就可以设计出代表整个城市市民精神和文化底蕴的城市公共艺术，但此来传达对于整个城市的理解和参与城市公共建设；同样地，如果一个城市的公民接受过公共艺术的教育和熏陶，具有强烈的公民意识与社会事务的参与感，那么他们将能够协助政府和艺术家来维护整个城市的公共空间，并且主动地参与到城市公共空间的改造和规划中去，这也会对整个城市的公共空间的面貌产生良好的推动作用。

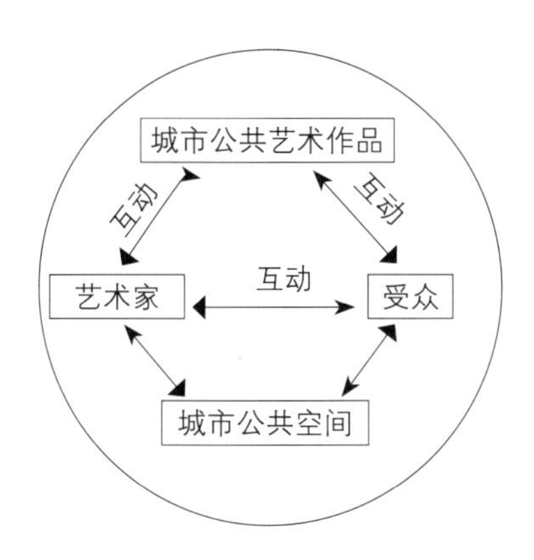

因此，打造现代的空间环境应结合人的生活习性、审美心理、行为特点等因素，它已不限于对环境空间的构成要素或是人的审美情感的分析，而是分析促使情感发生的形体与空间，其目的是为了强化环境与人的关系，把人的情感和环境实体空间融合在一起，达到良好互动的效果。

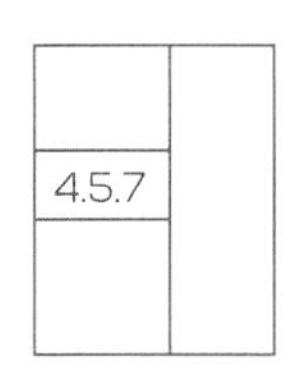

4.5.7　城市公共空间、城市公共艺术作品与城市公共艺术主题三者的互动示意图
The interactive diagram of city public space, city public art works and city public artistic subject

城市公共艺术的交互系统是由城市公共空间、城市公共艺术作品与城市公共艺术的主题这三个要素构成的。这三个要素是独立存在而又相互影响的，其中的每两个要素之间都有着密切的关联，而任意的两个要素又共同作用于第三个要素。这样看来，这三者之间编织成的是一张立体的多面性的复杂的交互网，共同构成了城市公共艺术的交互系统（图4.5.7）。只有将这三个元素本身了解透彻，并且弄清楚三者之间的复杂关系，才能真正洞察城市公共艺术的交互系统。

第五章
视野的开启

Chapter 5
Perspectives of Urban Spaces

一、交互性作品的设计原则
二、交互作品设计的要素
三、城市公共艺术交互关系实现的途径
四、城市公共艺术的交互方法
五、数字化公共艺术的交互语言传达

城市是人类历史发展到一定阶段的必然产物，城市将人类社会发展的物质文明都印刻了下来，公共艺术是城市在发展生存状态下形成的，它是城市文化和想象的反映。谈到城市公共艺术，它是在城市公共空间里存在的一种艺术形式，传统的公共艺术在作品与观众之间产生的互动性已经远远不能满足受众的需求。进入数字化时代后，城市公共艺术的发展进入了新的篇章，引入数字化技术的城市公共艺术可以借助信息（计算机）技术编程处理，实现具有强烈的交互性特征的城市公共艺术作品。交互设计的五要素是近年来比较全面的对交互设计要素的概括，主要包括：人（people）、动作（action）、工具或媒介（means）、目的（purpose）、和场景（context），由此界定为交互设计的基本元素或行为五要素。[1]

由于数字化技术的引入，城市公共艺术比以前传统的公共艺术具备了更强的虚拟性、交互性和新奇性。交互性成为了公共艺术在信息时代最显著的特征，城市公共艺术的形式种类也越来越丰富，如“沉浸式交互艺术”作为新兴的一门数字艺术形式，特指欣赏者（观众）能够通过视、听、触、嗅等感觉手段与智能化艺术作品实现即时交互，达到“全身心”地融入、体验、沉浸和情感交流。[2]这些新颖的交互方式可以实现最佳的用户体验，得到参与者的直接或间接反馈，它们把参与者当作作品关键的一部分，更加强调受众的能动作用和积极的参与性，并且通过让参与者参与这些互动活动而使得艺术作品表现出作品本身所阐释的交互内涵，由此产生实时变化的艺术效果，这种动态的展示正是数字化时代里城市公共艺术交互性的体现。

交互性既然在城市公共艺术中发挥着如此巨大的作用，那么如何体现城市公共艺术中的交互性呢？本章力主解决这个问题。

---

[1] 辛向阳. 从物理逻辑到行为逻辑［J］. 装饰，2015（1）.
[2] 李四达. 交互设计概论［M］. 北京：清华大学出版社，2009.

一、交互性作品的设计原则

Design principles

在交互性城市公共艺术中，互动性起到了导向的作用。互动性在交互性城市公共艺术的创作中亦是一种桥梁，是作品与受众的桥梁。交互性城市公共艺术，是将互动性贯穿于整个公共艺术作品的全过程——从构思到最后的作品呈现，而传统意义上的公共艺术作品的互动，仅仅体现在作品的最终呈现上。因此，交互性城市公共艺术作品必须要遵从几个设计原则，其中最主要的就是互动性原则，另外还有体验性原则、科技性原则、虚拟性原则和社会性原则。

1. 互动性原则

互动性是城市公共艺术作品的设计中最基本的也是最重要的一个原则。一个交互性城市公共艺术作品如果失去了互动性，就丧失了最基本的价值含量，就不能称之为交互性城市公共艺术。城市公共艺术的这种互动性应具有双向传导的性质及人人（受众与作者）平等的对等权利。在互动性的城市公共艺术中，观众将以主动的、富有创意的姿态参与到作品的创作中，而不再是被动地接受和迎合。

交互性公共艺术必须强调参与者和作品之间的直接互动，参与者的行为会改变作品的影像、造型、色彩、质感甚至意义，因为在互动性城市公共艺术中，参与者以不同的方式来引发作品的转化，如触摸、空间移动、发声等。这种交互不仅包括物质和身体上的交互，还包括心理上或精神上的交互。其中，物质上的交互主要指观众与作品之间的交互，比如身体的接触、移动等，而精神上的交互主要是指艺术家和观众之间的思想和情感的交流与互动。在新的交互性城市公共艺术作品中，艺术家是艺术活动和艺术经验的设计者和发起者。他们通过艺术作品将自己的理念和体验传达给参与者，参与者通过自己的参与行动与艺术家进行着交流。城市公共艺术的互动性把艺术家和观众更紧密地联系在一起，使之共同体验到公共艺术的美感。

如美国的琳恩·赫胥曼（Lyhn Hershman）应该算是第一个利用电脑去控制作品的杰出的互动艺术家，代表作为1978年的“罗拉”（Lora）及1993年的“一个人的房间”。作品是一个等身高的结构，上方为一个盒子，有一个小孔及一个小推杆，观众可从洞里窥伺，如同一个偷窥者，并可摇动推杆而与盒子里的美丽女人（影像）产生互动。这件作品是艺术家与她的工程师利用电脑的序列去控制镭射光碟。

2. 体验性原则

交互性城市公共艺术作品并不取决于其本身的艺术存在形式，而更多地在于它的创作形成过程。很多作品甚至可以让观众直接参与，使观众协助艺术家促成整个作品的完成。由于作品要求人们亲身参与、感受和理解，这就要求艺术家也就是设计者一定要在设计的伊始就考虑到体验者的情感因素、心理因素、身体因素等。所以，艺术家或者设计者应该给予体验者更互动、更独特的体验，以获取充分的人性化的体验价值。一方面，体验者只有参与到艺术活动或者艺术创作中才能获得体验，没有参与就不能获得体验、感受；另一方面，体验者在参与过程中获得的体验将促使观众进行新一轮的体验活动。由此循环，体验者将会怀着一颗好奇的心不断地探求艺术作品，从而不断地达到体验的高峰。

同时，当人们在亲自体验一件交互性城市艺术作品时，是带着自身的主观情绪、情感和感受的，这些情绪体验的获得是建立在过去对艺术作品的体验的基础上的，此时的感受也将成为过去时，为以后的体验增加经验值。所以说，体验设计具有时间的延续性、记忆的历史感和体验经验的重现。因此，在创作交互性城市公共艺术作品时，从体验性的原则出发，必须调查清楚这件作品之前的与之类似的公共艺术所带给观众的体验效果，并且在设计中注意体验效果的多重性与渐进性，设计多个体验点和体验角度，体验点之间要有层次之分，各个体验点之间也要是有联系的。这样才能确保观众在互动中不断地巩固已有的体验快感，借此达到体验的高峰。

由巴西艺术家丹尼尔·古斯查特·汉斯和瑞简·坎特尼设计的名为“歌一剧：音速之维”

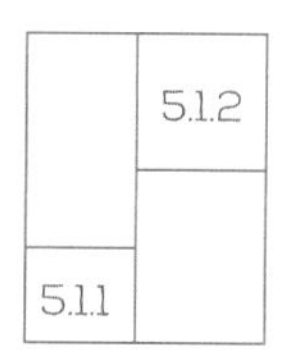

5.1.1 沉浸式互动装置——“歌一剧：音速之维”
Immersive interactive installation—Song of a Play: Sonic Dimension
5.1.2 日本稻田
以“和谐多样性”为主题，TeamLab 在 2015年米兰世博会 日本馆内举办了两场艺术展览。该互动装置作品规模有两个展间大小，由AB全景投影空间组成，参观者要穿过这片技术的海洋，才能抵达一条由数字信息组成的瀑布，这里展现了各种有关日本食品的知识。稻田是日本饮食文化的核心。为了展现稻田对日本人民、传说以及文化的重要性，TeamLab描述了人类与自然之间的必然联系。制作团队利用一件互动艺术装置装饰展览空间，该装置由大量形似稻穗的小屏幕组成。这些屏幕被摆放在展间里，高低不一，高度大约从参观者的膝盖位置到腰部位置不等，创造出了一种使人感觉无限蔓延的互动投影空间。当参观者们漫步在空旷的展间里，构成作品“和谐”的投影图像便会随着参观者的移动而产生变化，给予参观者们宛如漫步在稻田里的感觉。当参观者四处走动时，他们可以感受到与大自然擦身而过，这是在一整年里日本最美丽的时刻。

的作品（图5.1.1），是一件沉浸式互动装置艺术作品。这件沉浸式和互动的音乐盒装置作品，由开放式的立方体构成，三面墙形成了一个黑色的盒子空间。三面墙内部有数百条相似的小提琴弦，这些小提琴弦经过特殊的张力处理后，每个虚拟琴弦都有不同的视像音响频率，并根据不同的相对位置和互动模式产生变化。当参与者指向一组琴弦时，其动作不仅振动了选定的弦，也改变了周围时空的形状。观众在欣赏、参与这件互动装置作品时，心里充满了好奇，如同观看科幻片，数百条小提琴弦随着观众的手势、声音、声影不断地进行着变化，不需要亲手接触琴弦，便能让琴弦如水波似地运动。创造美并不是艺术家的专利，普通观众也能够创造美。很多观众全身心地融入其中，任意摆弄姿势，体验琴弦不同的变化形状，其乐无穷。

3. 科技性原则

第二次世界大战之后，世界范围内的生产技术和产业结构发生了快速而巨大的变化，基于现代科学技术革命的结果，一批以新型材料、电子信息和生物技术为标志的新兴生产力蓬勃而起，给人类的社会生活、经济生活和城市化进程带来了深刻的影响和全新的发展可能。在20世纪80年代之后，以现代高科技为先导而促成的所谓“信息化”、“知识化”乃至“数字化”的社会形态，使得综合性的现代大都市的城市性质和功能定位悄然发生了变化。在这样的社会背景下，城市必然要在进一步改善市民的生活质量、环境质量和公共文化娱乐条件方面提出新的要求。当代市民大众的生活方式、内容以及相关的城市公共场所与环境，文化艺术与休闲娱乐产业等方面都呈现出前所未有的需求和发展。

随着科技的进步，出现了很多新型的城市公共艺术作品，这部分作品一时还很难进行分类。他们涉及影像艺术、装置艺术、表演艺术、灯光艺术及计算机艺术等各个方面。在创作中，当单一的技术手段无法满足艺术家灵感的需要时，就会要求更多高科技含量的手段的综合介入。因此，艺术家会通过对现场表演、观众的参与、观众的反应、环境装置、大众图像、计算机数字合成技术、动画、计算机多媒体、音乐、灯光等多种手段，来增加城市公共艺术作品的表现力和丰富性。以前的公共艺术作品主要是以静态的形式存在，不会随时间和空间的改变而发生变化。近年来的城市公共艺术越来越重视对科技的关注和直接应用，开创了“声”、“光”和“动”要素的新领域。艺术和科学的结合，使造型艺术不断出现新的表达形式，其中最引人注目的就是造型具有了“动”的要素。

5.1.3	
5.1.4	

5.1.3　舞蹈：像素（Pixel）
这是一种新型的通过数字投影进行交互的舞蹈表演形式。

法国表演艺术家Adrien Mondot 和Claire Bardainne，简称为 Adrien M / Claire B组合，他们与嘻哈编舞师Cie Kafig合作创作出了这种名为“像素”的创新型舞蹈。舞台上的数字投影会随着舞者进行变幻。表演时长达1个小时，有11个舞者参与演出，表演富含诗意与能量，通过魔幻的嘻哈舞蹈形式展示了如今的人机交互技术成就。

Adrien M / Claire B组合从2004年开始就致力于数字艺术表演。结合虚拟现实技术，从舞台表演到展览展示，他们创作了许多新的艺术形式。Adrien M是一名计算机工程师和魔术师，而Claire B是一名平面设计师和艺术家，他们组成了一个完美的组合，并从此带给我们精彩纷呈的舞蹈表演。

5.1.4　空间交互投影装置“Red Psycho”
设计者：彭友红，黄秋晗
指导老师：王峰，章立

现在，城市公共艺术作品采用了新的材料和表现手段，将环境、地点、时间等不确定因素融合到公共艺术作品的创作中，使其具有了不确定性和不可预知性。例如传统的城市雕塑已不再局限于固体的材料，出现了光雕塑、水雕塑、激光雕塑等。这些雕塑作品一般都会呈现出多种形式的内容，作品一直处于变化当中，显得更具有创造性与多样性。这类作品展示出了前所未有的视觉效果与多种感官体验，可极大地激发民众的参与热情，从而大大提高互动的效率和效应。

例如作品“Red Psycho”通过视觉、互动及舞蹈元素表现精神疾病患者的内心世界。投影匹配使用了插件ofx2Dmapping，采用OpenGL纹理映射，使图像能够依据空间透视产生变形；投影融合则使用了GLSL shader实时地对投影画面进行处理。Kinect交互获得了骨骼点位置和人体外轮廓两种交互信息，控制粒子动画的运动生成，或是影响图案绘制的形状。计时函数和画布绘制实现了视频图片等素材与实时渲染动画的交融。[1]

---

[1] 江南大学数字媒体学院毕业设计作品“Red Psycho”

4. 虚拟性原则

“虚拟”这个概念来自于萨瑟兰的“终极显示”，他是这样描述这个概念的：“通过这个窗口，人们可以看到一个虚拟的世界，富有挑战性的工作是怎样使那个虚拟世界看起来更加真实，在其中，行动真实，听起来真实，感觉就像真实世界一样。”其后不断有新的技术发明来支撑和帮助实现这一设想，小型立体眼镜解决了显示器的问题，数据头盔和数据手套解决了触觉和听觉方面的问题。到了20世纪80年代，美国VPL公司的创建人雅伦·拉尼尔提出了“虚拟现实”一词。虚拟现实技术通常指的是利用计算机建模技术和空间、声音、视觉跟踪技术等综合技术生成的集视觉、听觉、触觉为一体的交互式虚拟环境。在这样的虚拟空间中，用户可以借助数据头盔显示器、数据手套、数据衣等设备与计算机进行交互，得到和真实世界极其相近的体验[1]。

克鲁格曾经说过：“如果虚拟现实仅仅是一种技术，你就不会听到这么多关于它的事情了。”虚拟世界不只是一种新技术，它创造了人类身体与感知的新体验，在影响我们对世界的认识和体验的同时也改变了世界本身。艺术家正是通过模型的建立、空间的跟踪、视觉的捕捉、听觉的采集等技术手段实现了具有沉浸感与虚幻感的多感官空间，创造了以沉浸和体验为特色的交互性城市公共艺术。

如首届北京国际新媒体艺术展上的作品Simno Shceissl《数字立方》(图5.1.5)，就体现了城市公共艺术的虚拟性。该作品利用来自非数字世界的人工物品等不同形式的元素进行创作，结合能传送信号的电子器件，将数字立方转换为观众操纵的游戏手柄，随着受众的反馈智能地变化或改进，又即时反馈给受众，这也使交互本身成为了一种有趣的个性

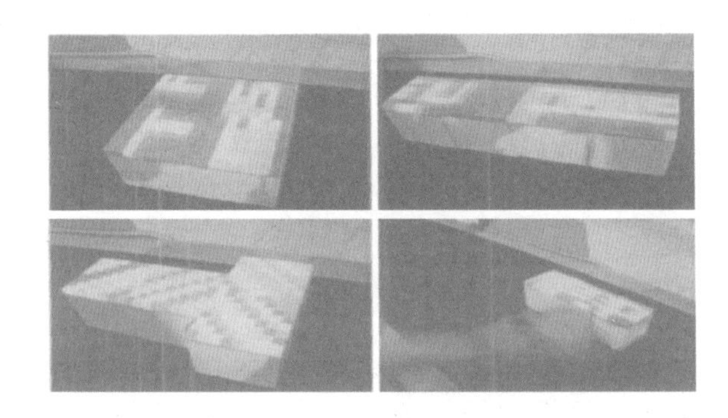

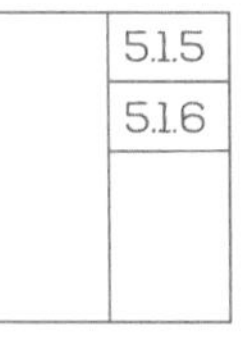

5.1.5 Simno Shceissl数字立方首届北京国际新媒体艺术展
Simno Shceissl, Digital Cube in the first Beijing International New Media Art Exhibition
5.1.6 德国卡斯鲁尔的ZKM“洞穴的形成”
ZKM in Karlstuhe, Germany Cave Formation

[1] 奥利弗·格劳. 虚拟艺术 [M]. 陈玲译. 北京：清华大学出版社，2007.

化的艺术形式，其实质内容则是预先设置的现场和观念相通的入口。

又如位于德国卡斯鲁尔的ZKM，它是世界上第一个只以“互动艺术”为主题的博物馆。它的宗旨是创建一个艺术与科技相结合的大实验室与媒体城，一个将掀起新视觉运动的“新包豪斯”。博物馆开幕时，很多人参观了展览，其中一件作品是由ZKM图像媒体研究所所长Jeffrey Shaw带领团队制作完成的计算机交互艺术作品“洞穴的形成”（图5.1.6）——一个现场即时运算的数字影音、虚拟空间的转换交互装置。这个装置通过四面投影墙构成一个相对封闭的空间，观众需要带着3D眼镜穿行其间，空间中有一个大型的艺术木偶，随着观众与木偶的互动，环绕四周的七段高画质、高音质的动画影片逐步显示，内容围绕着“身体”、“空间”、“语言”三者之间的美学探讨展开，再以多形式的空间再现。这些动画和音乐并非事先录制好的，而是由程序控制并随机快速绘制出来的。观众置身其中，就仿佛身处一个黑暗的洞穴，各种影像和声音刺激着观众的感官，观众沉浸其中，感受着影音的新空间。

交互性城市公共空间的虚拟性原则在网络艺术和多媒体公共艺术中体现得更为淋漓尽致。因为在前面章节中提到，城市公共空间中很重要的一部分就是虚拟空间和网络空间，这也是很容易被传统艺术所忽略掉的一部分，因此，在交互性公共艺术中要重视虚拟性，这样才能实现人与作品的多维度沟通，将互动的效益最大化。

5. 社会性原则

城市公共艺术从本质上讲是一种追求人与自然的和谐的艺术。它的互动性体现在人与物的交融、人与人的交流、作品与环境的配合等方面。既然它是为公众、为城市公共空间而设计的，那么公共的参与就尤为重要。艺术作品、环境和大众相互依存、相互渗透、相互转化，是一个动态的互动过程。在这当中，人、作品和环境相互影响，相互联系，共同互动，最终实现交互性公共艺术作品的艺术与社会价值。

总体来说，交互性城市公共艺术的社会性原则就是要考虑到作品要传达的社会声音、揭露的社会问题和公众的承受能力与可接受度，并且积极采用合适的表现题材、手法与形式，来配合作品所要达到的社会效应。例如有的城市公共艺术作品是为了纪念某个城市的公共事件，这样就必须考虑到事件的影响和严肃程度，采用较为稳重的材料和造型，并且融入城市的性格与历史。因为这类艺术品大部分是永久性的存在，就应该考虑少用稳定性差、容易损坏或者耗能高的材料或者形式。再比如有的城市公共艺术是为了给地铁站、火车站增加趣味性，就应该适当考虑到将要参与互动的人群的喜好、受教育程度、逗留时间、人群年龄等，使得作品能达到最高的认可度，使得有一定的人群愿意去直接参与互动。

例如美国越战纪念碑就在设计上充分地体现了公共艺术作品的社会性因素（图5.1.7）。这件作品是一个平躺的倒V字形大理石结构，黑色的大理石墙面上刻着越战中阵亡的58000多名军人的名字，碑身设计成可接近的形式，儿童也可以轻易地用纸片拓下背上镌刻的名字。在这里，设计引发了别具特色的纪念形为，促成了作品与人的互动。

交互性城市公共艺术设计的几项原则是由交互性城市公共艺术的基本属性所决定的，以上几项原则中，互动性是最基本的原则。如协作性、过程性等都可以从属于互动性，纳入其中。排在互动性之后的几项原则分布在交互性城市公共艺术设计的各个侧面，从作品的设计功能性出发，来满足作品、环境和互动者的需要，最终是为了达到最佳的交互效果。其中的科技性原则是针对新的城市发展需求提出的，强调与传统公共艺术的区别。虚拟性原则，则是强调设计者不要仅仅考虑到作品被放置在实际的社会空间中，也要考虑到多媒体空间和网络空间等城市新兴空间。而最后的社会性原则，偏向于作品的社会功能与社会意义，强调设计者要从宏观的角度考虑，从精神层次上提高作品的交互效用。这些原则在设计中要有偏重的使用，或者在一件作品中根据需要综合使用，这样才能形成良好的交互性城市。

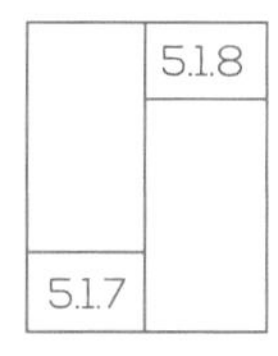

5.1.7　美国越战纪念碑

U.S. Vietnam Veterans Memorial

5.1.8　缤纷悉尼（Vivid Sydney）

缤纷悉尼是每年5月至6月悉尼冬季最重要的节日，也是世界上规模最大的室外灯光音乐节。2016年是“缤纷悉尼”灯光音乐节的第八年，不仅持续时间更长，而且加入了更多的地点和灯光投影装置。2015年就有143万人次参加了“缤纷悉尼”。

“缤纷悉尼”集合了艺术、技术与商业，包括大型的灯光投影（大型的户外灯光和艺术装置）、音乐表演（多媒体音乐表演）和创意分享（公开讲座、创意产业研讨会和工作坊等）。演出地点集中在悉尼的中央商业区，包括悉尼歌剧院、中央公园、情人港和马丁广场等。缤纷悉尼是由布莱恩·伊诺提倡的节能活动“星光幻影悉尼”发展而来的，伊诺与灯光设计师布鲁斯·拉慕斯（Bruce Ramus）合作，完成了向歌剧院两面投影的杰作。

二、交互作品设计的要素
Design elements

交互性城市公共艺术的设计必须考虑到多方面的因素。一个良好的交互性城市公共艺术需要协调各方面的关系，表达艺术家的指令，同时与观众进行有效的互动。在设计者进行相关设计时，不能像从事传统单项艺术创作那样进行自由发挥，因为作品最终要进入公众领域与大众进行对话。设计者必须在兼顾艺术性的同时，考虑作品的设计性需求。这就要求艺术家必须参照一个设计师的设计理念和设计流程来规范对交互性城市公共艺术作品的构思。也就是说，对设计要素和设计流程的把握是十分重要和必要的。

一般来说，根据交互性城市公共艺术所具备的诸如公共性、互动性、审美性、社会性等，艺术家应该考虑到四个重要的设计要素，分别是造型要素、感观要素、情感要素、功能要素。

1. 造型要素

我们知道，不管是建筑物还是艺术品，给人最直观的印象就是外观，这也是作品的欣赏者和体验者能够体察艺术品并了解艺术家创作动机的最原始的界面。因此，一个交互性城市公共艺术的造型因素是十分重要的，是艺术家在创作开始的时候必须要掌握并分析清楚的。

造型要素包括很多细节，比如线条、色彩、尺寸、材料材质、形式、外观、与周围环境的配合等。艺术家在公共艺术设计中合理利用线的流动感，可以让设计充满灵动感，更加贴近自然。艺术家不仅要在线条的起、承、转、合中表现线条的旋律、线条的动态等，还要充分与其他造型因素结合，曲折有度，灵活应用，才能引人入胜、出奇制胜，创造出配合环境的外观。

自由、灵活、流畅的抽象设计也因为其简洁有力的表现方式而被城市公共艺术家在作品中大量采用。抽象设计是在几何形的基础上将基本形式加以变形组合，使之更加有机、柔性、流畅，抽象设计一般具有几何体的自然、简洁的特点，再加上圆润的边缘、流畅的线条、多变的造型组合，使之更具有表达大体块造型的可塑性，从而备受艺术家的青睐。

对于普通大众来说，具象形态比抽象更具吸引力，其对受众审美及艺术修养的要求相对较低。一般来说，具象形态比抽象形态对形体的塑造更接近真实的形体和准确的形象，所表达的主题及意义更加贴近普通大众的日常生活，观众们比较乐于接受。如部分城市在步行街、广场、商业中心、地铁口等场所放置的许多具象、写实的公共艺术作品，吸引路人们纷纷驻足观赏，拍照留念，为城市生活增添了生气与活力。

色彩因素也是造型要素中特别重要的一点，因为色彩往往与形态紧密相关，甚至在某种程度上比作品的形式具有更强的视觉冲击力和吸引力。视觉心理学证明，明度强、纯度高和长波振动的色彩更容易唤起人的神经兴奋。一般情况下，人们总是喜欢绚丽、明亮、活泼的颜色，会对污浊、灰暗、杂乱的颜色比较厌恶。不同的色彩会给人带来不同的感觉，如冷与暖、轻与重、软与硬、喜与忧等。艺术家在创作公共艺术时应当充分考虑到色彩对人的心理可能产生的影响，通常会选择采用鲜明的色彩，给人留下强烈的视觉印象。城市环境中一切构成要素只要诉诸于视觉，必定有色彩的参与。色彩是城市公共艺术设计中最动人、最能体验作品性格的感官要素。对于当代交互性城市公共艺术设计来说，色彩可以加剧作品的艺术表现力，烘托周围环境的整体气氛。

尺度的把握是人在环境中寻找自身定位的一种表现，作品适宜的尺度可以满足人属感和判断能力。尺度感决定了互动性城市公共艺术作品在环境中的亲近感和距离感，艺术家应该在合适的尺度对象中寻求沟通与交流。现代新型的城市公共艺术一改那种将作品尺寸做得像建筑物的做法，将尺寸设置到适合社会公众日常活动的空间和尺度中，使得作品可以与每天路过的行人近距离接触。根据人们的感官理论，作品在20～100m半径的范围内，人们很容易接近，进行各项活动。如果作品的尺寸进一步扩大，观众体验的可能性就会大大减少了。

借景也是交互性城市公共艺术作品造型中比较常见的一种手法。比如说一个城市公共空间中的广场、草地需要视觉的焦点，这个点构成了核心，成为了人们视线的焦点和聚集处，当我们从某一个景点向外望时，周围的景物都成了近景、背景，而从别的景点看作品本身，这里的景观又成了近景、背景，这样一来，景点之间相互协调，互为背景。这样互相借景的布局手法，既能增加周围环境的层次又能增强作品的美感。

2. 感观要素

感观要素一般包括作品的选址、光影、动态、视听触觉等多方面的体验等。

城市公共艺术作品在选择安防场所时，一方面要与城市整体的环境规划与布局相协调，另一方面还要考虑到公共艺术作品本身的存在形式及其体量的大小，还应该考虑到作品所要表达和揭示的社会现象及审美意义。从小的方面来看，城市公共艺术作品放置的位置可以从具体放置的位置、道路街区、到广场、公园、绿地等，综合考虑人流、交通、占地、设施、功能等各种因素，结合大众的心理需求与行为特征，对安置作品的地点进行确认。交互性城市公共艺术作品与它所处的地理位置、社会职能、场所职能密不可分。城市公共艺术作品还是要以生动、有趣和富有活力的展现为主要特征，追求作品与人的积极互动，与所在环境气氛相协调。在考虑感观要素的设计中，应当结合艺术作品所处的具体环境、位置，强调它的场所特性，加强人与作品之间的互动。一般来说，艺术家应该选择人流比较集中、相对开阔的场所，尽量避免对四周环境的围合与分隔，并且要为人们的活动留有足够的空间，以供人在作品周围开展体验、观赏、休息、留影等互动活动。

5.2.1 “云和椅子”，灯光雕塑
Cloud and Ladder，Light Sculpture

交互性城市公共作品的光影设计是十分必要的，一般来说，强烈的光影给人以明快、坚定、刚强、愉快的视觉效果，柔和的光影给人以宁静、温柔、深远、和睦的感觉。光影的变化勾勒了时空的形态，同时也丰富了空间界面的复杂性和层次感，强化了城市公共艺术作品与环境的关系。光影的设计一般会借助于自然光源或人工光源。在白天，以自然光源为主，在晚上，以人工光源为主。人工光源，可以根据艺术家的设计意图对光源进行控制，如方向、颜色、持续时间、变化等。通过对光源的色彩、角度、远近、强弱的选择来体现不同的视觉效果，表达出多角度的艺术意境。另外，光影设计还可以利用光电等高科技手段，在晚上呈现出变幻无穷的光影形象，使光影成为一种新型的造型样式和手段。由于光电类城市公共艺术可以根据风向、气温、人的触摸等进行自由的变换和更替，对大众具有很强的吸引力，能够很好地引发大众的兴趣与广泛参与。

动态因子也是感观因素中的一个调味剂，通过自然环境和人工技术的推动，使作品随时可以动起来，是吸引大众互动的非常可行的有效途径。巴塞罗那安东尼·塔比埃斯美术馆屋顶上面用银色的钢丝做成的名为“云和椅子”的雕塑，可以随着不同的气流呈现出变化莫测的动态效果，成为了非常有名的雕塑作品。位于巴黎拉德芳斯新区的广场水池，林立于池中的柱子顶端闪烁着红、黄、蓝三色灯光，信号被发往老凯旋门及新凯旋门。晚上，它们可以随着音乐的节奏和韵律变化色调，与夜幕中的水池光景相互交织，极富动感（图5.2.1）。

听觉也是感观设计要素中十分重要的一点，充分地运用声音元素，可以增强城市公共艺术的立体感，更好地调动起参与者的各个感观动能，从而使他们积极参与互动。美好的声音不仅可以使城市公共艺术作品的视觉造型更加凸显，还可以为城市带来美妙的声音环境。如日本装置艺术家发现了一种新型材料——磁性流体，其3D形态会随环境发生变化，因此他们创作了一个声音互动装置。该装置配有一个拾音器，收集人声或者其他环境声响之后，由一台电脑进行处理，将声音的波幅转化为电磁电睢值，随后装置中的磁性流体形态就会因此发生持续不断的变化。同时，摄像机会记录这些变化，将这些美轮美奂的图像直接投影在一个宽荧幕上，呈现给现场观众。[1]

触觉同样是感观要素中非常重要的一环，特别是对于交互性城市公共艺术作品的设计来说。遇到一件让人感兴趣的艺术作品，一般的体验者总是有去摸一摸的欲望。将触觉元素加入到互动过程中，体验者的肢体与作品的部分接触或完全接触会让人感到更加有趣和富有人情味，也会因此更加愿意与作品进行交流。

2003年中国台湾著名影舞表演团在北京大学百年纪念堂上演了一部新媒体艺术作品“梦”，将电脑动画、舞蹈、音乐与剧场技术合为一体，它跨越了数字影像与舞台表演之间的障碍，以时空穿插的方式安排剧情，描述了人生追梦的过程与必须面对的现实。整场演出以舞蹈和电脑动画影像为主体，舞者与影像成为最主要的表演者，舞者传达现实，影像代表虚幻，观众可以看到影像在舞台上与舞者一起飞舞，两者难以分辨，让舞台下的观众真实地走入梦境，在不同的幻境中经历、感受与现实及自我梦想的似曾相识。这个公共艺术作品就是综合利用人们的听觉、视觉感观和光影效果做出的优秀公共艺术品。

3. 情感要素

公共艺术作品的交互性是能让受众在欣赏作品的同时作出反应，并有可能将这种反应再次反作用于作品，从而使观者从单纯地欣赏转为参与到创作过程中，使观众的体验更加深刻。设计中需要注意运用情感要素，使观众与作品在精神层面产生的一种交流，这种交流，可能没有在瞬间转变为受众的交互行为，而是在精神层面给观者以享受、震撼、启发、引导，对观众施加一个长期的影响。

一个优秀的艺术作品除了要携带艺术家自身的情感外，还要引起参与者的情感体验，正如美学家莫・卡冈提出的：“审美关系的特征是它的情感本质。某个对象时所感受到的体验——愉悦准确表述。”“在人对世界的审美关系中任何一种审美评价或多或少是对人在知赞叹、崇敬、同情等——的清晰理解和恰恰并且只有直接体验、所体验的感情的性质和力量作为评价判断唯一的、必然的和充分的根据。不是推理、不是逻辑分析、不是诉诸权威，而是感情本身的声音使我作出‘美’或‘丑’、‘悲’或‘喜’的评价。”[2]

情感体验包括愤怒、生气、喜欢、悲哀、高兴等情感反应和经验。情感体验是观众在欣赏艺术作品或者对待一件事物的过程中的实实在在的感受、感悟。观众不仅在体验的瞬间产生情绪反应，而且将在作品中得到的体会和知识融入主体的情感，并最终纳入自身的认知结构和情感结构中去。因此，情感作为艺术之本的地位是不可动摇的，其核心就是以人为本，将人的情感交流放在首要的

[1] 邓博. 新媒体互动装置艺术的研究[D]. 无锡：江南大学，2008.
[2] [苏] 莫・卡岗. 美学教程 [M]. 凌继尧，洪天富，李实译. 北京：北京大学出版社，1990.

位置，而不应当将冷漠的机器设备作为创作之本。对于由新技术发展而来的有新媒介介入的新型城市公共艺术作品来说，以受众作为出发点，所有的创作意图及创作互动程序都应该充分考虑到受众这一重要元素的存在，更多地去关注受众的情感、价值观和社会新兴事物等，从而与公共艺术作品的直接受众产生共鸣，达到作品的创作目的。

比如旅美华人蔡国强在第48届威尼斯双年展上复制了“收租院”（图5.2.2），并将这一行为定义为“威尼斯——‘收租院’”，获得了该双年展国际奖。蔡国强强调，他复制“收租院”的重点是“让观众看雕塑家做雕塑”，事实上，当年“收租院”的作者也正是这样做的，在事件的发生现场开门创作，作品感染了很多人。由此可见，重视体验者在观看艺术品时的潜在心理、欲望等情感可有效地加强作品和观众的交互和作品自身的感染力。

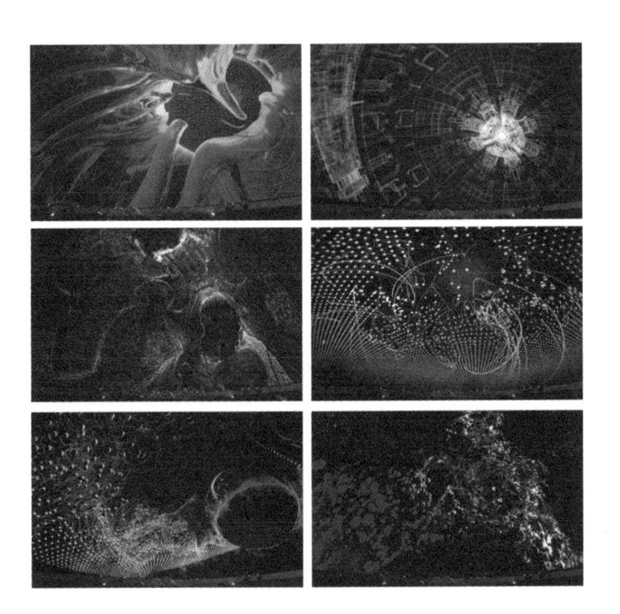

| 5.2.2 |
| 5.2.3 |
| 5.2.4 |

5.2.2　——“收租院”，威尼斯
Rent Collection Courtyard, Venice

5.2.3　建筑投影
设计者为法国制作公司拉迈颂。在美国新奥尔良市盖利尔大厅有169年历史的外墙上，来自法国的制作公司拉迈颂正在用科技向传统致敬，你可以在投影里看到当地的爵士文化、美国南部特有的小河流和新奥尔良标志性的蒸汽船。

5.2.4　建筑投影
作者：Biosphere。在捷克的布拉格天文馆，INITI公司用8K视觉图像燃烧了直径54m的穹顶，外星地景、末日画面和神秘生物吞噬了观众头顶的整片天空。

4. 功能要素

交互性城市公共艺术作为当代公共艺术的一部分，在强调艺术性的同时，也十分注重作品的实用功能，比如音响照明、指示引导、交通、商业使用、休憩游乐等。能够发挥实用功能的城市艺术作品往往更容易受到人们的追捧与喜爱，如具有照明、指示、休憩等功能的公共艺术作品。[1]这些作品将艺术审美活动和人们的日常生活紧密地联系在一起，既再造了现实、美化了环境，又为人们的日常公共生活提供了便利。

在交互性城市公共艺术作品的设计过程中，艺术家需要考虑作品除了具有满足人们的视觉需要的功能外，还能提供一些实际的社会功用。这样的作品一方面可以提高艺术基金的利用率，另一方面还可以将城市美化与公共艺术结合起来，使得一些原本乏味的城市建筑和城市空间变得更有美感，更有活力，更重要的是，将一种审美的观念传达给广大民众，使得艺术介入社会生活，而并非仅仅停留在架上和美术馆里。让一些城市公共艺术最大可能地发挥效用，也能使得它们存活得更久，不会因为门可罗雀而被即时拆除。

斯德哥尔摩Station Universite车站是以植物学家Cerl Von Linne的生活与工作为起点，发展出的学习以及与民主联结的概念（图5.2.5、图5.2.6）。此站位于大学城，常有老师带着学生造访，因此，变成了新的教学“地下书”。Linne发展出了一套识别系统。他整合了难民的实际问题，并列入《人权宣言》中，在月台墙面上设置了两片展示板，展示《人权宣言》。这件作品就将城市公共艺术与车站美化、社会文化传统很好地结合起来，实现了设计中的功能要素。

这种功能要素，并不单指一些有形的社会利益，它同样指涉能为社会带来的影响力与传播要用。通常艺术家会利用交互性城市公共艺术提出一些问题，使公众在参与中表明自己的态度，就此解释关于某个社会侧面的问题或者试图找到某个问题的答案。

城市公共艺术是现代城市文化和城市生活形态的产物，也是城市文化和城市生活理想的一种集中反映。“公共艺术的主要目之一是让置身于某个公共空间的人通过各种视觉造型、声音、材质、空间甚至时间等元素获得全方位感官体验。”[2]交互性城市公共艺术相比传统的公共艺术更加强调互动性与城市公共空间、城市公民精神的契合。因此，设计者要考虑到造型要素、感观要素、情感要素、功能要素这四大要素，才能更好地体现城市公共艺术的交互性特征。

5.2.5/5.2.6　斯德哥尔摩Station Universite车站公共艺术

[1] 刘森林. 公共艺术设计［M］. 上海：上海大学出版社，2002.
[2] 刘茵茵. 公共艺术及模式：东方与西方［M］. 上海：上海科学技术出版社，2003.

三、城市公共艺术交互关系实现的途径

Implementation of interactive urban public art

“交互”发展到今天，在当代文化生活的背景下，已经被信息时代发展到新阶段所带来的数字化技术所涵盖，这种“交互”的形式更加强调用户的体验性，形态也变得多样化。数字化时代的到来，使得艺术设计在交互性上表现出注重参与和体验的特点。数字化技术下的交互形式有触摸式的也有非触摸式的，随着信息技术的不断发展进步，交互的形式层出不穷，交互设计的领域也在逐渐壮大。

1．交互关系的建立

交互性既然在城市公共艺术中发挥着如此巨大的作用，那么交互关系是怎样建立起来的呢？要想了解交互的建立过程，我们首先要诠释的一个概念是“用户体验”，或简称“体验”，第二个概念则是“用户反馈”，或简称“反馈”，二者共同构成了交互关系的主体。

用户体验

用户体验（User Experience，UX）指的是用户与产品、设备或系统交互时涉及的所有内容。当今是一个注重个性化体验的时代，要求以用户为中心而设计，要以建立高度互动为目标。只有建立了人与目标物之间的交互关系，才能准确地获得用户体验反馈，才能完善设计。因此，交互关系的建立是实现人与人、人与物、物与物之间的互动的根本，人的体验因素在设计中将被作为核心来研究，设计的发展趋势也将向更加符合人性化的交互性的方向发展。

1）体验经济

当今社会经济的发展经过了四个发展阶段，从最初的农业经济到工业经济，到后来服务行业的飞速发展给社会带来更大的产值，从而进入了服务经济时代，然而，在我们经历了产品经济和服务经济的变迁后，体验经济的时代已经悄悄来临。

随着互联网技术的普及，世界各地之间的距离也在缩小，地球被称为“地球村”，这就是E时代给人类的生活带来的巨大变化。我们生活在这个信息技术飞速发展的年代，人类日常的衣、食、住、行，足不出户便可以得到满足。这些种类繁多的互联网活动，正是我们进入体验经济时代的初始阶段。

如何来理解进入体验经济时代的特征呢？在这个体验经济时代，消费被看作是一个用户享受体验的过程，用户本身就是产品不可或缺的一部分，在这个过程中所获得的体验是可以被记忆长久保存的，用户在为这个体验消费，因为体验是如此美妙、如此不可复制，体验的转瞬即逝让用户愿意为之消费。体验经济时代，对于体验的描述不是将生产和消费分离为两个阶段，而是把体验看作是生产和消费同时进行的一个过程。我们可以发现，进入体验经济时代后，体验其实是一种原

本存在的客观事实，只是在先前的经济模式里没有被挖掘。

在美国加利福尼亚州有一家百货商店，这家百货店巧妙地将往常的购物过程转化为一种商业化的体验过程："这儿有悦耳的音乐、活泼的娱乐节目、独特的景致、免费的点心、剧场般的音响效果、客串的明星和全体顾客的参与。"[1] 无论在什么时候，一旦一个公司有意识地以服务作为舞台，以商品作为道具来使消费者融入其中，这种刚被命名的新的产出——"体验"就出现了[2]。

2）体验设计

进入体验经济时代后，设计作为商品，为广大的用户提供了更加个性化的体验。在美国的体验之都"拉斯维加斯"，所有的一切都是一种对设计的体验，设计在体验经济时代被注入了显著的经济附加值。在一些以体验为主题的宾馆里，将室内设计为不同的体验主题，设计师通过对用户体验消费心理的把握，来让用户对体验设计这个过程作为特殊的商品，并为之消费。如德国柏林的主题酒店，在每个不同的房间里都设计了不同的体验主题，牢房、精神病院、棺材、天堂等，让用户自由选择自己想获得的体验（图5.3.1、图5.3.2）。

体验设计，我们首先把主体放在设计上，用体验来修饰我们所谓的设计，就是强调，设计是要用来为人服务、为人使用的。所以，在设计的过程中，首先要为用户的使用着想，要以用户的体验回馈为判断设计成败的标准。现在是网络发达的信息时代，最为常见的网站设计最能体现出设计的交互性，最能直接地反馈用户的体验，如果一个网站的设计不为用户着想，那么一定会丧失掉很大的商机。在商业化社会中，很多公司都开始注重用户体验，成立了专门的交互研究或用户体验部门，用来专门调查公司产品与用户之间发生

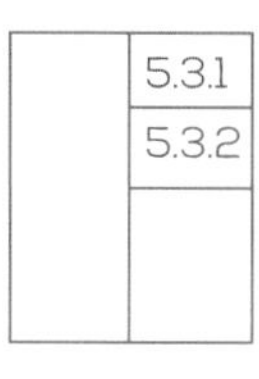

5.3.1　"主题酒店"，德国柏林
Theme Hotel Berlin, Germany
5.3.2　"主题酒店"，德国柏林
Theme Hotel Berlin, Germany
5.3.3　立体投影"布料游戏"
设计者郭文婷。布料游戏加入了互动投影映射，这个视听装置像一块被风吹动的布料，波动起伏的同时，装置声音根据参观者的动作作出反应。"布料游戏"是一个在网络虚拟用户和显示用户之间建立联系的互动装置。她使用Javascript和html5开发工具，将装置显示在网络上的界面投影在地板上，成为一个沉浸式的环境，对参与者的位置作出不同的灯光和声音反应。同时，在线用户也可以参与"布料游戏"，添加一个网络应用，用户就可以通过点击来激发不同的视觉和声音效果，或者在《布料游戏》的投影映射界面为现实参与者画一道声音障碍，当使用者跨越这些障碍时就会触发一系列声音。

---

[1] 霍华德·里尔．高层次杂货店的发展［J］．商店，1995（3）．

[2]［美］B．Joseph pine Ⅱ、James H．Gilmore．体验经济［M］．夏业良，鲁炜等译．北京：机械工业出版社，2002．

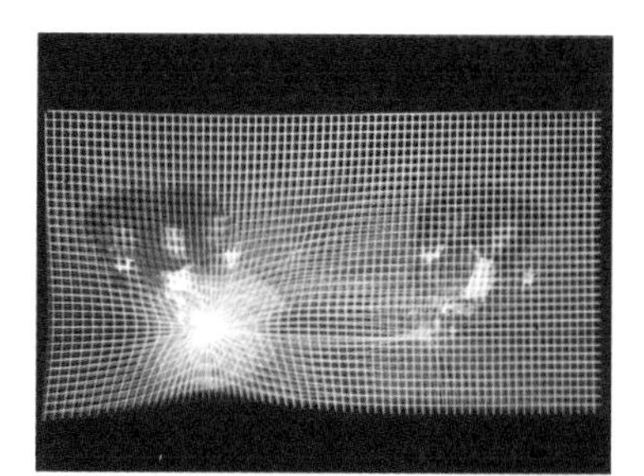

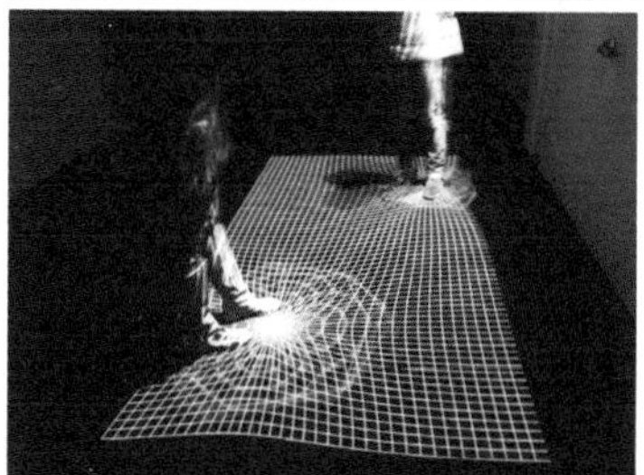

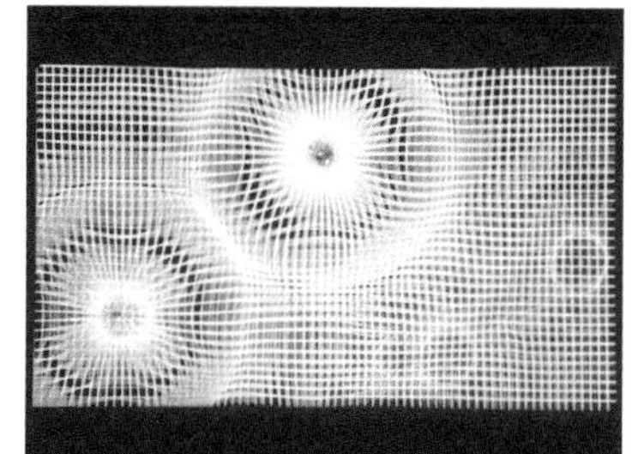

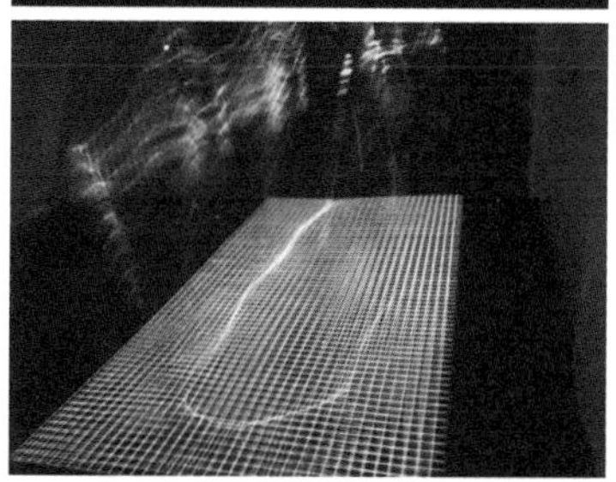

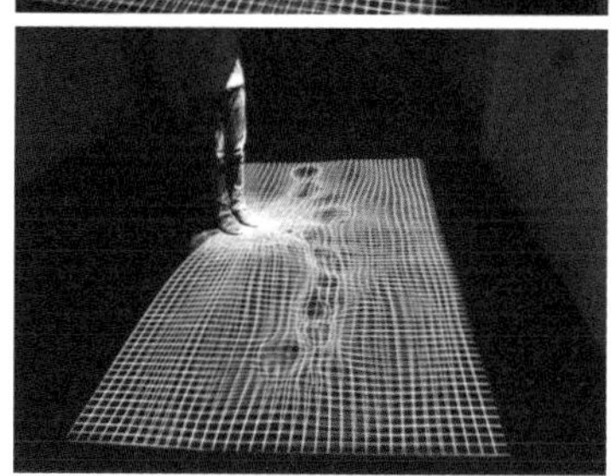

的交互性问题和用户回馈的体验度值，以此，使公司获得长足发展。

体验设计的目的就是在设计的过程中融入更多人性化的东西，让用户可以人性化地使用，更加符合用户的操作和使用习惯。体验设计还包含运营体验设计等方面，应该是一种从硬件到服务的全面的体验设计。[1]

3）体验艺术

虽然我们常常把艺术看成是一种艺术家创造的远离大众的奢侈品，但是艺术就在我们的身边。对艺术的欣赏者来说，体验艺术更需要的是一种这样的体验：一种远离喧嚣，内心为之浸润的神秘的感觉。如果说体验经济是为了满足人们的经济需求和生存，体验设计则是通过设计作品在装饰人们的生活的时候发挥更大的作用，体验艺术更多地承载了一种私密的个体理解，包含着对艺术的热爱和执着的追求。

以往我们对名画的理解仅仅是站在《蒙娜丽莎》前端详那似笑非笑，神秘的嘴角上扬，以此去思索人生的意义，追念列奥纳多·达·芬奇的天才旧事。这种体验是传统的对艺术的欣赏体验，观赏者通过视觉传达直接与画家进行对话，哪怕是画家比观者早出生500年。随着时间的推移、艺术种类的推陈出新，人们开始不满足于这种简单的对话方式，希望主动参与到艺术作品中，这种深层和交互的体验是传统艺术欣赏所不能达到的。艺术开始从一种完成品变成一种半成品——随着观者的参与才得以完成。这种体验方式虽然缓慢，但是体验本身被放大了数倍。原本视觉传达的由眼睛交流变成一种沉浸式的环境交流、身体交流，人的眼睛、大脑、耳朵、肌肉甚至呼吸都与艺术品达成一种深层次的体验。

与此同时，艺术与其他活动的界限也开始逐渐模糊。艺术褪去了原本高高在上的给人以距离感的光环，人人都可以和艺术亲密接触，因为人人都不是艺术家，人人都是艺术家。

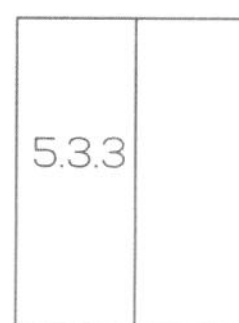

用户反馈

用户反馈（User Feedback，UF）是指系统过去的行为结果返回给系统，以控制未来的行为。反馈泛指发出的事物返回发

[1] 赵华森．以体验为核心—2015n米兰世博会部分国家馆体验设计成败探究［J］．装饰，2015（12）．

出的起始点并产生影响。反馈这一科学概念在传播学和通信科学中运用得比较多。在一个进程中，反馈意味着被动方开始对主动方产生干涉和影响，影响主动方的判断和行为。反馈是被控制的过程对控制机构的反作用，这种反作用影响这个系统的实际过程或结果。通过反馈概念可以深刻理解各种复杂系统的功能和动态机制，进一步揭示不同物质运动形式间的共同联系。

反馈在控制论中发挥着重要的作用，反馈是事物进步的基础，是事物循环链上的重要环节。在这里，我们简单地将反馈分为以下几种，并专门针对艺术的反馈展开论述。

① 接受式反馈

接受式反馈是最为简单的一种反馈形式。用户在一定的规则下进行活动，在活动中获取信息，并将信息传递给规则的制定方。在生活中，大多数反馈都是这一类型的接受式反馈。

例如大学某主干课教师在期末考试之后对学生进行了一项调查，33%的学生认为试卷难度过大，基本无法顺利过关，57%的学生认为试卷难度适中，而只有10%的学生认为难度太小，不能反映出他们的真实水平。通过这种反馈，老师可以了解到自己出的卷子是不是能够真实反映出学生对这门课程的掌握程度。学生只有在考试这一过程实现之后，才能在施予方认可的情况下施加影响。然而反馈一旦形成，教师可能会根据反馈内容在下次期末考试的时候进行调整，故而下次考试可能就与本次调查的学生无关。由此我们可以分析出接受式反馈的特点：第一，接受式反馈是被动的；第二，接受式反馈是延后的；第三，接受式反馈的过程是不可逆的。

接受式反馈是分布范围最广的一种反馈形式，也是最为简单的一种反馈形式。我们在生活中无意识地参与到很多种不同的接受式反馈中，并改变着别人的想法。

② 自我反馈

自我反馈是另外一种形式的反馈，用户自我设计了规则，用户在自我规则中获取信息并将信息及时传递给自己，故而称为自我反馈。自我反馈的特点是很明显的：第一，自我反馈是主动的，有目的的；第二，自我反馈是实时的，不断调整的；第三，自我反馈是可逆的。

一个比较简单的案例是一个婴儿学习说话的过程。虽然每个健康的婴儿都有发出如“baba”或“mama”之类的声音的能力，但是其认知程度是有限的，需要婴儿在外界环境的影响下判断、认知和调整。在这个过程中，早期婴儿模仿母亲或其他亲属的呼唤，并试图发出类似的声音。如果他或她发出的声音是正确的，那么其就会受到母亲的鼓励，比如一个鼓励的眼神，一个温柔的吻，一阵轻轻地爱抚或者一些可口的食物。婴儿学习说话的本能不会因为外界环境的变化而变化，并能根据交互的程度进行调整，直到他或她理解“mama”这个音节代表母亲，当发出这个声音的时候，母亲会立刻出现在其面前。长久以来，婴儿的大脑中会形成一种一一对应的条件反射。这就是一种意义上的自我反馈。

自我反馈广泛存在于人的潜意识中，也就是说，人在自我反馈形成的时候很难有这种反馈的感觉。一个独立意识的人在主动作出一些决定的时候，会因为环境的变化、与朋友的交谈，甚至因自己的心情而改变自己的决定和对一些事物的判断，这就是自我反馈的特点。

③ 关于艺术的反馈

艺术是一种特殊的活动。对艺术的反馈广泛存在于艺术创作、艺术欣赏、艺术评论的过程之中，是一种特殊的反馈活动。艺术的首要功能是审美，也就是说，这种反馈标准是以是否符合审美标准为主的。艺术的反馈必须要具备两个要素：第一，是艺术欣赏者对艺术进行了欣赏或参与活动；第二，是艺术欣赏者对艺术进行了判定并对艺术施加了自己的影响。

艺术欣赏者对艺术反馈的影响有两种途径。第一种途径，反馈直接施加给艺术家本人。例如六朝时期著名的雕塑家戴颙在和朋友欣赏"瓦棺寺"身高一丈六尺的大佛铜像时，大家一致认为面部太瘦，不知如何修改，戴颙提出自己的看法：不是因为佛像面部太瘦，而是两肩太方肥所致。经他修改，果然比例匀称，被时人称为"巧思通神"。由于戴颙本身是艺术家，具有一定的艺术造诣，故他的反馈可以及时得到实现，这种反馈可以减少很多麻烦，使得艺术不断进步。第二种途径是参与式反馈。这种反馈本身直接构成了艺术本体，成为艺术中的一个行为。例如2010年上海世博会德国馆的金属感应球——"动力之源"和观众互动的时候，观众被工作人员要求分为两组并大声呼喊，金属球将移向呼声更大、更整齐的那组，并变化其球面的图案和色彩。换句话说，观众的呼喊——反馈的方式，本身就是构成艺术的一部分。

艺术之所以被称为艺术，主要原因是人类追求"真、善、美"的理想永不停息，因此，艺术反馈作为引领艺术方向、提升艺术水平、调整艺术策略的方式，具有不可替代的作用。但是艺术反馈本身也具有一些缺点，我们以滞后性为例。每一位西方美术史研究者都会不厌其烦地提起19世纪法国印象派诞生的故事。当时艺术的主流控制权掌握在崇尚古典和写实的学院派手中，官方艺术沙龙不接受印象派画家的作品，认为这些画粗俗不堪，几乎是用手枪将颜料射到画布上的。1863年，无奈却又不甘心的年轻画家们自己掏钱在官方沙龙门前举办了"落选沙龙展"（Salon de Refuses），引起了极大的反响。莫奈《草地上的午餐》就是本次沙龙的代表作，成为了艺术史上永恒的经典之作。在11年之后的1874年，雷诺阿、莫奈、毕沙罗、塞尚、德加等人同样在巴黎举办了不被官方承认的"无名气艺术家联展"（Societé anonyme des artistes peintres, sculpteur, graveurs），当时的著名批评家Louis Leroy蔑视地称其为"印象派"。这次划时代的沙龙，标志着"印象派"作为一个流派出现在美术史的历程中并成为了一个奇迹。这些都反映了前卫的艺术家超越整个时代的审美要求，艺术反馈是有可能远远落后于艺术家的奇思妙想的。

2. 交互的通道

人机交互技术与艺术的关系

人机交互（Human-Ccomputer Interaction，HCI）是研究人、计算机以及它们之间相互关系的技术。[1] 目前已经发展成为一门交叉学科，广泛用于工程、设计、环境、航天等领域。这一学科和艺术之间的联系看似不大，但是在互动性数字艺术中，人机交互发挥着重要的作用。

人机交互技术最早出现在20世纪初，美国人Taylor Gilbreth首先采用近代科学手段对人机交互进行了研究，开创了人与人、机、环境三者的关系的研究，大幅度提高了人的工作效率，并在西方国家大量推广。人机交互基本上涵盖了三个范畴：第一，人适应机器；第二，机器适应人；第三，环境适应人。20世纪60年代初，计算机科学才发展到一个真正允许人机交流的阶段。1960年，利克莱德突破性的一篇关于“人机共生”企图“通过分析人际交流的问题，促进人机共生发展”。在他富有远见的理论后，只花了几年时间，就建成了第一个确确实实地实现了实时人机交互的设备。

随着数字化时代的到来，人机交互技术开始朝计算机和信息技术发展，人机交互开始“英雄有用武之地”。人机交互成为了计算机新的发展焦点，3D电脑游戏、仿真军事活动、网络虚拟社区等方面都发展迅速。尤其在方兴未艾的数字艺术中，人机交互更是成为了必不可少的研究内容，直接影响了数字化艺术的交互性的实现。

艺术交互的历史概念较为复杂。在20世纪中叶，

[1] 刘伟，袁修干. 人机交互设计与评价 [M]. 北京：科学出版社，2008.

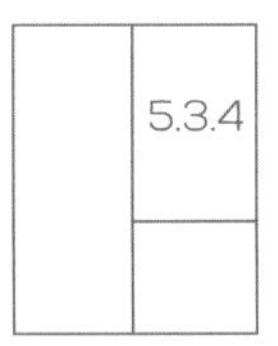

5.3.4　沉浸式增强现实
这是一间约100平方米的工作室，投影艺术家Bart Kresa将这间普通的工作室通过投影变成了沉浸式的增强现实空间，所以这间工作室既可对内用于普通办公与会议，也可对外用于展示Bart团队的作品。房间中安装了7台数字投影机，因此，工作室仿佛随时都能进入另外一个平行空间。360°全方位的动态虚拟环境使人沉浸其中，而体验者无须佩戴头盔等其他外部设备来增加负担。墙面四周以及顶棚上都有数字投影，置身其中，仿佛进入了奇幻空间。展示空间有海底世界、石窟洞穴等。

Bart Kresa团队致力于数字投影，在印度、日本、迪拜、美国和加拿大等地设计投影展示项目并获得了很多奖项。

在哲学心理学[1]、社会心理学[2]、长期控制论[3]、计算机学科的影响下，艺术开始吸收交互的观念，并且在上述领域中，交互的概念均在艺术中并行。主要表现在以下三个方面：

首先，人机交互开始参与艺术项目。“二战”结束之后，人们开始更多地在艺术中寻找价值的体现。大型赞助的项目、小型个人的项目如雨后春笋般涌出，给予了一些先锋艺术家以机会去施展抱负。社会的需求促使艺术项目开始寻找一种不同于以往任何艺术的机会，而各种其他领域的成功故事开始为这些艺术家树立榜样。初次尝试涉及公众可以追溯到古典前卫，虽然这些新的艺术观念的突破并没有出现。在这时，尽管这些项目对于艺术发展到目前是非常重要的，但它们不是“互动”，而是参与或协作。

其次，控制论艺术。这个时期，知识之间的界限开始模糊起来，互动的概念开始被引入到艺术中来，按照控制论的思想进行了演绎和发展。20世纪50年代，匈牙利雕刻家尼古拉建立了“控制论雕塑”。他使用了同态调节控制论的概念来组织这些作品，通过传感器来反映环境。[4]这是首次艺术家引用一种成熟的交互理论并指导自己的创作。

再次，交互艺术。20世纪60年代起，计算机已经成功地发展了人机交互，但这些技术的采用在艺术上发展得非常缓慢。1969年，一个艺术家党团和科学家在欧盟主要画廊的威斯康星大学成立了一个名为“发光流”的设备。在一个黑暗的房间，磷光颗粒将会循环流通成为管，列管贯穿集成灯，这是由访问者通过触摸敏感的地板垫而照明。反过来，这些灯使荧光粉发光。该作品的字幕仍然遵循控制论艺术品公约。它被称为“发光流，一个电脑控制的灯光音响观众反应的环境”。[5]在此之后，真正意义上的交互艺术开始走向主流。80年代之后，一些主要的公告艺术、数字艺术开始频繁采用交互这一概念指导其创作。交互艺术的确立是与人机交互技术的发展和普及密不可分的。

---

[1] 在1901年，《哲学和心理学词典》中“互动”是指：“在两个或两个以上的事物或相对独立的关系的变化而前进，阻碍，系统限制，或以其他方式影响另一个。”根据这本词典，作为例子，列举了身体与心灵的关系以及自用物品与环境的相互作用，这也经常被称为互惠。

[2] 随着20世纪初社会学的科学制度化，互动的想法适用于社会和社会进程。齐美尔在德国第一次使用“互动”这个词来形容人际关系。在英美，米德和爱德华·罗斯是在讨论“社会互动”或人类的“互动”。米德的学生布鲁默对符号互动的研究与刺激—反应这一理论相比更加系统化。

[3] 20世纪中期，一个关于互动过程的新视野开辟了控制理论：诺伯特·维纳，在1947年创造了长期控制论，相对人类之间的相互作用，对人的机体自我控制更感兴趣。

[4] Christa Sommerer，Lakhmi C. Jain，Laurent Mignonneau. 界面与交互设计艺术科学［M］. 自译.

[5] 同上

在一个系统中，输入是构成系统完整性的前提条件。在数字化城市公共艺术中，单纯的物理输入意味着信号的采集，是一切交互性发生的前提。欣赏者所带来的信号可以有很多种不同的类型，例如视觉图像信号、触觉信号、声音信号，甚至光学信号等，均需要通过输入系统进行输入。下面将就几种不同信号的输入方式进行阐述。

1）获取图像的方式

在城市公共艺术中，无论其大小、繁简，图像都是最为重要的感觉载体。我们可以通过摄像头进行影像信息的获取。摄像头（Camera）是一种视频输入设备，被广泛地运用于视频会议、远程医疗及实时监控等方面，可以用于网络，进行有影像、有声音的交谈和沟通。它主要由镜头、传感器（Sensor）构成。其工作原理大致为：景物通过镜头（Lens）生成的光学图像投射到图像传感器表面上，然后转为电信号，经过A/D（模数转换）转换后变为数字图像信号，再送到数字信号处理芯片（DSP）中加工处理，再通过USB接口传输到电脑中，通过显示器就可以看到图像了。

在数字化城市公共艺术案例中，欣赏者欣赏、参与活动的同时，摄像头可以判断目标人群的数量、行为或目标的面部特征、指纹等具体的指标，并将图像结果传递给处理系统进行分类编程和处理，是最为重要的信息获取来源之一。

2）获取动作的方式

除了视觉图像的传递之外，人的动作也通过触觉传感器记录下来。在城市公共艺术中，观众不断移动使得自己处于一种不断地变化中，旨在更好地欣赏自己感兴趣的内容，或响应音乐或灯光的刺激，或者出于个人目的的其他考虑。人们通过新的传感器获取这些信息。

大多数读取目标距离的传感器都发送某种形式的能量（光、磁或声音）作为参考信号。[1] 这一过程非常类似蝙蝠在空中飞行的时候对猎物和障碍物发出超声波并根据反射判定对方的位置。在获取不同动作的时候，我们需要的传感器也

---

[1] Dan O'Sullivan，Tom Igoe. 交互式系统原理与设计［M］. 北京：清华大学出版社，2006.

不同，例如测定人手的运动可以利用虚拟现实手套的光纤传感器。如果要简单地判断短距离人的位置可以使用红外线传感器、超声波传感器等。如果需要精确定位的话，还要采用磁力运动跟踪器。如果需要测量旋转，则采用电位计。如果需要测量偏转角度，则可以使用电子罗盘仪。现代科技创造出来的各种感应器可以满足我们各种不同的需要。

3）触觉传感器

在城市公共艺术的实际操作中经常出现人的身体与艺术媒介之间的物理接触。对于研究此类物理接口的技术，我们习惯性称之为“触觉学”。当观众与公共艺术品进行互动时，身体部位（尤其是手）接触屏幕或其他感应表面的同时，信号被传感器接收并传递至内核进行处理。一些简单易用的传感器包括力敏电阻器、热敏电阻器和电容传感器等。

力敏电阻器（FSR）用于将机械力转为电阻。这种FSR一般用于感受不大的力，如我们敲击键盘时手指对键盘的压力。如果需要感受弯曲，我们则采用弯曲传感器。这一传感器的特点是：如果弯曲的话，其电阻会大幅度增加。电容传感器则专门用来检测非常轻微的触摸。由于人体的特殊构造，人体本身就是一种形式的电容，这种传感器可以感受到人体触摸介质之后的一些微小的电荷释放，除了人体外，还可以检测任何带有静电的物体。例如最为流行的苹果公司出品的iPhone即采用电容式屏幕作为传感器，电容屏利用下层发射信号到上层，当上层被导体接触后，下层接收到的信息并作出计算，从而确定手指接触到的位置。由于人体本身就是一个导体，所以当手指触碰屏幕的时候，电容式屏幕能够产生反应。在交互性公共艺术中广为出现的可触摸式屏幕一般都采用类似的传感器。

4）声敏、光敏、温敏元器件

除了压力之外，声音、温度、光线等信号的变化都可以被传感器感知并变化成电信号，例如热敏电阻通过检测热量的增加或减少来判断是否有人在接触这个物体。光敏电阻会根据光线的变化改变自身的电阻，从而判定光线的强弱和方向。作为振动，声音的变化，也会对声敏电阻产生影响。

我们在城市公共艺术的互动中，可以采取某一种或者某几种传感方式来判定参与者信号的变化。最常用的方式是图像、触觉和声音。如2010年上海世博会德国馆的金属球，就采用了声敏传感器，随着人群呼喊的声音大小，系统对声音的响度和强度进行判断，并输出：加速旋转、摆动并不断变换球体屏幕上的图像。

交互的输出系统：

一个完整的系统输出系统和输入系统同样重要。城市公共艺术由于其特殊的性质，往往是通过艺术形象来感染读者的，故而其输出系统往往是提供读者视觉上的享受和震撼。我们先看一下传统的城市公共艺术的输出系统是什么。

传统的城市公共艺术，无论其材质是大理石、青铜，还是不锈钢、玻璃钢，其基本形式一般都是雕塑，或者雕塑和建筑的中间体。1994年，在巴黎新区拉德芳斯靠近新凯旋门的一个“SFR电信大楼”的广场上，法国雕塑家恺撒的雕塑“大拇指”被放大至12m，和凯旋门一起成为了巴黎的城市地标。这一艺术通常被认为是标志人的地位的重要性的作品。在英国牛津大学的一幢楼的楼顶，则出现了很令人震撼而诙谐的一幕，一只鲨鱼撞破了屋顶，头已经深入楼里，而巨大的身子还露在外面（图5.3.5）。这些公共艺术的输出系统无一例外都是给人带来观念上的震撼的雕塑本身。

但是在交互性数字化城市公共艺术中，情形发生了变化。数字化艺术往往依靠数字屏幕的显示而不是传统的大理石、青铜等材质。在这里，输出系统大致可以分为两种不同的类型：第一，现代架构使建筑的外立面成为了交互式数字内容显示膜。第二，艺术本身由数字控制，艺术的外表即外部设置终端成为展示给观众看的部分，包括视觉和声光电效果。

第一种内容相对很好理解，随着显示技术的不断提升，屏幕显示已经由早期的普通阴极射线管（CRT）发展成液晶（LCD）、发光二极管（LED）等媒介，界面材质的发展促使艺术的传达效果也不尽相同。CRT是在1897年由德国人布朗发明的，在20世纪得到广泛使用。其核心部件是CRT显像管（Cathode Ray Tube），其工作原理和我

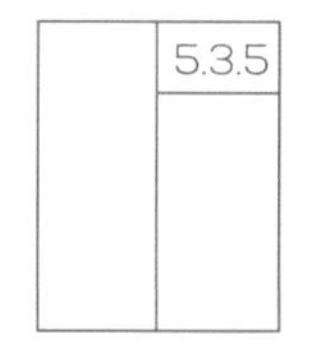

5.3.5　“鲨鱼”英国牛津大学
Shark Oxford University
5.3.6　剑桥教堂

剑桥大学在国王学院礼拜堂组织了一次筹集资金的活动，艺术家Miguel Chevalier受到此次活动的邀请，让他在知名教授和校友进行演讲的同时，在教堂里创造出一系列沉浸式的投影图案。为了这次活动，艺术家想象了许多不同的平面宇宙的形象，这些形象经过实时创作，用自己的数字化语言表明和诠释了许多主题，内容包括优异的学术成就、健康、非洲、生物学、神经科学、物理学和生物技术等。为了形象地表现出斯蒂芬·霍金关于黑洞理论的研究成果，Miguel Chevalier想象出了一种沉浸式的环境，包含数以千计的星座，将客人们包围在一种奇幻的宇宙景象之中，每个投影都能引导观众进入一个引人注目的、充满想象空间的氛围，让科学技术和人们的精神相互融合。

这次艺术创作通过照亮巧夺天工的教堂扇形顶，也让这座16世纪的教堂成为了人们关注的焦点，它是后垂直哥特式英国建筑最典型的代表之一。各式各样的投影以及投影丰富的色彩，与被照亮的彩色玻璃窗户相互辉映，艺术家的创作给了这座建筑生命，给予人们一种前所未有的视觉奇观。这也是剑桥大学有史以来第一次邀请一位艺术家在国王学院礼拜堂进行艺术创作。

们家中电视机的显像管基本 样，可以把它视作一个更加精细的电视机。经典的CRT显像管使用电子枪发射高速电子，经过垂直和水平的偏转线圈控制高速电子的偏转角度，最后高速电子击打屏幕上的磷光物质使其发光，通过电压来调节电子束的功率，就会在屏幕上形成明暗不同的光点，形成各种图案和文字。

LCD 液晶显示器是 Liquid Crystal Display 的简称，LCD 的构造是在两片平行的玻璃当中放置液态的晶体，两片玻璃中间有许多垂直和水平的细小电线，利用通电与否来控制杆状水晶分子改变方向，将光线折射出来产生画面。液晶材料可分为活性液晶和非活性液晶两类，其中活性液晶具有较高的透光性和可控制性。液晶板使用的是活性液晶，人们可通过相关控制系统来控制液晶板的亮度和颜色。由于其厚度可以相当小，所以比CRT要好很多。

LED是Light Emitting Diode的缩写，即发光二极管，是一种能够将电能转化为可见光的固态的半导体器件，它可以直接把电转化为光。LED相比前代显示技术具有明显的优势：体积小、重量轻、寿命长、无毒无污染、光电转换效率高、颜色多等，目前已经广泛应用于显示器、交通信号灯、汽车灯饰、景观灯场景等。与传统光源单调的发光效果相比，LED光源是低压微电子产品。它成功地融合了计算机技术、网络通信技术、图像处理技术、嵌入式控制技术等，所以亦是数字信息化产品，是半导体光电器件“高新尖”技术，具有在线编程、无限升级、灵活多变的特点。

第二种情况，艺术本身由数字控制，但是并没有选择显示屏幕作为艺术的输出系统，而是在声光电控制下的艺术外部设置终端成为展示给观众看的部分。这一情况比较普遍，任何材质、形状的物体，通过数字控制表现出来的外在内容，都是允许的。如上海世博会西班牙馆的巨型婴儿——小米宝宝（Miguelín），小米宝宝坐高6.5m，不仅能呼吸眨眼，还能做出32种不同的肢体动作，甚至能和游客互动（图5.3.7）。这一切都归功于一套复杂的电力驱动系统。无论是植物还是小米宝宝本身，都构成了数字化公共艺术的输出系统。

除了上述两种情况之外，还有一些是二者的综合，即艺术作品的外表和屏幕本身就是不可分割的。如上海世博会德国馆的感应球——动力之源，虽然是一个球体，但是上面镶满屏幕，随着感应的互动，其屏幕内容不断变化，构成一种震撼的效果。

	5.3.7
	5.3.8
5.3.9	

5.3.7 “小米宝宝”2010年上海世博会西班牙馆
Millet Baby, Spanish Pavilion, Shanghai World Expo in 2010
5.3.8/5.3.9 建筑投影
设计者：米格尔·舍瓦利耶
城市：意大利阿普利亚
米格尔利用投影仪在城堡中央八角形的空地上铺了一块互动性的数字“光毯”，将中世纪挂毯的图案和迷幻的色彩、波纹混合在一起。“这是一个由颜色和形状构成的运动的世界，就像一个超大万花筒一样，将把我们带上一段充满想象力的诗意旅行。”

交互的处理：通信和编程

一个完整的数字化交互性城市公共系统，除了输入、输出系统之外，还要有核心部分——通信和处理。通信的方式，往往是将输入的结果——传感器传递的数字信号，传递到计算机的CPU或微控制器，并按照一定的规则进行运算。这种规则的设定其实是根据艺术家所需要的效果来制定的，往往需要复杂的程序设计以及电力驱动系统。

1）通信

在交互式系统中，通信一般可以分为两种，一种是计算机与计算机之间的通信，主要用到各种专业的协议[1]，另外一种是设备之间的其他通信。由于本书不进行计算机网络方面的研究，仅仅作为交互式艺术中的过程阐述，故而对计算机与计算机之间的通信介绍从略。在交互式艺术中，更多采用的是设备之间的通信。

设备与设备之间的通信适用范围较广，如视频切换、视频混合、调制解调器、3D传感器、GPS（Global Position System）定位接收器等。在数字化公共艺术中，经常会用到类似设备的协议。同步串行通信是设备间较为常用的一种通信方式。在需要无线的领域，微控制器在较短距离内的控制是非常有效的。RF（射频，Radio Frequency）和红外线通信，是非常有效的无线通信方式。红外通信中较为流行的有遥控器、手机或其他设备的红外传输功能。射频中的蓝牙协议（Blue Tooth）是目前采用较多的一种协议。无线以太网“Wi-Fi”或“802.11”目前也已开始成熟，我们在新一代智能手机上都可以找到这些协议的身影，它们实实在在地改变了我们的生活。

2）编程

如果说设备之间的通信是构成交互式系统的神经末梢或血管，那么程序就是控制交互式系统交互过程的大脑或心脏。由于本书不是程序设计手册，没有必要在这里逐行讲授编程原理。对于艺术家来说，没有什么比自己的奇思妙想更关键。程序在这里发挥了一个作用——实现艺术家的奇思妙想，并将作为交互双方的“输入”方和“输出”方联系起来。

比较普遍的编程语言有Pascal语言、Basic语言、C语言和广泛用于网络Java语言等。微控制器可以按照编写程序的顺序逐行读取程序，并加以执行，以此实现编写者的目的。在这里，必须掌握四种有意义的工具：循环语句、条件语句、变量和例程。同艺术一样，这种编程的技能不是每个人天生就拥有的，需要天才的大脑和勤奋的训练。

---

[1] 协议：两个设备之间的通信常常需要两端就消息的发送方式达成一致，这称为协议。

完整的系统举例

上文介绍了实现交互的几种重要手段：输入、输出、通信和编程。其实，这些只是交互式系统实现的关键步骤，任何艺术在成为艺术的时候，必然凝结了艺术家天才的创造，并将交互技术统一起来。让我们通过一则案例来了解一下数字化交互式公共艺术的实现方式。

设计师要为德国的布伦瑞克市中心的一个交流图书馆开发一种特别的交互界面，是要使创造一个“科学的城市”的理念更加宽泛地被大众所知并邀请更多的学者参与互动，市政府决定在市中心建造一个玻璃房，位于大教堂的旁边。这个玻璃房有一个咖啡厅和一个开放式的图书馆，在这里，市民可以借阅书籍，并且可以交流他们私有的书籍。这种想法有利于人们知识的交流。为了鼓励市民参与到这种开放式的交流图书馆中，这批设计师被委托设计一个特殊的交互界面，用来促使人们走入图书馆。这个项目的负责人指出：我们要设计这样一个增长视觉外观的界面，引起来访者的注意和他们的兴趣，诱惑他们进入建筑。我们把这样的互动界面叫做“Wissensgewachs”，或者是知识的成长。具体是一系列在屏幕上变化的图像，虚拟的植物图片会在游客的触摸下成长，参与者每移动一次，图像就会随之不同。

这项工作是我们与建筑师恩格尔和布伦瑞克的齐默尔曼有限公司合作的。这个玻璃房设想是6m×6m×6m大小，并且在西侧有一个入口。它的两侧是由25块不锈钢玻璃片组成的。这些特殊的玻璃片距离地面大概1.3m。这些特殊研制的铝型材和综合距离传感器是由Laurent Mignonneau开发的。传感器能够探测到路人存在的距离在0.1～1.5m范围内。

当一个人走过玻璃面附近的时候，感应器可检测到人们的存在并检测到与屏幕的距离。一种特殊的由Mignoneau和Sommerer开发的模拟植物生长的软件“Wissensgewachs”，可以在每一个屏幕上根据虚拟植物的成长参数来显示路人的距离和接近的距离。例如原地站着可以在屏幕上显示一种虚拟植物，如果缓慢地行走，那么这颗植物会随着参与者的移动而出现在几个屏幕上。为了加快新款植物的成长，使用者可以在屏幕前1.5m范围内来回地移动。使用者使这些植物成长的数据将会创造出一种新的植物并且在屏幕上显示出一幅不再变化的图片。当不同的参与者在这个界面上进行互动的时候，越多的用户互动就会让越多的植物吞噬整个建筑。屏幕上的成长量是直接与参与者的互动有关系的。最后，会得到更丰富和更好的图像。[1]

在这则案例中，我们可以清楚地知道，交互的输入是路人的分布和移动，传感器是“特殊研制的铝型材和综合距离传感器”，交互的输出是作为屏幕的外墙，屏幕中出现“一种虚拟植物”或“越多的植物吞噬整个建筑”。通信方式是传感器设备与设备之间的通信协议，而程序则是“Mignonneau和Sommerer开发的模拟植物生长的软件‘Wissensgewachs’”。这些内容共同构成了这样一个交互艺术系统。

前面详细阐述了构成互动的两个重要范畴——用户体验和用户反馈，这两者是统一在互动这一过程之中的。当用户在体验中可以对艺术本体进行反馈时，就构成了互动。让我们回到城市公共艺术中，城市公共艺术的互动就

[1] Christa Sommerer, Lakhmi C. Jain, Laurent Mignonneau. 界面与交互设计艺术科学［M］. 自译.

是严格按照“体验—反馈—继续体验”的方式进行的。反馈本身最后变成体验的一部分。在这个语境下，互动就形成了。城市公共艺术中，互动被赋予了新的特点。城市是一个公共环境，这个环境和普通的美术馆、博物馆、沙龙是完全不同的，一般来说都是露天的，可以容纳很多市民的参与，故而对场地的要求更大。互动的时候，完全是开放式的，任何人都可以随时进入这一艺术体系进行体验并反馈。由于面向的对象是普通市民，因此不可能将交互过程创造得很复杂。还要考虑儿童参与的安全性。因此，城市公共艺术中，其交互具有普遍性、随意性、开放性、易用性和安全性等特点。在这一节中，我们详细了解了交互的通道，从物理层面对交互系统进行了划分。首先，是交互系统的输入系统，这一系统是获取信号的方式，主要是通过一些传感器。其次，是交互系统的输出系统。输出系统大致可以分为两种不同的类型：现代架构使建筑的外立面成为交互式数字内容显示膜；或者是艺术本身由数字控制，艺术的外表即外部设置终端成为展示给观众看的部分，包括视觉和声光电效果等。除此之外，还有通过通信层面和中央处理层面的程序对其进行控制。最后，通过德国的一个完整案例进行了分析，旨在全面了解交互系统的构成和通道。

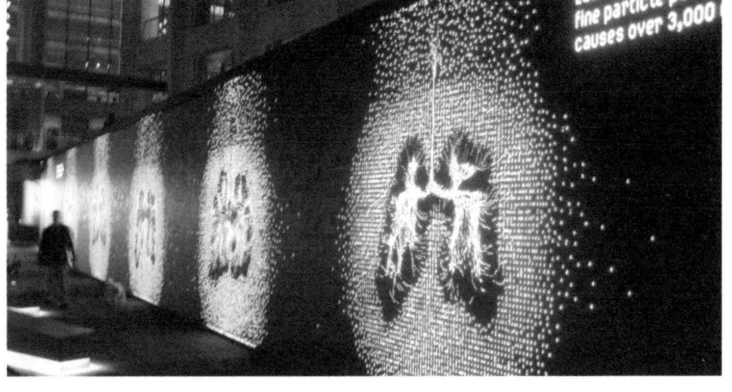

5.3.10

5.3.10　IBM THINK 一百周年展览

为了纪念IBM THINK展览一百周年，IBM THINK展览机构在纽约市的林肯中心设置了一面电子墙，这面电子墙通过数据可视化的方式实时展示了纽约市的空气质量状况。

可以将空气质量数据可视化的方式分为三种：实时的PM指数可视化、阶段性空气质量数据可视化、实时肺部污染量数据可视化。

实时PM指数可视化：把实时的空气质量数据通过在电子墙上显示粒子的大小、密度和流动展示出来，从而显示纽约实时的空气质量状况，粒子越多、越密集，说明此时的空气质量越差。

阶段性的空气质量数据可视化：当PM指数超出既定的标准时，我们对此时的空气质量指数进行记录，并通过粒子数据可视化的方式形成折线图，显示当日的空气质量，可视化的粒子越多、越密集，说明在某个时间阶段的空气质量越差。

实时肺部污染量数据可视化：空气质量好坏会对人类肺部造成不同的影响，展览通过数据可视化的方式实时显示当空气质量指数不同时人类的肺部状况，粒子越多、越红，说明空气质量越差，对肺部的伤害越严重。

四、城市公共艺术的交互方法
Interaction in urban public art

交互是一个极其宽广的概念。人与人之间、人与物之间、物与物之间的相互作用都可以叫做“交互”。在艺术创作中，作者和观众之间的相互作用也是一种互动，在传统的艺术中，艺术作品与观者之间是单一和被动的互动，是无参与性的。而交互式公共艺术鼓励审美客体的参与，作品形态的转变是由参与者来决定的，使接触作品变成了富有乐趣的体验过程。交互艺术是艺术家制定规则、算法，从事创作，提供原作品，然后鼓励观众参与，以改变作品的形态作为对观众的反馈。这种互动是体验型的、多形态的，是在作者许可、鼓励下进行的，很多时候观众的行为也是作品的一部分。

随着科技的发展和技术的进步，声音、形象、光影等多样元素在城市公共艺术实践中被越来越广泛地使用。整体性、综合性、协调性、多样性在艺术实践中的地位日益显露。作品的视觉、听觉、互动体验往往超出艺术家起先设定的走向而变得更为复杂。因此，激发联想和体味自我意识的互动，才是城市公共艺术作品的真正价值所在。

在现今环境下，交互式城市公共艺术是一种必然的趋势，也是城市公共艺术与市民文化的结合与城市公共艺术自身亲和力的象征。交互是一个运动中的“事件”。事件并不是由一系列个体感觉数据串联而成的，而是基于某种意识共同协调运作而成的。交互设计就是对相关经验的叙述和导航，与观众互动的过程就是大众参与这个故事的过程，并且受众也在创造自己的故事，因而更具启发性与活力。城市公共艺术的交互过程不是把观众的行为看作孤立的存在，而是将他们的动作、行为加以整合。

城市公共艺术的交互方式按照行为模式可以分为四类，分别是机械式互动、体验式互动、创作式互动和虚拟式互动。这四种互动形式有一定的区别，但其中的界限也不是非常清晰，有一些互动作品可以同时被归为其中的几种。

1．机械式互动

所谓机械式的互动，是在公共艺术作品创作之初作者有意或无意留给受众一些空间，使得人们可以零距离地触摸到，甚至是可以“动”它。艺术从原来的“架上”走下来，真真切切地与公众走到一起。同时，这种机械式的由艺术本身的物理性和生理性产生的互动，也是公共艺术与公众发生互动“接触”的开始，使设计师、艺术家将创作的目光投向了公众，而不仅仅是一种视觉艺术的开始，使公共艺术与环境更多地与“人”发生交流，是更加人性化的开始。

“1986公路游行圣歌”（图5.4.1）是为1986年世界博览会创作的一组公共艺术作品群。作者把人们日常生活中熟悉的交通工具按原比例制作成雕

5.4.1	
5.4.2	

5.4.1　1986公路游行圣歌
1986 Highway Procession Chant
5.4.2 艺术牛
Artistic Cattle

塑，让人们感到无比的亲切。本届世博会的主题是交通运输，这些作品不仅迎合了世博会主题的需要，也从空间距离、心理归属上拉近了作品和受众的距离。从儿童的脚踏车，到汽车或飞机，每个人都可以找到熟悉的身影，都可以找到属于自己的“作品”。人们不仅能看到这些车辆，而且还可以触摸和乘坐，再也不用顾忌“禁止触摸”。[1] 同它们的亲切接触引发了极大的愉悦，观众表现出了一种天真的喜悦和快乐，儿童和成年人一起感受着这种情绪，这种气氛。这也是公共艺术所主张的艺术与公众的互动关联。

1998年起源于瑞士的著名系列互动艺术“艺术牛”（图5.4.2），早已成为城市公共艺术活动的成功典范，在全球范围内的多个国家和地区举行。当彩绘的“艺术牛”到达某个城市时，当地的艺术家、普通大众和市民们都会充分调动自己的想象力，以牛身为展示平台，画上最能代表自己城市文化和家乡特色的图案。这项艺术活动在多个国家流行，引起了社会的高度关注和空前热情，充分调动了大众的参与性。这种互动没有采用任何高科技的元素，作品在互动前后在没有发生实质的变化，因此还属于机械式互动的范畴。

这样的例子还有很多很多，如日本艺术家通口正一郎创作的放置在海边的高层住宅楼间，造型现代，具有趣味性，色彩明快，使环境活泼生动，能很好地引导孩子们的参与。这些早期的互动性公共艺术作品，为以后的艺术家提供了宝贵的借鉴意义，也是机械式互动的典型案例，同时由于技术水平和社会文化形态等原因，机械式互动也成为了公共艺术互动的早期表现形式。但是，这种表现形式由于与传统的美术形式结合得最紧密，往往能够被大众接受，在物质条件和科技不够发达的地区，这种机械式互动还是比较容易被一般的城市公共艺术所采用的。

[1] 温洋. 公共雕塑［M］. 北京：机械工业出版社，2006.

2. 体验式互动

体验式互动，不仅仅局限于从架上走下来、拿掉“禁止触摸”、拆除保护围栏这样的公共艺术互动形式，更多的是让公众参与到作品中去，甚至可以操作它，改变它，让一个普通的公民，也可以获得参与艺术的享受和快乐，体会到公共艺术互动的内涵。

这种体验式的互动形式，又可以分为两种：一种是普通意义上的，即不借助数字技术便可以实现的；另一种，则需要借助新技术手段来实现。

首先，普通意义上的体验式互动，是通过原有的雕塑造型手段，将技术予以改进后的一种形式，如艺术家巴巴拉·库格创作的影像互动装置艺术。艺术家通过大手笔地运用空间来营造、烘托出作品的“气场”，使得身在其中的观众产生无尽的联想，对空间、对视觉效果、对声音、对能够感觉的一切，从而得到录像装置。巴巴拉·库格为自己的艺术作了一个注解：“艺术可以定义为一种能力，通过视觉、口传、动作和音乐的方式，把一个人在世间的经验客观化。”[1]

体验式互动艺术所要创造的作品，是用来包容观众、促使观众在界定的空间内将被动观赏转换成主动感受的。这种互动不但要求观众用眼睛观看，还要使用所有的感官，包括听觉、触觉、嗅觉，甚至味觉。为了激活观众的感受欲望，扰乱观众的习惯性思维，体验式互动性作品中那些刺激感官的因素往往经过夸张、强化或异化。

[1]《现代艺术》编辑部. 后现代主义及与身份特征相关的艺术：影响世界画坛的十五个流派 [J]. 现代艺术，2002.

	5.4.3
	5.4.4

5.4.3/5.4.4　威廉·乔利大桥灯光秀

在桥面进行投影互动是澳大利亚昆士兰150年庆祝活动的一部分。如今在布里斯班的威廉·乔利大桥举办灯光秀已经成为当地的传统，多名当代艺术家共同照亮了布里斯班节庆期间的威廉·乔利大桥，使古老沉寂的威廉·乔利大桥重现了活力。艺术家们通过几何线条图形，或明亮跳跃的颜色，或实验性的创想来反映建筑风格，使大桥变成一个艺术画布，再次成为城市的核心。

3. 创作式互动

创作式互动，是指公众参与到作品创作中，而不是仅仅体验到作品成功之后的“使用”享受。让普通的大众来参与创作似乎是一件不太可能的事情，但是不论是在高科技不断推陈出新的今天，还是在过去的几年里，这种“创作式”互动的公共艺术作品已经有了很强的生命力，开始在世界范围内蔓延。

创作式的公共艺术互动势必成为未来公共艺术发展的主题，而这种互动形式也是所有互动形式中互动性最强、公众参与性最高的。新技术背景下的公共艺术的互动性带来的创作权的转移和技能价值的转变，其互动不只是一种可能，甚至是一个必须的行为。这种作品并非线性叙事，而是强调受众的主观能动性、参与性、双向性与反馈性。与传统公共艺术相异，作品的内容已不再是由艺术家所完全控制，创作权反而掌握在观众手里，在互动的过程中，艺术家将创作权心甘情愿地交了出来，审美客体也可如鱼得水地自由发挥与分享。

5.4.5

5.4.5　布鲁斯·诺曼的“录像走廊”
Bruce Norman's Video Corridor

创作式互动的一个典型类型就是摄录式的公共影像艺术，这种艺术表现本身就存在操作者与被操作者，当运用艺术手段来演绎这其中的关系时，某种内在精神层面的复杂情绪往往会通过这种简单的外在的艺术手段呈现出来。
如布鲁斯·诺曼的“录像走廊”（图5.4.5），作品将人体工学作为创作依据，当观众进入到作品本身之后，作者已经将其设置为影响作品的变量，同时也成为了作品的一部分，成为了与装置作品处于同一时空中的合作者，预设来访者的视频体验把装置作品的互动性提上了日程，而更富技术色彩也更富设计色彩的互动多媒体艺术已呼之欲出了。[1]

公共艺术作为供大众享用与检阅的艺术，其形式、内容都不应该脱离对当下社会生活的人文关怀。[2] 创造性的交互方式在中国当代城市公共艺术中也有体现。一场以“感恩之乐、和谐之美”为主题的大型公共空间互动创作活动在杭州举办。现场搭建起了一堵以“感恩知乐”为主题的“众乐之墙”。此次活动由有一定美术基础的少年儿童和美院师生合作共同完成，在公众参与的过程中让公共艺术真正进入公共环境和公共人群，为城市建设、公众文化服务，以美育普惠社会，加

[1] 张朝晖，徐翎．新媒介艺术［M］．北京：人民美术出版社，2003．
[2] 彭伟．城市建筑投影的公共艺术形态探析［J］．装饰，2014（5）

强艺术与生活的联系，把独乐变成众乐，把小众变成大众。这种让公众直接参与艺术创作的形式，正是公共艺术互动所要实现的目的和最终理想。但是将这种方式在公共艺术领域广泛地推广，还是有很多的局限性，而且过程也是漫长而曲折的。

4. 虚拟式互动

虚拟式互动是指人对虚拟环境内物体的可操作程度和从环境中得到反馈的自然程度。虚拟式交互又可以分为视觉虚拟式交互和行为虚拟式交互。视觉虚拟式交互是指体验者在视觉上与图像之间的互动，即艺术作品能够随着人的视线和动作的变化，随机地产生新的图像与之对应，使人同步感受到作品的变化，如同在真实世界中一样。行为式虚拟交互是指人在行为上与虚拟空间中的物体之间的互动。如公共艺术作品可以根据体验者身体的不同指令作出不同的反应，如喷水、改变外形、改变颜色等。

虚拟式互动主要借助多媒体、网络、数字技术等来实现作品与人的交互。艺术展示的往往是一个时间化的空间状态，比如网络虚拟空间，空间结构的不确定性使观众的体验过程变得生动有致，从而使城市公共艺术参与的交互机制呈现出纷繁多样的特征和样式。

就像从事声音和影像装置艺术的先锋人物大卫·洛克比对他的作品“真实的神经系统”进行解释时所说的那样，这些作品“不是一个控制系统，而是一个交互系统”，“系统中任何一方，装置和参与者，都不在受控之列，‘交互式’和‘反应性的’艺术并非一回事。装置的变化状态是这两个元素的合作结果，这个作品只存在于这个共同作用之下。”[1]

较之其他形式的互动方式，由于虚拟式互动的奇观化和技术性，艺术作品受到的限制相对更少一些。对于体验者来说，艺术家的感情会更加方便地表达出来，体验者也能在主动中感受到自我的情感溢

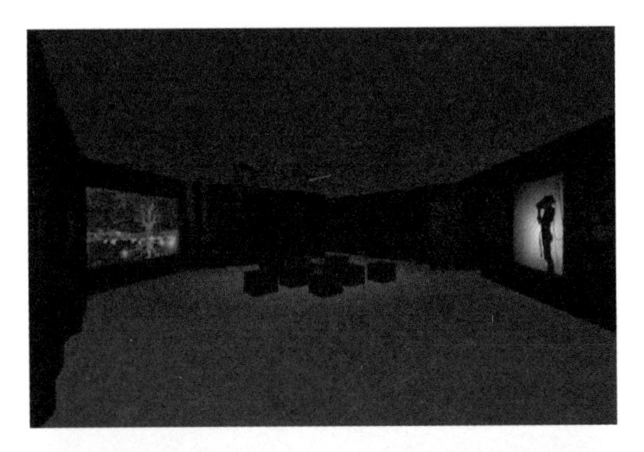

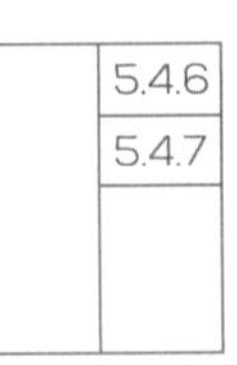

5.4.6/5.4.7 夏洛特·戴维斯的“渗透”
Charlotte Davis's Penetration

[1] 童芳. 新媒体艺术 [M]. 南京：东南大学出版社，2006.

5.4.8	
5.4.9	
5.4.10	

5.4.8/5.4.9/5.4.10　分形的花和流体像素
艺术家：Miguel Chevalier
时间：2015年
位置：the Ibiza Gran 酒店
法国艺术家Miguel Chevalier在the Ibiza Gran 酒店举办了集合了食物、现代艺术、数字艺术的多感官艺术影院。影院的屏幕上是一个巨大的植物生活虚拟花园，虚拟的花朵在屏幕上恣意生长，并且随着观众声音的减小而消逝。每个花朵都是根据分形几何演变而来的，他们的数学形式、尺寸、颜色和抽象的方式都是完全不同的。虚拟的花朵在屏幕中生长、随风摇摆，仿佛在迎接每一个来这里参观的游客，向他们展示自己炫丽的颜色和摇曳的身姿。在某些部分，花朵还可以和现场乐队进行互动，花朵随着音乐生长绽放，摇摆身姿，整个虚拟花园充满活力，随着音乐消逝，最后，花朵也慢慢低头，虚拟花园变得模糊，逐渐消失。

出。这种情感的互动渗透，较之其他几种互动方式，在虚拟式互动中更容易被表达出来。

如艺术家夏洛特・戴维斯的互动作品“渗透”（图5.4.6、图5.4.7）就采用了一种虚拟式的互动。这件作品设计了一个沉浸式的交互环境，三维计算机图像是这一装置的主体，观众可以通过这个虚拟现实装置，依靠一个布满传感器的背心来进行导航，旅行开始之前需要先穿上背心，它捕捉每一次呼吸和运动，并将该信息传递给系统。我们都知道，呼吸作用为人体供给能量，消耗大的心理活动同样能引起呼吸的变化，人类在紧张、激动、惊恐等情绪下，都会不由自主地加快呼吸运动，而平缓的呼吸往往意味着人体处于平静舒缓的心理状态下，可以说，呼吸运动的各项指标形象地表达了人类的身心状态。在“渗透”这件作品中，头盔显示器仅提供了视觉图像，但它同时营造了在虚拟环境中全身心沉浸的潜在感受。随着参观者身心的改变，影像都会作出相应的反应，由于界面技术是利用呼吸这一直觉性的自然过程，观看者的潜意识可以通过操纵杆或鼠标之外的多元方式连接到虚拟空间中，也就实现了观赏者身心状态的视觉化。[1]

虚拟式互动艺术的意义和价值都是在虚拟作品与接受者的互动过程中创造出来的，并具有无穷的可能性。城市公共艺术的虚拟性、交互性决定了它的作品的生成性和不确定性，这正是公共艺术作品中欣赏者地位本质上的改变。它向人类呈现了一个开放性的世界，它是一个不断向主体敞开地流动着的生命世界。正如美国当代美学家苏珊・朗格在《艺术问题》中写的那样：“你愈是深入地研究艺术品的结构，你就会愈加清楚地发现艺术结构与生命结构的相似之处，这里所说的生命结构，包括从低级生物的生命结构到

[1] 宋亦奇．虚拟现实艺术与视觉欲望的释放 [D]．哈尔滨：哈尔滨工业大学，2009.

人类情感和人类本性这样一些高级复杂的生命结构（情感和人性正是那些最高级的艺术所传达的意义）。”正是由于这两种结构之间的相似性，使得一幅画、一支歌或一首诗与一个普通的事物区别开来——使它们看上去像是创造出来的，而不是用机械的方法制造出来的，使它的表现意义看上去像是直接包含在艺术品之中（这个意义就是我们自己的感情存在，也就是现实存在）。[1]

城市公共艺术的交互方式按照行为模式被分为四类，分别是机械式互动、体验式互动、创作式互动和虚拟式互动。城市公共艺术的不同交互方式的产生，也是基于对体验者不同行为模式和行为心理所作出的反应。人本身是一种复杂的感情动物，因此，不管是机械式互动、体验式互动、创作式互动还是虚拟式互动，都要考虑参与者的心理因素和感情倾向，这样艺术家才能为自己的城市公共艺术作品找到合适的互动方式。要实现城市公共艺术的艺术审美价值和社会价值，传达出作品想要揭示的社会问题，并达到有效的与人和环境之间的交融与互动，就必须在作品的创作过程中对相关因素进行综合考虑，从整体出发，在各个细节上充分重视作品与人和环境的关系，以个性、快乐、多样的设计理念为指导，达到社会大众、城市公共艺术作品与城市公共空间的良好互动。

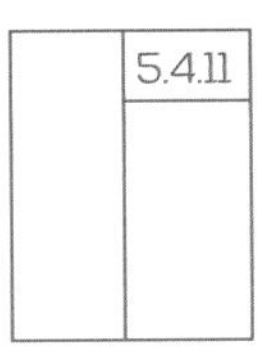

5.4.11 “摇摆时间”互动设施

作者：Hoeweler and Yoon 创意设计工作室

在波士顿，20个LED圆环秋千被作为“摇摆时间”互动雕塑设施安装在室外，草地不再是孩子的专属玩耍之地。这个项目的灵感来自于传统的游乐场，旨在促进波士顿户外空间的利用。同时，该项目与当地社区合作，为科技创新提供了一个新的平台 。这款由聚丙烯焊接的 LED 秋千有三种不同的尺寸，可供不同年龄段和体形的人群乘坐。每个秋千中内置加速器和微控制仪，可以根据秋千的运动轨迹来控制 LED 灯颜色的变化。当秋千无人乘坐，处于静止状态时，会呈现白色；而当秋千有人乘坐，摆动起来后，内置的 LED 灯会发出蓝色和紫色的光，并不断变换，类似呼吸灯的效果，营造浪漫梦幻的氛围。Hoeweler and Yoon 工作室的设计宗旨是为都市中繁忙的工作者们创造休闲放松的场所，并在 LED 灯的变换中让乘坐的人们互动起来，让人们更加敞开内心地去交流，而不是沉浸在智能手机、平板电脑等数码产品的互联网世界中。

[1] 苏珊·朗格．艺术问题 [M]．北京：中国社会科学出版社，1988：85.

五、数字化公共艺术的交互语言传达

Interactive expressions in urban public art

语言传达是传递信息与沟通的方式。数字化公共艺术同样需要通过各种语言方式传达作品信息，而以互动性思维为导向的数字化公共艺术在传递艺术符号及信息交流时，需要双向信息的交流与反馈来体现“互动性思维”，才能凸显语言传达的意义。

本书中，语言传达指的是：作为艺术家与公众、公众与艺术作品、作品与艺术家及艺术作品与公共空间之间传达信息、交流体验的载体，作为数字化公共艺术双向沟通的桥梁与纽带。

语言与思维相互影响、相互作用，语言是思维的工具，思维是分析、推理、判断等认识过程，思维的表现需要语言来传达，语言的表达需要思维的认识过程。语言传达作为思维过程与呈现的手段，需要通过对物质的感知来体现，人体五感作为最直接的感觉认知，在语言传达中起到了重要作用。以互动性思维为导向的数字化公共艺术作品在语言传达的过程中，不仅需要视、听、味、嗅、触——人体五感，还需要心理的认知与感应，从而达到双向语言传达的目的与意义。

1. 语言传达的意义

语言，广义而言，是一套共同采用的沟通符号、表达方式与处理规则。符号会以视觉、声音或者触觉方式来传递。[1]

语言作为人类区别于其他动物的重要标志之一，作为人类传达思想、交流情感、表达意愿的工具和人类相互沟通与交流的途径，承载了人类社会发展的足迹。语言不仅指人类沟通所使用的发音语言，即以语音为物质外壳，语义为意义内容，音义结合的词汇为建筑材料和语法组织规律的体系[2]，语言还包含了身体语言、文字、图形等多种语言表达方式。随着社会的进步和人类文明程度的提高，文字作为视觉语言的一部分，由象形文字逐步发展而来。伴随着时代的进阶，除了文字语言的演变外，还产生了众多的语言形式。人体五感作为最直接的感官，在很大程度上承担了语言传达的重任。艺术语言作为众多语言形式中的一种，每种艺术表现形式都有其独特的艺术语言表达。诸如绘画艺术中的点、线、面语言，音乐艺术中的韵律、节奏语言，舞蹈艺术中的造型、动作语言等。由于数字化公共艺术的特性及表现形式，其语言传达具有多样性的特点。以互动性思维为导向的数字化公共艺术的语言传达则将人类特有的五感语言、心理语言展现在作品中，作为艺术家、受众与作品的交流媒介；而双向语言作为其核心，将互动性思维在作品中予以展现。

[1] 维基百科 [EB/OL] http: //zh. wikipedia. org/wiki/%E8%AF%AD%E8%A8%80

[2] 百度百科 [EB/OL] http: //baike. baidu. com/view/9793. htm?fr=ala0_1_1

以互动性思维为导向的数字化公共艺术的语言传达，其意义不仅在于架设信息传达与交流体验的桥梁，更重要的是满足受众日益增长的精神和美学需求，使得受众在艺术作品中有话语权与参与权，在语言传达的过程中实现双向的信息反馈与交流。

五感语言传达

五感是指视觉、听觉、味觉、嗅觉、触觉五种生理感觉，分别对应人体的五种感觉器官。五感之中，视觉在接收外部信息时价值最高。

美国哈佛商学院有关研究人员的分析资料表明，人的大脑每天通过五种感官接受外部信息的比例分别为：味觉1%，触觉1.5%，嗅觉3.5%，听觉11%，视觉83%。[1]

视觉语言

视觉语言指的是通过图片、图形、照片、影像、场景等视觉元素传达信息、表达情感的语言符号。视觉语言所传达的是人类通过双眼直接或间接观察与感受到的外部世界的感性认知，其接收的外部信息量在五感中所占比例最大。视觉是五感中最为重要的感觉，视觉语言在艺术语言传达中也是内容最为丰富、形式最为广泛的语言传达方式。视觉语言中有单纯的视觉信息语言，如图片、包装、书画等，还有将视觉语言与其他五感语言融合传达的视觉形式，尤其在以互动性思维为导向的数字化公共艺术作品中最为常见。本节中重点讲述的是前者。

视觉语言是传统公共艺术的主要语言传达形式，通过造型、色彩、材质及文化符号来传递视觉信息，从而达到信息交流的目的。数字化公共艺术

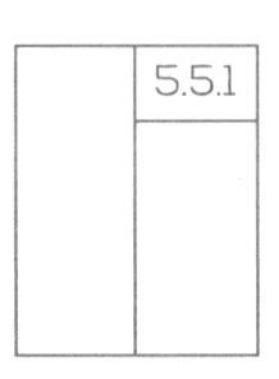

图5.5.1　犹太博物馆新会展中心

作者：Patrick Gallagher

此图是位于犹太博物馆新会展中心的犹太文化历史周期展示装置。犹太博物馆正在经历全面的更新，预计将在2018年全面开放。

新会展中心的装修方案注重利用现代技术体现犹太文化的巨变和发展。犹太博物馆将游客带进一个美妙的旅程，让游客去发现、体验、了解犹太人民独特的历史。展览激励犹太参观者找回属于犹太人的认同感，将个人故事与犹太历史连接起来；而非犹太参观者会对这段历史产生浓厚的兴趣，对犹太人的遭遇产生同情。新的会展中心包含三个核心内容：叙事、身份、参与，分别讲述了历史根源、个人的身份认同感和如今的犹太文化在世界上的地位。新展馆将更加注重当代犹太人的生活和身份表达。

[1] 创导［EB/OL］http：//www．c8888．com

中，视觉语言同样占据了很大的比重，但数字化公共艺术中的视觉语言又不同于传统公共艺术，在借鉴与传承后融入了更多的数字化视觉呈现方式与表现，以崭新的艺术表现形态传达视觉语言信息。

数字化公共艺术的互动性、体验性是其区别于传统公共艺术的重要特征。数字化公共艺术互动性的即时参与与反馈，是其满足受众需求的关键。作品中互动信息的传递很大部分是通过视觉语言来完成的。

基于屏幕的视觉语言传达

数字化公共艺术区别于传统公共艺术的重要特征是数字技术的介入，而在其丰富的媒介材料中，“屏幕”是最直接的视觉语言和使用最多的媒介手段。屏幕在传递语言信息时，有着得天独厚的优势与魅力，其丰富的影像和视觉冲击都会给受众带来良好的视觉感受。

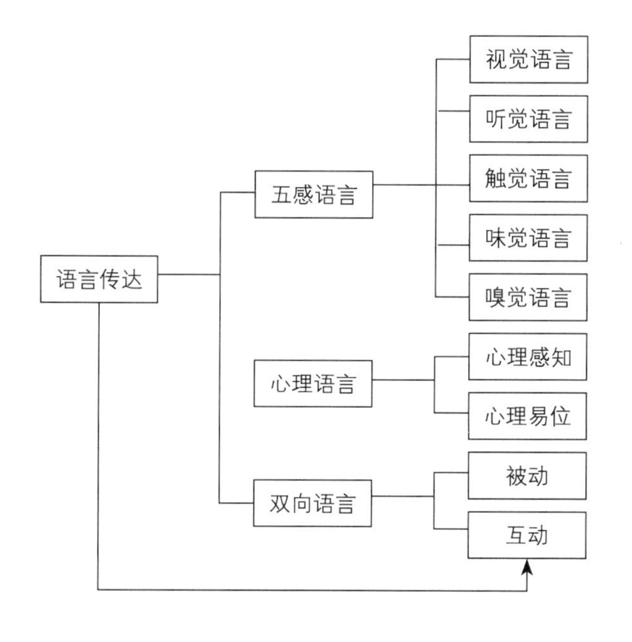

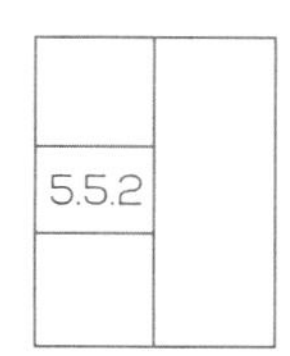

图5.5.2　五感语言传达

1）随着科技水平的进步，屏幕经历了由黑白到彩色、由球面到非球面、由纯平到等离子、由CRT到LCD再到LED、由小屏幕到超大城市屏幕的演化。目前，各种类型的LED屏幕被广泛应用于城市公共设施、道路网络、停车场、信息导向识别等多种城市公共空间。LED是Light Emitting Diode，即发光二极管的英文缩写，它通过控制半导体发光二极管的显示方式来显示文字、图像、视频等信息。

2008年北京奥运会开、闭幕式，国家游泳中心——水立方，国家体育中心——鸟巢，2010年上海世博会，2012年央视春晚舞台等都大量使用了LED屏幕和灯光。城市公共艺术作品中也大量使用了LED屏幕，尤其值得注意的是，现阶段数字化公共艺术作品很大程度上是基于LED屏幕来实现的。互动性思维为导向的数字化公共艺术，通过屏幕语言传达进行双向的信息传递，在当前的室外公共空间中较容易实现，其受众群体也较为广泛，达到的艺术效果和受众的视觉体验都很强烈。

位于日本东京朝日电视台旁，长25m、高3.2m，由6个巨型数码技术器组成的数字化公共艺术作品“Mega Death”(图5.5.3[1])，由日本艺术家宫岛达男创作，以从1到9的数字组成来表现人的生死轮回，给人的视觉冲击非常强烈。作品中的数字变换，有些快，有些慢；背景及数字昼夜变化，白天背景会关闭，只显示数字，夜晚背景会亮起。遗憾的是作品并没有将公众的互动参与考虑进来，只是单纯地通过数字视觉符号来传递作品语言信息。

短信是基于手机客户终端的文本信息传输方式。短信通常以点对点的方式传输，即手机对手机，即使是一点对多点发送，也只是收到信息的使用者才可以看到。在“数字化生存”的时代背景下，短信也与公共艺术产生了关联，使点对点短信发展为“广而告之”的视觉信息语言。

位于北京中央商务区的世贸天阶(图5.5.4[2])，在街区广场的公共空间安装了一块长250m、宽30m、高80ft的LED屏幕。作为街区公共设施的一部

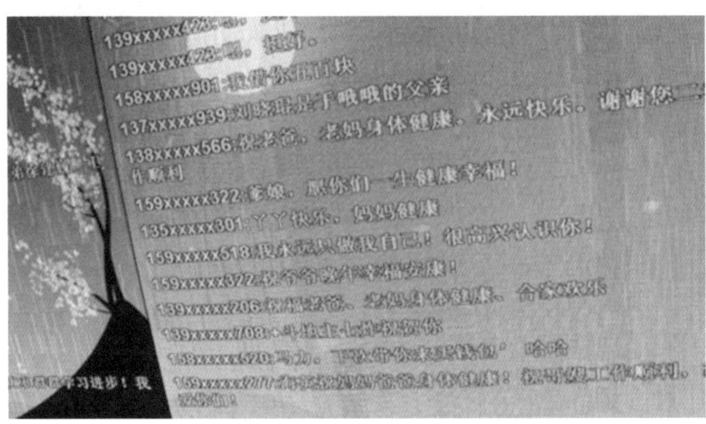

5.5.3 Mega Death
5.5.4 世贸天阶
The Place

[1] flickr [EB/OL] http: //www. flickr. com/photos/nobihaya
[2] Ouning’blog [EB/OL] http: //www. alternativearchive. com/ouning/

分，它承载了商业功能，传递了公共信息，让市民获得了“全北京向上看”的信息传达与交流体验的全新感受。市民可以通过短信的方式将自己的祝福亦其他信息发布在大屏幕上，达到“广而告之”的信息共享。

2）除了LED屏幕外，投影也作为一种屏幕呈现方式来传达视觉语言。投影的一大优点是：投影机可以将影像投射在任何表面载体上，从而使得数字化公共艺术在公共空间的实现相对容易。

墨西哥艺术家Rafael Lozano-Hemmer创作的“Body Movies”（图5.5.5[1]）就是利用投影表现的大型数字化公共艺术。作品首展在荷兰鹿特丹Schouwburgplein广场上，整个投影屏幕长90m、高20m，数以千计的人像显示在巨大的投影屏幕上。作品通过自动追踪系统控制的实时摄像机来捕获场景，并通过控制电脑来切换场景。作品中显示的人像都是路上的行人经过投影机后形成的，由于行人与投影机的距离远近不一，使得作品显示出的人像由2m到20m不等。广场上的行人用自己的身体活动参与到了作品的创作中，表达了各自不同的心情与状态。作品可以容纳80人在1200m^{2}范围内同时参与作品的互动。此件作品源于1675年Samuel Van Hoogstraten 的雕塑“影子之舞”，可见，数字化公共艺术是对传统公共艺术作品的传承与创新。

作品“Under Scan”（图5.5.6[2]）同样出自于墨西哥艺术家Rafael Lozano-Hemmer，采用了同样的追踪系统捕获影像，不同的是，将影像投影在正在行走的行人脚下，与行人真实的影子重叠。作品曾在英国特拉法加广场、威尼斯双年展、北安普顿广场等处展出，并被政府纳入到公共艺术范畴之中。

5.5.5　Body Movies
5.5.6　Under Scan

[1] fondation-langlois [EB/OL] http: //www. fondation-langlois. org/
[2] lozano-hemmer. com [EB/OL] http: //www. lozano-hemmer. com/

基于造型的视觉语言传达

造型作为艺术手段的基本表现，指的是艺术家使用各种可见的创意手法，通过视觉和触觉的传播途径，再现人们生活中的事物或者虚构人们纯粹的想象，表达自己对世界万物的感受和丰富的想象力，使人们在视觉上、触觉上乃至心理上产生愉悦和共鸣的情感感受的行为过程。[1]

基于造型的视觉语言传达，是通过对物质造型手段实现的数字化公共艺术作品，既需要作品具有空间、体量和视觉美感，同时又属于数字化公共艺术的范畴。

纽约艺术家丹尼尔·罗森（Daniel Rozen）的数字化公共艺术互动作品“木镜”（图5.5.7[2]），由1500块木片“像素板”组成，在一块块小木片后藏有摄像头，通过摄像头捕捉作品前观众的影像，利用作品内置的软件及传动装置将观众的影像由木片的反转勾勒出来。每一位观众站在作品前，像照镜子一样，都可以得到属于自己的“木片影像”，还可以驻足欣赏自己创作的作品。通过木片来造型，也是作品传递视觉语言的创新之处。

基于灯光的视觉语言传达

灯光的基本功能是照明，随着科技水平的提高，灯光技术不断发展，由白炽灯逐步发展至LED灯、高效电子节能灯、太阳能灯等多种形式。灯光在城市发展进程中还起到了装点、美化城市的作用，而“数字化生存”使公众不再满足于单一的照明、美化功能，更希望灯光成为艺术表现形式和信息传达与交流体验的媒介。数字化公共艺术作品有很多是通过灯光来呈现的。

作品“Amodal Suspension”（图5.5.8[3]）同样由墨西哥艺术家Rafael Lozano-Hemmer创作完成。作品于2003年为庆祝日本新山口艺术与媒体中心

5.5.7　木镜

Wooden Mirror

5.5.8　Amodal Suspension

---

[1] 维基百科 [EB/OL] 造型艺术http: //zh. wikipedia. org/

[2] DAC数字艺术中国 [EB/OL] http: //www. dacorg. cn/

[3] Amodal Suspension [EB/OL] http: //www. amodal. net/concept. html

（YCAM）成立而作。“Amodal Suspension”作为一个大型互动公共艺术作品，融入了网络、手机短信等数字媒介，将大功率探照灯作为视觉语言，传达作品讯息，同时也是受众操控作品的媒介。全球公众都可以通过手机短信及网络发送信息或邮件到作品网页，通过信息编译成为类似于摩尔斯电码的密码来实现对作品的操控，同时系统会反馈信息到受众的手机或邮箱，告知探照灯放射光束的时间。14kW的电力、15km的能见度，将作品的视觉冲击及受众范围发挥到极致。作品中融合了灯光、网络、计算机语言等多种表现媒介，受众在作品中不仅是欣赏者，同时成为作者之一融入到了作品之中。

听觉语言

人类五感中，听觉是仅次于视觉的重要感觉通道。人体的听觉器官通过声波的振动来传递声音信息，人类的自然语言即语音就是通过听觉器官来传达的。听觉作为除视觉外最重要的信息来源，以其独特的信息传递方式和交流形式，形成了听觉语言。

听觉语言指的是通过声波传递信息、交流情感、彼此沟通的语言表达方式。这种语言表达是动物所共有的，而人类特有的听觉语言不仅包含交流、沟通的语音语言，也包含了音乐、戏剧、歌剧、影视、相声、小品等人类特有的艺术表现形式。

听觉语言虽然没有视觉语言接收的信息量大，但是其感染力直入心灵，毫不逊色于视觉语言。音乐等听觉艺术语言作为世界通用语言来传达思想、抒发情感，通过声音给人带来心理上的感知。随着艺术形式的多样化和表现媒介的丰富，听觉语言成为了数字化公共艺术作品中不可或缺的语言传达形式，通常与视觉语言一起传递信息。听觉语言在数字化公共艺术作品中有以下几点作用：

1）信息的输入与输出

听觉语言的目的是传递信息与交流体验，在数字化公共艺术作品的双向信息交流中必须有输入与输出。听觉语言在数字化公共艺术作品中既有输入语音信息的作用，同时也是作品向外传递信息的工具。

2）与视觉语言的配合

视觉语言有时并不能很好地传递作品信息，需要听觉语言的相互配合，尤其是在影视作品中。视听语言，就是影视作品中一种特殊的语言传达形式，并且是影视艺术的必修课。

3）渲染氛围

听觉语言对作品的艺术氛围可起到很大的作用，通过节奏、韵律来渲染作品的艺术氛围和情感。

数字化公共艺术中的听觉语言，既包含与视觉屏幕、雕塑造型、装置等密切结合的，也有以声音为主要表现元素的。

基于通信网络的听觉语言传达

数字化时代背景下通信与网络成为人类生活中不可缺少的元素，随着3G、物联网、移动电视等新技术的推广与应用，艺术表现也随之在虚拟的通信网络中蔓延。基于通信网络的数字化公共艺术听觉语言传达，借助互联网平台来传达作品信息，为参与的受众搭建互动、交流的平台，实现作品信息传达与交流体验的双向反馈。

作品“Hole in the Earth”（图5.5.9[1]）由艺术家Maki Ueda创作，它是一件设置于城市公共空间中的基于网络系统实现互动的数字化公共艺术作品。作品被同时安装在不同城市的广场、街道或公园的地面上，通过屏幕、麦克风、摄像装置、网络来传递作品信息。参与的受众可以在地球的一端与地球另一端的受众通过作品进行实时的语音与视频交流。在交流的过程中，听觉语言与视觉语言协同作用，但显然，听觉语言即语音更为直接和重要。作品在2004年被永久安装在了荷兰鹿特丹和印度尼西亚万隆著名的清真寺中。

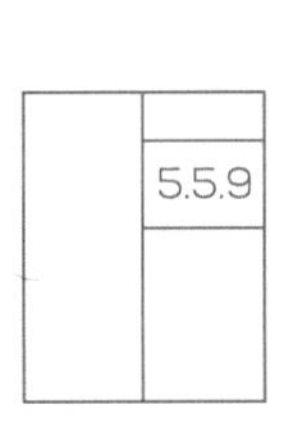

5.5.9 Hole in the Earth

基于外部感应的听觉语言传达

在数字化公共艺术作品中，感应技术的应用很普遍，在五感语言的传达中都有应用。基于外部感应的听觉语言传达，指的是借助外部因素（人类行为、自然现象等）对作品中感应元器件产生作用并通过声音的方式传达作品信息，构建交流体验的平台。

“PLAY. orchestra”（图5.5.10[2]）使每位参与的受众（不论你有没有音乐基础）都可以演奏出爱乐乐团（Philharmonia Orchestra）的交响乐曲目。作品由60个正方体盒子组成，它们的排放和交响乐乐团演奏时的顺序一致，每一个方盒子对应一种乐器，并在内部安装有感应装置、发声装置、灯光装置及无线传输装置。当有公众走近作品，在方盒子上小憩或拍打它，顽皮的孩子站在上面嬉戏时，作品便会演奏出动人的乐章。参与者还可以通过手机接收到自己演奏的乐曲，回家慢慢欣赏。当更多的人坐到方盒子上，便可以演奏出爱乐

[1] UEDA [EB/OL] http: //www.ueda. nl/

[2] milkandtales [EB/OL] http: //www. milkandtales. com/playorchestra. htm

乐团的交响乐曲目。当夜幕降临，在方盒子发声时，灯光会亮起，此时公众欣赏着自己创作的视听盛宴，其愉悦感一定不胜言表。此作品是英国南岸中心（South Bank Centre）联合爱乐乐团等众多机构完成的，并被BBC、泰晤士报、每日电讯等众多媒体报道。

触觉语言

触觉是通过人体表面接触、滑动、压觉等机械刺激的总称。人类可以通过触觉感受温度、湿度、疼痛、材质、力量，传达情感，以示礼节等。触觉语言指的是通过触觉行为，如按压、扭动、拍打等达到信息传达与情感交流的目的。触觉语言常用于人与人、人与动物之间的交流，如握手、拥抱及古人在袖子中通过指头的触碰讲价等，人对动物的抚摸以示友好等都是触觉语言的具体表现。

5.5.10
5.5.11

5.5.10　PLAY. Orchestra
5.5.11　CityWall

触觉在人的五感中接受信息的比例仅占1.5%，但是在数字化公共艺术作品中的应用比例却很大。数字化公共艺术中的触觉语言主要通过触摸技术、感应技术、追踪技术等技术手段，实现以人的触摸行为为输入方式的互动艺术表现，从而传递作品信息与交流体验。

基于触摸屏幕的触觉语言传达

随着技术手段的成熟，触摸技术被广泛应用于手机、公共查询机、门禁系统等。iPhone的出现又将触摸屏幕推向了另一个高度，增加了更多用户体验与交互设计元素。iPhone于2007年在美国发布，引起了排队抢购的热潮。iPhone的出现在某种程度上颠覆了传统手机的概念。iPhone融合了多点触摸技术、传感器技术、虚拟体验技术等新型交互技术手段以及超过10万个应用程序，其成功的交互设计成为优良用户体验设计的典范。iPhone技术平台的应用已经走向公共空间，介入到公共艺术中，成为数字化公共艺术的技术支撑。

CityWall项目位于芬兰赫尔辛基，将iPhone的多点触摸技术应用在了城市公共空间的墙面上，成为了城市公共设施的一部分。CityWall（图5.5.11[1]）为市民提供关于城市交通、旅游景点、饮食住宿、艺术展览等的多方位信息以及社会性话题的讨论，如气候变暖、城市景观等，并在Flickr创建了相册，

[1] CityWall [EB/OL] http：//citywall. org/

提供网络交流平台。CityWall的意义不仅在于多点触摸技术的应用，而且在很大程度上满足了广大市民的交互体验需求，创建了市民与城市信息之间的双向交互过程。

基于触摸行为的触觉语言传达

基于触摸行为的触觉语言传达是通过人类日常的触摸、感应等来传递信息、表达情感。数字化公共艺术作品中，传达作品信息、建立双向信息反馈需要信息的输入与输出，触摸行为在作品中大多承担输入的角色，也有个别作品会在输出时给人以触觉体验。

“Flow 5.0”（图5.5.12[1]）的触觉语言传达就是将触觉输入与输出同时展现。“Flow 5.0”是荷兰艺术家Daan Roosegaarde与技术团队协作完成的作品，于2008年在斯洛文尼亚的卢布尔雅那Kapelica画廊展示。在艺术中心大厅，长10m的作品被安装在入口处，作品由数百个风扇和感应装置构成，根据路人靠近作品的速度、距离、行为方向等来决定风扇旋转的速度、方向。受众在参与作品时，将自身行为作为作品信息的输入，得到风扇的反馈，并在人体表面产生触觉反应，达到触觉输出的效果。

嗅觉语言

嗅觉是受到外界气味刺激，通过嗅神经系统和鼻三叉神经系统来感知的感觉。嗅觉和味觉通常会相互作用。嗅觉是一种远感，是通过长距离感受化学刺激的感觉。相比之下，味觉是一种近感。嗅觉语言指的是通过嗅觉进行信息传达与情感交流的语言传达方式。嗅觉语言主要通过气味来传递，如动物在觅食行为、性行为、攻击行为、定向活动以及各种通信行为中，很大程度上依赖的是嗅觉语言。

嗅觉在人的五感中接受信息的比例仅占3.5%，从

	5.5.12
	5.5.13
	5.5.14

5.5.12　Flow 5.0
5.5.13　AIR
5.5.14　Conspiratio

[1] dezeen [EB/OL] http: //www. dezeen. com/

接收信息比例来看，大于触觉，但是在数字化公共艺术作品中的应用及对作品的信息传达却远远小于触觉。以互动性思维为导向的数字化公共艺术作品在创作之始就要考虑到作品信息的双向传递性，由于嗅觉语言需要气味来传达，不论作为输入还是输出元素都有实施的困难，并且还要承受大众接受度的考验，所以其应用案例也较少。

“AIR”（图5.5.13[1]）由艺术家Hilda Kozári n与香水制造商Bertrand Duchaufour共同完成。作品由三个大气泡组成，通过三种不同气味的香水来表达三座城市：芬兰赫尔辛基——作者工作与生活多年的城市、匈牙利布达佩斯——作者的家乡和法国巴黎——香水的世界。三个气泡包含了作者对这三个城市的嗅觉与视觉的体验与记忆。城市的气味不只是城市空间中散发的味道，也包含城市的情感、文化等。作品通过气味的方式演绎、传达了作者对城市的记忆与情感，嗅觉语言在作品中作为输出信息，遗憾的是作品没能建立输入与输出的双向信息互动。

味觉语言

味觉是指在口腔内的化学物质刺激味觉器官而产生的感觉。味觉与嗅觉常常共同产生并伴随着相互作用。味觉语言指的是通过口腔等味觉器官感受到物体的味道、性状等来传达语言信息的方式。

味觉在人的五感中接受信息的比例仅占1%，是五感中接受信息比例最少的一种感觉。这种需要经过人体口腔来传达信息的味觉语言在艺术作品中应用的案例同样寥寥无几，能够实现信息双向传达，并满足受众交流体验需求的作品就更加难得了。

2005年奥地利电子艺术节上日本艺术家Yuki Hashimoto的作品“Conspiratio”（图5.5.14[2]）就是通过“味觉”来传达作品信息的，并且实现了双向互动的交流。作品在一个大显示器上设置了一个虚拟的“杯子”和“吸管”，参与的受众可以通过菜单来选择所要饮用的饮品。受众通过吸管吸取杯中的饮品，可以感受到吸管的振动及吸取饮品的声音，同时大屏幕上的气泡也随着受众的吸食而逐渐消失。参与的受众不仅自己可以身临其境地真切感受到吸食的快感，而且还与其他公众分享了整个吸食的过程。作品将受众的吸食行为作为信息输入元素，将吸管、杯子及大屏幕同时作为信息输出元素，达到信息传达与交流体验的双向互动。吸管中的饮品究竟味道如何，要自己尝尝才知道，而作品通过味觉语言传达的双向信息反馈构建了作品与受众及其他观众的互动。

---

[1] we-need-money-not-art [EB/OL] http: //www. we-need-money-not-art. com/
[2] Ars Electronica [EB/OL] http: // 90. 146. 8. 18/en/archives/

2. 心理语言传达

心理语言学是研究语言活动中的心理过程的学科，它涉及人类个体如何掌握和运用语言系统。从信息加工的观点来看，心理语言学研究的是个体语言交往中的编码和译码过程。[1] 心理语言与众多学科相互关联，除心理学、语言学外，还与认知科学、信息学、人类学等理论与研究方法有密切关系。

心理语言传达指的是外部事物对人类产生刺激作用时，以人类思维过程所体现出的行为、表情、情感以及心理活动等来传达信息的语言传达方式。心理语言传达是以心理语言学为理论指导的信息传达方式，它与五感语言传达有两点明显的区别：

1）信息传递方式不同

心理语言传达的信息传递，在很大程度上是通过思维过程来实现的，如艺术作品所传递的信息，可能每位受众接收到的信息都不同；而五感语言传达的信息，是通过人体的视、听、触、味、嗅觉的感觉器官实现的，在信息传递过程中，每位受众接收信息的差异相对较小。

2）信息感知方式不同

心理语言传达的信息感知，直接作用于内心，他人很难得知；而五感语言传达中，信息感知直接作用于人体器官，能够通过表情、动作等外在现象表现出来。

心理语言学研究的目的与意义在于了解人类的思维方法及思维过程。互动性思维作为以“互动”为主导的思维方式，在数字化公共艺术作品的创作中更注重作品、作者、受众之间的相互作用与相互关系，特别是在信息传达上实现双向传递。这样，使心理语言在作品的呈现和交流上的意义更加重要。

心理语言传达在数字化公共艺术作品中属于内涵性意义，是一种传递感性信息的方式，相对而言，五感语言传达则属于外延性意义，是一种外在信息的传达。互动性思维的目的是要满足受众的“创作欲”，了解受众的需求及体验，就要通过受众的感知、易位来实现。

感知，是受众对作品的一种感性认识；易位，指的是作者与受众的位置互换，使双方了解各自的诉求。

---

[1] 大科普网［EB/OL］心理语言学http：//www．ikepu．com

心理感知

感知是客观事物通过感觉器官在人脑中的直接反应。感知包含了五感器官的感知和心理感知。感知作为认知心理的过程，包含了感觉和知觉两部分。

认知心理学认为：感觉（sensation）是对刺激的觉察；知觉（perception）是对感觉信息的组织和解释，也即获得感觉信息意义的过程。[1]

本小结的感知特指心理感知，作为外界刺激感觉器官后而产生的感性认识，它包含所引起的回忆、情感及情绪变化。具体到数字化公共艺术作品中，心理感知是指受众在欣赏作品时对作品的内在意义以及作品对受众五感的刺激所产生的感性认识，不仅包含对作品本身意义的感知，还有通过作品传递出的对以往的回忆及其他情感的反应。

受众对艺术作品的心理感知往往各不相同，但数字化公共艺术的公共性要求作品应该满足大众审美，也就是要求在创作时考虑受众的心理感知。这样才能达到公共艺术创作的目的，使得更多的受众产生共鸣。

建筑外立面是城市重要的视觉形象，越来越多的艺术家及商业人士开始关注和利用建筑外立面，将其作为艺术表现载体和商业广告展示平台。位于北京北四环中段的金长安大厦，整座建筑的外立面都安装了LED屏幕，高107m、宽130m，覆盖面积约16000m²。大厦邀请德国年轻艺术家Tobias Zaft在LED巨型屏幕上创作了名为“钉杠捶”（图5.5.15[2]）的作品：两只大手在两幢大楼的LED屏幕上，不停地变换“石头、剪刀、布”的游戏。这个游戏在双方意见发生分歧或决定先后权时玩，是一个全球性的游戏，在德国叫做“Schnick，Schnack，Schnuck”。作品从2009年4月起开始每晚展示，由于屏幕的尺幅巨大，视觉传播的范围和冲击力都很大。作品展示在每日350万车流量的道路旁，使得受众数量大大增加。虽然作品本身没有让受众参与其中，但是看到作品的人们往往会勾起童年的回忆，或某次成年后的游戏，唤起那份纯真的记忆，达到一种心理上的信息交流

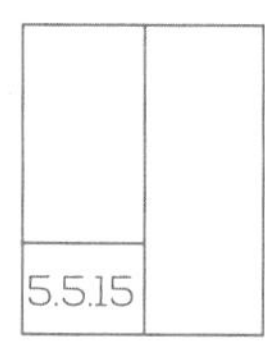

5.5.15　钉杠捶

[1] 黄路阳. 认知心理学对感知觉的新理解 [J]. 安康师专学报，1997，2.
[2] Tobias Zaft个人网站 [EB/OL] http：//www.tobiaszaft.de/

并感受作品的内涵性意义。

心理易位

易位，从字面上理解，为更换位置。心理易位指的是利益双方换位思考，从对方的角度思考问题，从而达到相互理解并解决问题的目的。

以互动性思维为导向的数字化公共艺术，要求在作品创作的全过程中都要考虑受众的存在以及受众参与作品的方式。这就要求作者从受众的角度出发去创作作品，以实现受众参与作品的“再创作”。同样，受众在参与作品时，要遵守作者在作品中制定的游戏规则，并透过作品来了解作者所要表达的思想与意义。整个作品的创作过程和呈现过程中都存在心理易位，通过这种特殊的心理语言传达作品、作者和受众之间的交流信息。

“Mud Tub”（图5.5.17[1]）是ITP创新艺术与科技春季展上由艺术家Tom Gerhardt创作的作品。作品通过一盆泥土链接电脑及网络，将人们对泥盆中泥土的按压、搅动、拍打等行为通过传感装置输入计算机，达到控制计算的效果，还可在泥盆中玩俄罗斯方块等游戏。作品建立了一个全新的人机交互方式，并将参与受众的行为作为信息输入元素，使以往呆板的人机交互充满生气。参与的受众在泥盆中玩耍，他们的脸上都充满了喜悦，不仅实现了对计算机的控制，还唤起了受众的童真。作品在创作中不仅考虑到了受众的参与，还从受众的角度出发思考了他们的需求；参与的受众也从作品的规则中感受到了快乐。正是这种心理易位，显现了数字化公共艺术作品的意义。

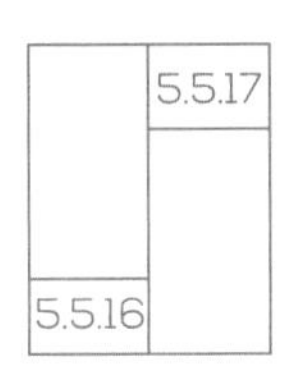

5.5.16　微生物博物馆Micropia
荷兰阿姆斯特丹
图示案例是由Kossmann.Dejong团队设计的展示。这是一个对微生物与人体关系的。通过使用复杂的身体追踪器，扫描一个人的身体，得出这个人身上带有的微生物的种类。通过虚拟屏幕向人们展示人体各个部分分布的微生物。设计师和技术人员从肉眼看不到微生物这个问题出发，利用实际的物来展示微生物的故事。Kossmann.Dejong团 队 与ART + COM工作室合作，利用媒体互动来展示微生物。他们的工作包括基于媒体的展品以及它们之间的交互和硬件设计，原型设计和编程的概念设计。身体扫描让观展的人参与其中，利用互动体验更好地展示了用肉眼看不见的微生物。观展人不只在界面上操作、了解微生物，其自身也成为了一个展示的载体。观展人的身体就是一个展示载体，通过扫描身体得出信息，这是展示体验中一个很独特的案例。
5.5.17　Mud Tub

[1] dirtycomputing [EB/OL] http://dirtycomputing.com/

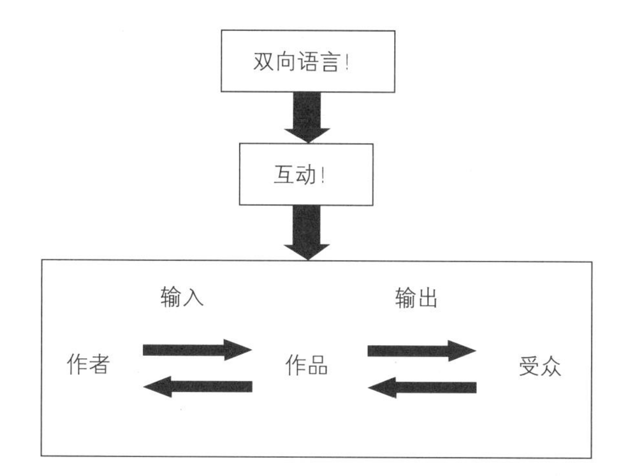

5.5.18
5.5.19

5.5.18　双向语言传达
5.5.19　棱镜互动公共艺术
加拿大蒙特利尔
该案例是用棱镜来布置景观的。Raw Design工作室和Lüz Studio合作创作。
图片中的场景位于加拿大的蒙特利尔，利用50个2m多高的旋转棱镜，将节日广场变成了一个巨大的万花筒。棱镜由板叠层与双色膜构成，透射和反射可见光谱中的所有颜色。光源和观测者的位置不同，看到的光的颜色也不同。棱镜安装的基地含投影仪。游客漫步和操纵的棱镜，他们将享受灯和色彩缤纷的思考无限的相互作用。旋转棱镜，加上周边可变的音效，给广场带来了很多人气，给人们带来了交流的话题。

3．双向语言传达

目前已经有了对“互动语言学”的专项研究，而本书中的双向语言传达并不是语音、语意上的双向传达，也不是双向语音技术，而是特指在艺术作品中双向信息的传达。双向语言传达既是艺术作品语言信息传达的表现，也是一种实现互动的手段。

被动——单向语言传达
传统艺术中不论音乐、舞蹈、戏曲，还是书法、绘画、建筑、雕塑等，都是艺术家将自己的创作理念植入到作品中的固态表现，即在作品创作完成之后不会进行变动，而只进行一些物理性的修复。在创作作品的过程中，作者考虑的只是作品本身及作品的最终呈现形态。将艺术作品作为一种传递艺术家思想和作品符号信息的输出装置，受众只能被动地接收信息，而没有选择、改变或参与作品的机会，也就不会有信息的反馈。这种被动的单向语言传达，有些时候不仅不能使艺术作品发挥其应有的审美功能，反而会破坏作品与受众之间的关系。在传统的公共艺术作品中，同样如此。虽然有些公共艺术作品呈现出了互动性，但缺少信息输入和反馈，更多的是机械化的、物理性质的互动。

互动——双向语言传达
互动——双向语言传达，是通过艺术作品构建的双向信息传递平台，可实现作品与受众、作品与作者、作者与受众、作品与空间之间的全方位信息沟通，是一种彼此相互了解的信息传递方式。

数字化公共艺术是在数字化时代背景下，伴随着科技水平的进步，公众审美心理、美学感知以及思维方式的转变而产生的。它最显著的特点——互动性，建立在交互技术、虚拟现实技术、全息影像技术等技术平台上，可实现信息双向传递。在互动性思维的指导下，数字化公共艺术所呈现出的互动性，不仅可以实现信息的双向传递，还使受众与作者产生了易位，将更多的创作权交给了参与作品的受众。在作品的创作及展示过程中，受众始终是主导，在某种意义上，作品离开了受众也就失去了存在的意义。

英国曼彻斯特City Tower展示的数字化公共艺术作品“A Show of Hands”（图5.5.21[1]）由艺术家Alastair Eilbeck创作。作品利用外置的触摸屏和手持扫描仪将市民的手扫描后，市民通过在触摸屏上对扫描出的手进行旋转、缩小、放大等选择自己手的呈现方式。参与的受众可以在外置触摸屏上点击得到网址，从而可以在网络上查看自己扫描出的手。外置设备于晚上11点回收采集的“手”，并将在高107m的City Tower一侧的LED屏幕上展示。作品设置在皮卡迪利花园（Piccadilly Gardens）中的City Tower，属于公共艺术的范畴，而其数字触摸技术、实物扫描及LED成像技术等的介入，使得作品成为了数字化公共艺术。作品如果没有市民的参与，也就无法呈现，而每位受众的参与都带来了与众不同的“手”，最终的作品呈现将所有参与受众的“作品”集结

5.5.20 夜间奇境

作者：托德・莫耶设计工作室

这是一只11m高的毛毛虫，它在纽约EDC音乐节、拉斯维加斯EDC音乐节“夜间奇境”的现场让观众们兴奋了起来。这只毛毛虫使用了4台高清投影仪，都安置在距离装置33.5m之外的地方，将雕塑变成了一块巨大的屏幕，“软件可以实时追踪旋转的装置并呈现出不同的图案”。银河系一般的灯光，给观众们平凡的生活提供了一次绝无仅有的体验。

5.5.21 A show of hands

[1] BBC [EB/OL] http: //www. bbc. co. uk/manchester/

起来，让他们感到创作的快乐。在作品的形成过程中，几乎所有的信息传递都是双向输入和输出：参与者扫描手（输入）——得到图像的网址并可自行选择修改（输出）；参与者确定扫描手的图像（输入）——得到作品的呈现（输出）。在作品的创作与实施、展示过程中，作者本身只是建立了一个“舞台”，而作品的完成完全是受众在给定的“舞台”中演绎的。受众不仅是作品的欣赏者，也是创作者。

5.5.22
5.5.23

5.5.22　数据仓库：数据墙

博伊曼斯·范伯宁恩美术馆，鹿特丹

此案例是博伊曼斯·范伯宁恩美术馆中的数字仓库。博伊曼斯博物馆是一个以艺术收藏品为主的博物馆。数字仓库的目标之一是让人了解收藏是如何建立的和艺术的不同作用的关系。数字仓库作为一个永久性的展示空间，分为两个区域。

图示是第一区数据墙，60～80件艺术品围绕分布在一面墙的两边。在这些艺术作品前是六个独立的透明玻璃面板，用来展示每个艺术品的数字内容和信息。触摸透明界面将光线引导到想了解的物体上，内容的展示是通过一个直观的触摸系统来实现高度的互动。在透明界面的引导下，可以得到艺术品全方位的信息。除了文字信息，还可以和界面中的艺术品互动，如还原一个艺术品在现实中的使用方式或打开、闭合等动作，都可以在这个界面上体验。

5.5.23　图钉雕塑

该案例是由瑞士一个优质床垫的生产商Riposa通过改良革新技术推出的一个能够更好地感应身体动作的图钉墙。图钉墙能够点对点地反映身体动作，墙上有2000根铝制的钉子，人在图钉墙的一面做动作，向图钉的另一面挤压，另一面能够快速地得出人的动作雕塑。它被应用于瑞士很多城市的购物中心和候车站。它在公共场合中引起人们的注意，商家也会通过它的有趣来吸引顾客入店购物。

第六章
城市的未来

Chapter 6
Future Urban Spaces

一、技术与艺术的融合之道
二、创造新的艺术载体与形式观
三、交互型公共艺术新材料引领新挑战
四、交互之光概念的探索
五、交互数字城市公共艺术
六、探寻未知的变化

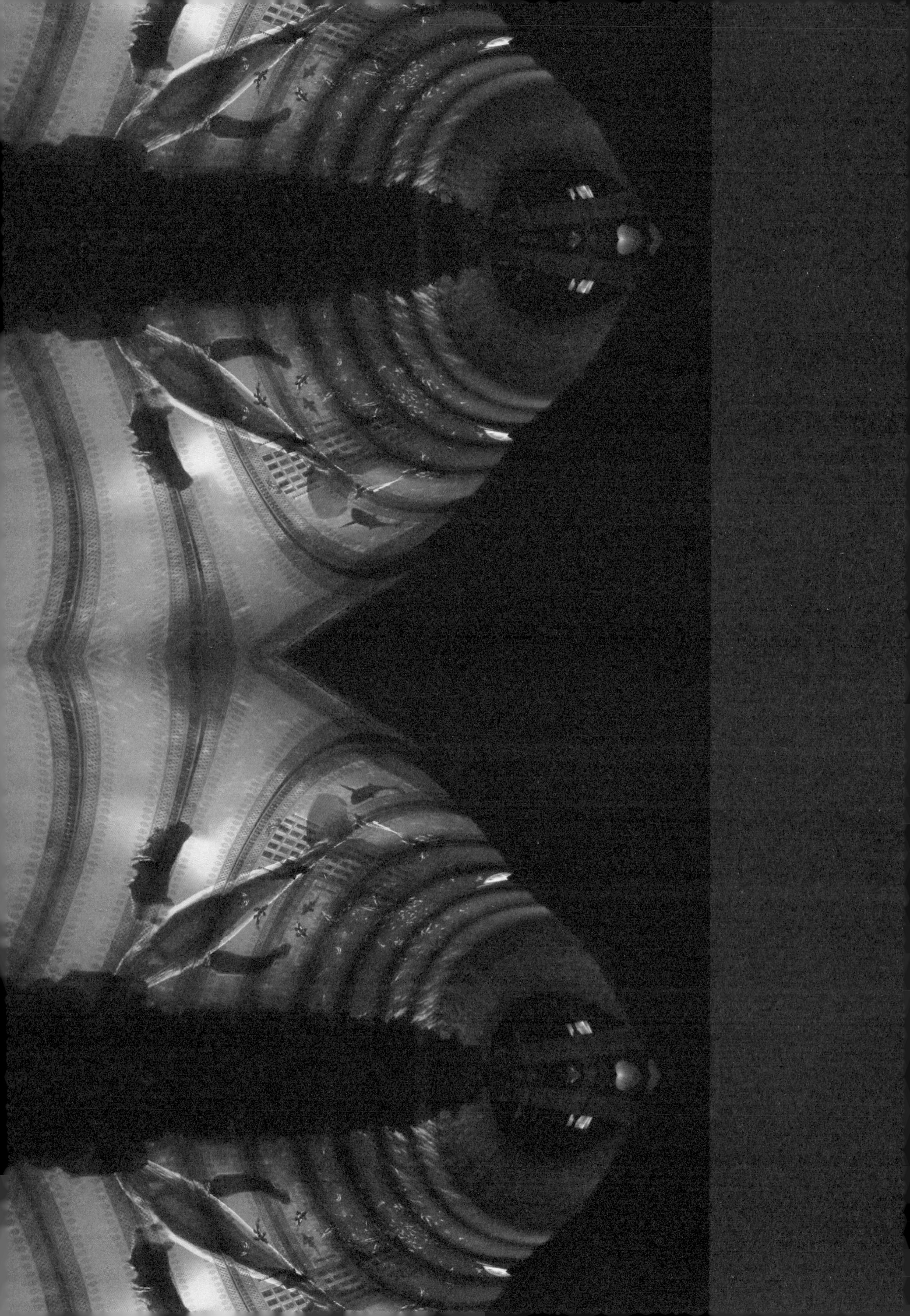

一、技术与艺术的融合之道

Fusion of technology and art

1．公共艺术概念的由来

艺术来源于生活，存在于我们生活的各个角落，它是一种文化现象，是为了满足人们的情感需求和主观需求而存在的，人们通过艺术不断创造美好的事物，宣泄心中的感情。从古至今，艺术不断发展，从最早的祭祀用品，到后来的唐三彩，再到后来的青花瓷，从最开始的论语，到后来唐诗宋词等。然而，何谓技术？按照《辞海》中的解释，“技术”是指“运用范畴、定理、定律等思维形式反映现实世界各种现象的本质和规律的知识体系”。这样看来，艺术和技术是两码事，艺术多带有感性色彩，而技术却是理性感受偏多。但事实并非如此，艺术设计、艺术风格的形成往往是艺术和技术因素共同作用的结果，我们不能将它仅仅归于艺术因素或技术因素。只能说，可能某个时代的艺术设计更加偏向于设计方面，在另外一个时代，艺术设计更加偏向于技术方面。

交互性公共艺术是指在公共艺术的范畴内引入数字化虚拟表现的现代城市公共艺术，借助计算机控制来实现具有一定互动功能的城市公共艺术。从定义上就可以看出来，交互性城市公共艺术是技术与艺术的结合体，技术指的是计算机技术，艺术则是指公共艺术所包含的内容，比如城市雕塑、装置、光艺术、城市影像艺术等。

互动性是公共艺术的另一重要属性，究其场所和地域特征以及其创作、建设的初衷，大众的参与是必不可少的，也就是作品与受众的互动。这种属性也是有别于其他艺术形式的一种归属于大众的艺术，它的最高层次在于受众能够真正参与到作品的创作中去，达到作品与受众、作者与受众的双向交流，使得作品不仅仅停留在信息的输出上，更多的是受众对信息反馈的输入。然而，这种互动性的作品还不多，目前大多拘泥于机械式、物理式的互动。[1]

公共性和互动性是公共艺术最本质的属性。公共艺术在一定意义上体现了当代人的文化理念、审美情趣和人文关怀，体现了整个社会的多元形态与科学技术水平的发展状况，而公共艺术互动的意义则凸显在“以人为本”的交流体验上。

2．交互性城市公共艺术是技术和艺术的融合体

交互艺术是艺术家制定规则、算法，从事创作，提供元作品，然后鼓励观众参与，以改变作品的形态作为对观众的反馈。这种互动是体验型的、多形态的，是在作者许可、鼓励下进行的，很多时候观众的行为也是作品的一部分。以往的设计是要求人们被动地接受，例如电视、广播、报

[1] 郭晓寒，何雨津．互动媒体艺术［M］．重庆：西南师范大学出版社，2008.

纸、杂志等。当网络出现时，人们有了自主选择的权利，但是这种选择仅仅局限于计算机和网络平台。报纸经常报道说某些不良公民攀爬到某个城市雕塑上拍照，写下长篇大论并且附上照片，以表示真实性和作者的愤恨心。作为一个公共艺术者，看到这些都是很无奈的，因为作为城市的一部分，公共艺术应该是一种不仅能美化空间，更可以与人互动，愉悦身心的艺术品。所以，现在人们的目光逐渐从传统的城市公共艺术转移到具有交互性特质的公共艺术品上了。

当人们走在街头，漫步于城市广场，沉浸在博物馆中，他们还都是在被动地接受眼前的事物。那么，让我们试想，未来的某一天，我们可以随时自主地过滤我们的视觉信息，并且有选择地参与其中，体验自主创造与设计的快感，人人都可以成为设计师、艺术家，创作属于自己的“作品”。

数字化公共艺术有别于传统公共艺术的一大特性就是科技性。从创作材料来看，数字化公共艺术的创作材料是基于数字技术的媒介材料，这其中包括感应器、LED、数字显像系统、计算机、通信工具、网络等以及计算机编程技术、虚拟现实技术、交互系统等技术手段和平台。传统公共艺术的创作材料一般为木材、石材、玻璃、玻璃纤维、水泥、钢板等。从创作过程来看，数字化公共艺术的创作往往要经过建立数字虚拟模型、电路铺装、电路调试、软件测试等步骤，而传统公共艺术在创作过程中是没有电子元件介入的。

随着经济的发展、科技的进步，设计中越来越广泛地运用到了电子技术、拍照录像技术、数字媒体技术等，人们对视觉图像的要求也越来越多，除了传统的实型、模拟型、类比型和结构型，人们现在追求的是一种互动性的视觉感受，不再是以前的被动地接受这些视觉感受，而是从互动参与中得到设计带来的愉悦感受。未来的城市公共艺术的技术含量将会更高，这些技术包括语音识别、图像文字识别，还有人的表情识别、各种传感器等。未来的城市公共艺术是以技术为依托的，而艺术是技术的表现形式。

再比如网络多媒体艺术也是一种基于高科技和互联网的公共艺术。网络和通信技术的发展，带来了相关艺术的繁荣。早期的网络通信艺术的表现基本上是艺术家通过网络和通信技术来进行图片、影像的传输与制作，达到分享艺术成果的目的。1969年，芝加哥当代艺术博物馆举办了题为“电话艺术”的展览，工作人员通过电话与艺术家进行沟通来制作展品。这使作品的最终表现形式充满了不确定性，并由艺术家以外的人员参与并完成作品。在此后的网络与通信艺术的创作中，网络受众参与作品并改变作品成为了一种趋势。

新技术手段的运用正影响着我们对空间、对艺术的心理关系和概念。如今，新的数字技术可以让不同的媒体形态相互结合，并给予观者自主的控制权，与作品本身建立彼此的互动性，作品则提供更多的可能给观者，这种非线性的思考过程改变了以往的审美体验，使观者参与并沉浸在作品之中，体会“创作”作品的快感。这样看来，数字媒体技术的运用已经是结合了影像、声音、文字、控制技术的超级文本，贯通了多种可能，链接着极尽丰富的表现元素，参与者或者说创作者每次不同的操作都将导致不同的结局——这正是数字化公共艺术所拥有的互动性所带来的无穷魅力。

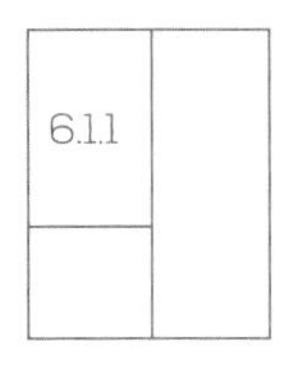

6.1.1　公共建筑投影（Unplug Yourself）
李丙承（Ye Seung Lee），韩国Seoul Square
首尔的Seoul Square大楼在夜幕降临时就会上演艺术展示。在2007年建筑翻新时，决定内外都用美术作品来装饰，于是有了现在外墙上巨大的LED屏幕。利用LED屏幕展示韩国著名画家的作品，每晚6点到11点循环播放，吸引路人停下来观看。图中案例是李丙承的灯光艺术作品，利用互动网络摄像头，现场直播提线木偶表演，投影在首尔广场大楼上。日常生活中，人们忙于工作，行色匆匆，经过首尔广场大楼时会被建筑的外表吸引，让人能感受：到其实生活中处处有美好。

3. 未来交互公共艺术中的几个可行性

马克·威瑟认为：从长远看，计算机会消失，这种消失并不是技术发展的直接后果，而是人类心理的作用，因为计算机变得无所不在，不可见的人机交互也无处不在。对于未来的交互性城市公共艺术来说，应该是更好地让人们参与到人和作品的互动中去，让人们自由自在地在艺术的海洋中寻找快乐，所以，在未来交互公共艺术中的技术应该达到目标有：

（1）人们在参与公共艺术品的互动时，将会更加简单、自然、亲切，而不再训练很久才能准确使用和互动，人们跟机器交流就像人跟人一样简单，让不同年龄、不同阅历的人都能够参与到公共艺术互动中来。

（2）各种技术的加入，使得公共艺术品做出来的效果很强，不再像现在的交互性公共艺术那样单一，只包括一项功能，未来的技术将会带给人们很强的感官冲击力，不管是在立体声效还是在立体三维的视觉效果中都能得到最好的感受，光感、水感都非常逼真。未来，通过技术的加强，将会给公共艺术带来另一种升华。

（3）未来，因为科学技术的发展，将会给公共艺术的造型带来很大的改善，交互性城市公共艺术作品不管是在造型还是在各种感官方面，都将会具有更加丰富的表现形式，公共艺术家能够在高科技的基础上创造出数不胜数的各种类型的公共艺术作品。

（4）通过一些技术，可以让公共艺术品不仅是一件作品，更是一个能跟人交流感情的对象，它能安抚人心，净化人的心灵，美化整个环境，给人的生活带来创意，激起人对科技的求知欲，推动整个科学的发展，使全民都开始关心科学技术。[1]

[1] 李四达．交互设计概论［M］．北京：清华大学出版社，2009.

随着新技术手段的不断涌现，新型的艺术表现形态也随之产生。在数字时代背景下产生的艺术形式多种多样，它们由传统艺术衍生而来，将数字技术及现代思维方式融入，使得传统艺术具有了新的特征。

城市规划与城市公共艺术

一个城市的城市规划与整体面貌代表着一个城市的风格与品位，显示着这个城市的历史与未来。在当今的城市规划中，仍然存在着用工程的眼光去看待城市建设与城市空间的现象，对法规、机能、造价、维护等方面的考虑比重要远远大于艺术与审美方面的考量。因此，公共空间的品质、建筑风格、绿地、公园、博物馆等的规划都相对混乱与不完整，只实现了功能性而没有讲究艺术性。

未来的城市公共艺术，如果能将都市的规划与整体建筑风格都纳入到艺术的体系中来考量的话，城市公共艺术将与整个现代先进科技结合得更加紧密。这样的案例在之前的城市公共艺术中就已经出现，不过没有被纳入到一个体系中去。像豪斯曼在19世纪中期所创作的新巴黎，整个城市的艺术氛围非常之浓厚。20世纪中期建筑大师贝聿铭设计的东海大学，整个学校笼罩在一股设计感之中。90年代盖里设计的古根海姆美术馆，建筑本身就堪称艺术杰作。这样一来，城市公共艺术将不再是给某个广场空地添一个雕塑这样的辅助性的公共角色，而是直接融入到城市的面貌渲染本身中去。

这种基于城市公共艺术的艺术性规划必须强调在设计之初，有更多不同身份的人参与其中，共同讨论得出方案。当然，这样的艺术性规划可以首先建立某些艺术试验区，人们体验式地进入到其中居住。再根据居住者的体验来修改方案以便制造其他的城市实验区。在这种城市实验区里面，大量的新型科技被广泛地采用，很多在旧的社区中不能实现的建筑风格、生活区模式、新型动力系统等都被交织利用起来。城市公共艺术充斥在实验区的各个小细节上。人们在这种实验区里体验到的是城市公共艺术带来的艺术与科技的结合、人与城市的互动。

建筑改造与城市公共艺术

对于上述将城市公共艺术融入到城市规划中这样的全新尝试，很多城市和地区没有资金和地方去开展。另一种用高科技的手段来改造某些旧有建筑的公共艺术手法，则是未来许多城市公共艺术的努力方向。一些旧社区因为建筑年代久远而难以散发活力，在不能拆掉的前提下，如果用城市公共艺术的方式将其进行改造，则会成为城市和社区新的文化景观。

对于这种将艺术创意融入到改变城市面貌的尝试中，并且融入大量先进科技的做法，已经有一些公共艺术家进行过尝试了。例如游哈金·索特与不同的艺术家合作带领其团队不断地尝试改变欧洲城市的面貌。他的作品横跨欧洲大陆，从巴黎、柏林到格拉兹，其中有一部分为永久性的项目。他针对目前欧洲大楼外观的光影多媒体艺术作品，提出了许多新奇的点子和构思。这位艺术家的艺术创意是针对大楼外观创作多媒体艺术。他擅长利用大楼外观作为创作的基本素材和平台，使得不起眼的平凡建筑在夜晚成为璀璨的明珠。

他的作品中最有名的一件是：以德国柏林的一幢废弃大厦的外观作为媒介，在大厦的每一扇窗户后端装上一盏连接着电脑的灯，植入特定的电脑程序，让大楼的外观转化为一个“屏幕”。特别的是他邀请公众到户外空间观看这件作品呈现的面貌，并且抛出一些名额让部分观众用手机将自己想说的一些话传送到电脑上，再由电脑接通、传送到大楼外观的手机屏幕上。这样，现场的

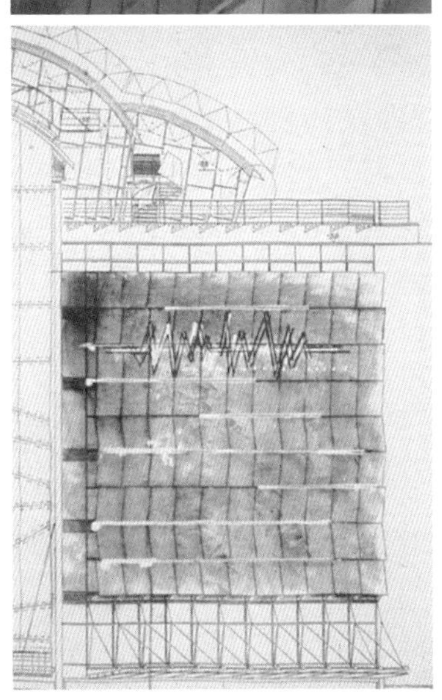

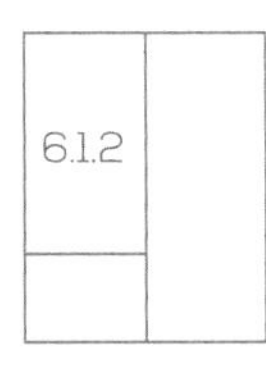

6.1.2　克莉丝汀·穆勒，大楼外景
Christine Muller, Building Location

柏林居民就见证了世界上最大的、最开放的手机屏幕，大楼手机荧幕前，民众的热情非常之高，惊叫和欢呼声不断。这件作品深受当地居民的欢迎，是一件运用高科技手段并且互动效果很好的城市公共艺术作品。[1] 游哈金·索特另一件杰出的作品设置于康斯邵斯的格拉兹美术馆的外观玻璃上，他将930个荧光灯管当成影像元素，并借由电脑程序来控制灯管以展示画面。这种有机生物的建筑体造型外观搭配上高科技的光影作品，使得整个格拉兹古城具有了一种超现实的魅力，使得当代居民体验到了一种前所未有的新城市景观（图6.1.2）。

互动体验与城市公共艺术

城市公共艺术除了对城市景观的创造与改造之外，另外一个非常重要的趋势就是关注人类情绪与体验本身，通过适应人的心理与生理的变化，来达到城市与人之间的互动。

例如表情识别这种互动式的设计元素就可以运用在城市公共艺术中。人类的表情非常丰富，而且人类的表情跟人类的情绪密切相关，什么样的情绪就会有什么样的表情，而且一个情绪不只有一个表情，它是千变万化的。所以说表情的识别技术是已经研究了很多年的一门学科，也是未来交互技术的一个研究热点。面部表情的分类有两个不同的体系，一类是对情绪的维度分析，另一类是对情绪的分类。汤姆金列出了8种基本情绪：兴趣，快乐，惊奇，痛苦，恐惧，愤怒，羞怯，轻蔑。[2] 我们研究表情识别的目的在于建立和谐的人机交互关系。利用这个技术使交互性城市公共艺术能够看懂人们的表情，看懂人们的心情，从而真正地实现和谐的人机交互关系。

我们可以想象，未来的我们，因为自己心情不好，独自来到公园散心，周围的环境感受到你的心情，播放你喜欢的音乐，带来你喜欢的环境，

[1] 胡超圣，袁广鸣．魔幻城市：科技公共艺术［M］．台北：台湾典藏家庭公司，2005.
[2] 赵坤，张林．心理学导论［M］．北京：中国传媒大学出版社，2009.

给你带来一切你喜欢的，人和机器的交互都是在无形中进行的，你感受不到机器的存在，你也不需要挥动你的手或者扯着嗓门大喊，这完全是机器感受到了你的情绪。我们可以想象这是一个多么美好的情景。

这种情景的实现不仅需要完美的艺术体验设计，需要探索人类心灵与感官的需求，更需要科技实践与艺术设想的完美结合。环境与人体之间建立联系，公众与私人之间建立共享与私密的关系，都需要科技与艺术来共同完成。

数字媒体技术的发展、交互技术的发展与运用、艺术与技术的高度融合等，使得大众参与体验公共艺术作品的形式发生了质的变化，使得公共艺术能够通过形象、语音和行为识别，使艺术家、作品与受众发生互动，实现艺术创作与艺术体验的双向交流，突破艺术活动的单向模式，让公共艺术焕发出更强的渗透力和感染力。

在未来，一些艺术家、设计师和科技工作者的合作，会使数字交互作为一种新型的公众参与艺术成为可能。正是大众的广泛参与，使得设计人群与受众大范围增加，从而必然会导致量变到质变的过程，以创造性的艺术、设计与科技满足人类在当今社会中的精神与物质需要，使整个设计水平与技术能力得到长足的进步。新技术手段在公共艺术互动中的运用必然会成为未来公共艺术的发展趋势。

我们作为交互性城市公共艺术者，应该走在技术的前端，要有时代感，不能总是抱着传统的公共艺术不肯放，不要局限于一种艺术方式，我们应该把艺术放在技术的高度上去创作。但是先进的技术也不能完全取代传统的公共艺术，因为传统公共艺术有深厚的文化底蕴，也有丰富的表现力，人们对于传统的东西还是有一些熟悉感和亲近感，科技会让人们产生距离感，所以未来的交互性城市公共艺术设计不能单单靠技术来吸引群众的眼球，我们应该先有过硬的艺术基础，然后合理地运用一些技术，把技术和艺术完美地结合在城市公共艺术上，这才是我们最终想要得到的。

二、创造新的艺术载体与形式观
New carriers and forms

美国数字艺术研究学者Jeremy Birn曾这样比喻技术在数字艺术创作中的地位："计算机制图将艺术家置于'爱丽丝漫游仙境'的境地，不得不飞快地学习新的变化，只是为了能保持原来的水平。要赶上当今的技术潮流，要求你对经过检验的靠得住的技术进行重新考虑和修改，并投入时间去测试新的技术。"可见，不管是在数字艺术中还是公共艺术中，新的技术手段都是十分重要和必要的。这一章节主要探讨新技术中的载体材料和新的形式观。

说到城市公共艺术的载体，人们一般都会想到城市雕塑、壁画、装置设计等传统的公共艺术，又或者从另外一个角度来说，城市公共艺术的载体是那些室外的公共空间，比如说城市广场中的铺装或者城市公园中的草坪，这些是最主要的城市公共艺术载体形式。从另一个角度来说，城市公共艺术的载体和形式观是不同的材料所带来的。

我们这里说到的城市公共艺术的载体指的就是不同的材料。随着经济的发展，科学技术也在不断发展，新材料也在不断出现。城市公共艺术在材料的选择上有了更大的空间，各种艺术载体不断更新，对于人们驾驭这种新的载体也是一种考验，从形状颜色到内部的意涵，从单一材料到一种艺术载体，这些无不考验着设计师们的运用能力。新时代下的交互性公共艺术作品需要有新的载体、新的形式观，这样才能顺应时代背景，展现公共艺术的新的光芒。

对于艺术家、设计家来说，材料是可以表达他们的情感和思想以及意志的一个很重要的东西。材料具有特别的艺术语言，是重要的艺术载体。在我们谈到新的艺术载体的时候，我们应该回顾过去和现在不同的艺术载体，感受不同时代的不同形式观。

任何设计都要通过材质来表现，设计在很大程度上取决于我们选用的材料。在材料的发展过程中，人们历经了从使用单一的原始的纯天然材料制造物品，到使用复合材料制造物品。传统的材料按照来源分类：第一代为天然材料（木质、竹子、棉、毛、皮革、石材等），第二代为加工材料（人造板、纸、水泥、金属、陶瓷、玻璃等）第三代为合成材料（塑料、橡胶、纤维等），第四代为复合材料，第五代为智能材料或应变材料。[1] 材料的变革对于新技术的革新和新形式的拓展的影响是不可估量的，不管是在科技领域还是在艺术领域都是如此。

---

[1] Wang, Jun Hu, Matthias Rauterberg . New Carriers, Media and Forms of Public Digital Arts [C] Culture and Computing, Hangzhou, China, 2012.

1. 传统的艺术载体

传统材料一般是指单纯的材料，比如木材、石材、泥土、金属之类的材料。最常见的是绘画、立体造型、浅浮雕、高浮雕、圆雕等造型样式，现在我们见到的大多数公共艺术作品都是运用传统的艺术载体来表现的。传统的材料结合新的观念——将传统的艺术载体经过艺术设计放到现代的城市中去，这是城市公共艺术品设计的重要环节。就传统的艺术材料来说，木材一般给人以温馨容易亲近、随意、浪漫的感受，而金属则表现出一种力量，或者说冷峻、严肃的感觉。但是也不能确定地说什么材料就代表什么意思，因为还要看这种材料具体的造型、具体的颜色深浅、具体的花纹等来诠释这个材料的内涵。

就拿传统的中国画来说，中国画是中国传统艺术中最具代表性的门类，也最能代表整个中华民族的文化价值取向。从大量的中国画作品中，我们可以深切地感受到它的底蕴。在以人物、山水、花鸟为主的中国绘画中，笔墨纸砚、诗书画印共同成为了承载中国画血脉的材料因子。传统中国画作为一种资源，有着强大的吸引力，吸引着历代大师们不断地和借鉴，因此，中国画材料本身的继承性和保存性是显而易见的。中国画的材料，也就是它的载体本身变了的话，中国画就很难称之为中国画了。

以往公共艺术最常见的形式就是公共雕塑了，通常是静态的硬雕塑，被摆放在城市的公共空间中。如上海淮海中路地铁站出口处有一座名为“打电话的少女”的铜雕，这位少女身穿短裙，一手叉腰，一手拿着电话筒正在接电话，样子和神情十分休闲和自在。这位少女的身上散发着时尚的青春魅力，同时也透露出21世纪一个平凡的上海女孩的都市生活气息。在她的身旁，还用铜与玻璃制作了一个小型电话亭的门，使得整个雕塑更有场景性和真实感。这个雕塑放置在上海繁华地段的地铁口，附近人流量很大。做这样一个贴近生活的平民化的雕塑，不仅可以美化环境、装饰街道，更加可以凸显上海这样一个国际化大都市的人情味，拉近城市和普通市民的距离。雕塑采用了更加传统的雕塑材料和比较写实的造型语言，可以使这件公共艺术作品发挥它的功能。可见，传统公共艺术的概念功能和材料载体是紧密结合在一起的。

相对地说，以上这些传统的艺术载体，在公共艺术蓬勃发展的今天是可以部分被采用的，如典型的木质雕塑、石质雕塑、建筑式样、色彩线条等，但是只停留在这些传统材料上而不作变化是达不到未来城市公共艺术的需求的。

2. 新的艺术载体

每一种特定的艺术门类都有各自不同的物质手段，从而表现出不同的媒介形态和运作的基本规律。例如雕塑、绘画、书法、版画、建筑、摄影、工艺美术等艺术门类是运用视觉符号来传播艺术信息的，一般运用造型、色彩、线条、构图等手段。音乐、广播、舞曲等是运用听觉符号来传播艺术信息的，一般运用语音、音响、曲调等听觉符号；电影、戏剧、舞蹈、电视、杂技等是综合运用视觉和听觉艺术符号来传播信息的，运用的视觉符号包括色彩、画面、舞台造型等，听觉符号包括语音、乐曲、音响等。[1]

[1] 宋建林. 艺术传播的要素及其互动过程 [J]. 美与时代，2009 (3).

随着多媒体的兴起和电子技术的蓬勃发展，艺术材料和形式得到空前的发展。传统艺术形式，如绘画、雕塑、书法、小说、音乐等多以平面媒体和印刷媒介为载体的艺术门类，受到了巨大的冲击，电子传播媒介对这些艺术形式的重大影响是显而易见的。

在20世纪60年代，观众与艺术作品的互动，成为了艺术家们脑中一个有抱负的、新的艺术形式。这种艺术形式将留下建立类别、定义元素的审美理想。互动的灵感来自约翰·凯奇和激浪派的产生。互动的理念在于塑造和创建，以取代一个自主的成品，邀请观众参与到工作中去，使得观众可以基本上决定他们如何体验艺术作品。艺术家和观众之间的界限逐渐地模糊了。虽然各种艺术流派背后的主导艺术思想不同，但材料的运用和探索作为现代艺术创作中的视觉观念的改变，却被艺术家广泛地采用。材料在艺术作品中的主体性不断得到提高，突破了传统艺术形式上材料处于隶属地位的观念，无形之中促进了艺术家对艺术观念、形式认识的突破和深化。

由此开始，艺术家们不再是简单地将多种材料进行堆砌，而是利用材料的某些特性，改变其外部特征并赋予其新的形式和内涵，使之产生新的视觉效果。在材料上，艺术家开始注意到，材料不仅是可以看到、可以摸到的，还应该是可以闻到、可以感受得到的，这一条思路的扩展让人们的感官受到很大程度上的增大。新的艺术载体一般包括声音、光线、水、雾气等。综合运用水流、风动、影像、声音、触觉的、机械的、装置的、互动的、表演性质的等多种方式。其中每一种方式还可以细分，例如雕塑有硬雕塑、软雕塑、固定的雕塑、可移动的雕塑、直立式雕塑、悬挂式雕塑、延伸式雕塑等，影像有可转换的、定格的、互动程式的等。新的艺术载体有它与众不同的地方，那就是暂时性，不像传统的艺术载体那样一般需要长久安放在室外空间中，新的材料就能随时更换，随时改变，它适应现代人的生活节奏，也适应现代人们追求多变的心理。新的艺术载体的表现形式是多样的，就像我们走到一个喷泉的地方，它的设备感受到人的脚步或者声音，然后就突然开始喷泉，喷泉池里面的音乐也顿时响起，喷泉随着音乐而起伏跳动、改变造型。这就是我们比较常见的一种形式。这里的新材料从有形的变成了无形的，从具体的艺术载体变成了抽象的艺术载体，极大地丰富了艺术家、设计师们的表现语言，让交互性城市公共艺术呈现出多元化的特点。因为材料的可选性变多，创作者能够根据人们的需求制作相应的艺术品，比如人们喜欢享受音乐，艺术家们为满足民众的喜好，通过不同的设计手法和不同的组合方法，让音乐融入到城市空间中去，给人以良好的听觉感受。

新的交互性城市公共艺术载体呈现出了非常好的状态，它兼容了声音、光线、水、电、多媒体技术，但是我们现在的公共艺术作品都是兼容了传统的艺术载体和现代的新艺术载体，艺术家利用两个不同载体的不同特点完美地结合。

一个关于新媒介、新材料的较早的例子是由日本建筑师伊东丰雄（Toyo Ito）设计的“Tower of Winds”。这个作品是在1986年日本横滨建成的。伊东丰雄写道：“在风的塔，我建于横滨站，日本，在几年前，最有效地体现了风的设计。”虽然塔不像其他广告霓虹灯那样引人注目，但整个作品创造该塔周围的空气过滤和净化的效果，这将产生一个夜晚美丽的光线模式。这可能因为该塔的设计没有造成一种物质排放在空气中的光，而是本身的空气转换成光。

另一个早期关于采用新的互动媒体界面的例子是德国艺术家Christian Moller在1992年建于法兰克福的“Zeilgallery”。在这里，城市中心的购物街被蓝色的、黄色的霓虹灯笼罩着。对于这些颜色的改变是鉴于天气的情况，考虑到风和天气的数据和互动。

另外，虚拟数字艺术和网络也是城市公共艺术的新载体。数字交互艺术也运用了许多鲜为人知的新技术，如语音交互、交互电影、图像识别、人工智能、虚拟人物等。“未来的艺术史家在回顾我们这个时代时，最终将明白，我们这个时代最主要的美学史来自科技而非技术。”

其中，虚拟人物与现实互动这种艺术互动形式正是由于新科技的诞生给公共艺术注入了新的活力。这种以多媒体和互联网技术为载体的艺术虽然不能存在于实体的公共空间中，但由于可以存在于网络等虚拟的公共空间中，并能体现很好地互动性，所以也可以当做城市公共艺术的一个组成部分。这种数字交互作品的创作十分注重主观体验，并创作出部分集体意识。澳大利亚新媒体艺术家McCormack先生创作完成的“Eden”数字互动装置。“Eden”（伊甸园）是在数字媒体环境下创建的一个互动性、自遗传、自进化虚拟人工生态环境，并通过在透明屏幕上的投影进行呈现（图6.2.1）。该环境包含了众多正在进化的虚拟生命体，这些虚拟生命体在它们的环境中移动，通过移动需找食物、相互蚕食合并、分裂出新的生命体。“Eden”同时也是一个可以和真实世界进行互动的虚拟系统。在“Eden”展示装置的上端装有视频摄像头，能够扑捉在展示区出现和移动的观众。

从以上几个案例可以看出，新型公共艺术的表现形态多种多样，各种技术手段和硬件设备的介入，将数字艺术形式边缘化、多样化、复杂化。数字化公共艺术在表现形式中融合了图形、影像、游戏、网络与通信、音乐、装置艺术等多种表现形式，在艺术语言上更加丰富多彩，达到了多感官的体验效果。

新型公共艺术的表现形式与特性相辅相成，既相互制约又相互促进。新型公共艺术的特性在一定程度上决定了其表现形式，而其表现形式又反作用于其特性，两者密切相关。数字化城市公共艺术的科技性与交叉性对应于其多媒介的表现形式，互动性与体验性对应于其多感官的表现形式。

6.2.1

6.2.1 乔恩·麦科马克“伊甸园”
Jon McCormack “Eden”

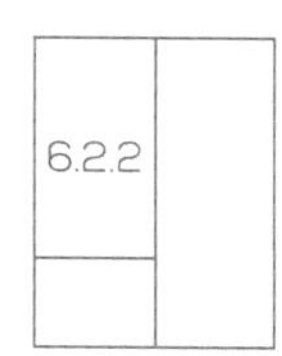

6.2.2　拉尔夫·劳伦时装秀（纽约）
纽约时装周拉尔夫·劳伦马球系列时装秀没有在传统秀场和T台上举行，而是和全球一流视觉特效公司MPC联手用水幕投影打造了一次4D电影体验。高18m、宽45m的“T台”降临在中央公园，上演了一场神奇的时装表演。

3. 超艺术载体

1977年科诺克和埃德蒙兹根据静态和动态艺术系统的区别提出了分类，共分为四类。这种分类在一定程度上打破了所谓物质上的材料的界限，而是以能量动力和系统关系来加以区分的：

（1）动态系统，是在一个环境变量的组织的依赖。
（2）互惠系统当作环境的观众，反应时间与生产能力的途径。
（3）参与制度是与上一组的参与者，作为一个矩阵指明的情况人际关系反应重点。
（4）互动系统，提供了人与机器间的相互交流，精心相关的任一接口的一面。[1]

这种分类观正是未来的艺术载体和形式观的体现。它表达了一种个性，是在传统的载体和新艺术载体的基础上形成的。传统公共艺术的表现形式多以雕塑、壁画、景观小品、装置、地景艺术、公共设施等为主，数字技术的介入使得数字化公共艺术的表现形式更加多样化。

它主要借助于计算机和网络，它不是实际存在的物质，而是一种非物质的存在形式，能够给人神秘的感受，让人们有参与的热情，是一种虚幻交织的艺术载体。这种公共艺术作品更容易唤起观者身体上的触摸感、温度感、亲近感、拒斥感、恐惧感。调动观众的亲身体验是超艺术载体的重要特点之一，作品通常会营造出一种特殊的氛围和气场。

与传统艺术载体和新艺术载体的公共艺术品相比而言，超艺术载体是一种具有高科技含量的艺术载体，能够让人看不到这个载体的存在，但是来到这里却能深切感受到艺术载体的存在。这种超艺术载体的成立是基于人类的副感觉而存在的。副感觉在神经心理学上有许多研究，是一项有关我们五官感觉的学习领域。当体验主体出现比一个信号更多的感觉时，副感觉互动开始发挥作用，它会产生一种比从单一的感官得到的经验更深。当人们通过不同的感官感知信息时，信息就会被我们的大脑作为一种统一的刺激去处理进而融合。现在，副感觉的概念被许多艺术家所使用。

---

[1] Christa Sommerer, Lakhmi C. Jain, Laurent Mignonneau. 界面与交互设计艺术科学简介［M］. 自译.

例如俄罗斯作曲家斯克里亚宾创作和表演的交响乐采用了一个创新的键盘乐器，称为“卢斯”，由斯克里亚宾自己设计，这和传统的乐队乐器是不一样的。“卢斯”是通过敲击键盘来传递彩色灯光的，而不是通过声音。听众在欣赏交响乐时可以听到音乐演奏，还可以在巨大的屏幕上看到它经常变化不同的颜色。超艺术载体正是基于人类副感觉的存在而在可能上形成一种综合的更加贴近人类精神层面的艺术形式。

社会学家帕克说过：“城市，它是一种心理状态，是各种礼俗和传统构成的整体，是这些礼俗中所包含，并随传统而流传的那些统一的思想和感情构成的整体。城市已同其居民的各种重要活动密切联系在一起，它是自然的产物，尤其是人类属性的产物。”[1] 每一个城市在其发展演变过程中，由于其经历的政治、经济、军事、宗教等的不同状况，所处的自然环境和地理位置也不同。城市的记忆里记载着流传已久的感人故事和人物，铭刻着公民们在长久的经验交流中已达成共识的风俗、情感、理念、思想等，它们所形成城市的文脉、气质、精神和个性，通过鲜活、感人而又具体的城市公共艺术形态来表现和彰显，是营造城市独特文化、精神、气质和性格的重要途径。[2]

我们经常说一个城市的公共艺术往往代表着这个城市的精神风貌，所以未来我们需要通过超艺术载体，让人们参与到交互性城市公共艺术中来，它不能再单一地表示一种艺术，我们要给这个艺术一个内涵、一个意义，让人们在愉悦身心的时候也得到教育。我们设计师要综合利用网络、新技术、新媒体、摄影、录像等新的艺术载体来展示城市风貌和城市历史面貌。

这里有一个案例就体现了这种超艺术载体。一些艺术家设计了这样一个增长视觉外观的界面，试图引起观众的注意和他们的兴趣，促使他们进入建筑物内部。我们把这样的互动界面叫做知识的成长，这类设计的目的是引起路人的注意，让他们接近。

同时，在未来城市公共艺术中，环境仍然是重要的组成部分。环境互动是一种只需要人类与自然的运动，我们不需要任何设备去激活与环境的互联。人们通常运用丰富的信息去收集一个人的情绪，其动作区分取决于眼睛的运动、面部表情的喜怒哀乐、声音的高低、人体的姿势和手势等。这些都是通过对环境变化的细心收集和分析一个人驱动信息的结果。作品的显示器通过灯光、声音和运动上的微小的变化去促进信息。各种传感器和普适计算将嵌入一个聪明、充满活力的环境。人类、艺术作品和环境将影响彼此，去创造一种非常复杂而自然的亲密关系。

城市公共艺术要经历传统的艺术载体、新艺术载体和超艺术载体，这是一种趋势，也是在科学进步的前提下出现的，材料本身的意义和作为公共艺术载体的意义是不一样的，我们应该合理地运用这些不同的材料，创作出符合环境要求、体现时代精神的城市公共艺术作品，使得城市公共艺术作品能够很好地融合公共艺术的精神，反映时代与城市的精神面貌和物质实体。

---

[1] [美] 约翰·奈斯比特. 大趋势：改变我们的十个新方向 [M]. 北京：中国社会科学出版社，1983.

[2] 欧阳华. 城市公共艺术在塑造城市文化和个性中的作用 [J]. 中南林业科技大学学报，2008 (3).

三、交互型公共艺术 新材料引领新挑战

New materials and hence new challenges

如今，城市正以越来越电子化的方式进入我们的生活。这个数字化的城市如何变得对我们而言更有意义还是一个未知数。然而，很明显地，它已经首先指向了一些能够增强建筑、桥梁、雕刻等的视觉解决方案。增强的层面可以用来作装饰，也可以用来作为提供社会互动性的公共媒体。

随着公共艺术装置中新材料的运用，互动性和参与性产生了，继而又带来了新的挑战，这些挑战不仅是指创新设计过程中的挑战，也在于如何使参与者参与到这个过程中以及评估目标经验如社会联结性和包容性带来的挑战。其中一种解决此类挑战的方法就是互动性公共装置。目前，电子公共装置的发展涉及大量的新材料和新科技，导致了新的动态的、交互的或是参与的形式的产生，这就要求艺术家和设计师从一个系统的观点、并且要拥有较好的对人类系统交互的理解来架构他们的工作。现在已经不再是一个雕石铸铜的年代了，而是一个用大众参与来塑造交互体验的时代。

1. 材料的五代演变

说起“公共艺术”，人们往往会想起传统的艺术形式，如雕刻、壁画和城市公共空间里的装置。即使是城市广场上人行路面的砖头或是公园里的草都能被艺术家当作材料来创造公共艺术。对于艺术家来说，材料对于表达他们的思想、目的和情感是非常重要的。材料是艺术的语言，并且它已经经历了几代的演进。从自然材料到最近的智能材料，它经历了完全不同的五代：第一代材料是自然材料，如木、竹、棉、毛料、皮料和石砾；第二代材料是人造材料，如人造板、纸张、水泥、金属、陶瓷和玻璃；第三代是合成材料，如塑料、橡胶和纤维；第四代是复合材料，如在航空材料中所使用的纤维增强型材料；第五代是智能材料，拥有一到两个属性，是能被外界刺激物改变或控制的，比如力、温度、电或磁场。材料科学的前进推动了材料科技的演进，同时对其在艺术领域的应用造成了巨大的影响。

在传统公共艺术中，第一代和第二代材料是最常被使用的。随着材料科技的发展，合成和复合材料正得到越来越多的应用，然而公共艺术的形式却更为静止。最近的智能材料的发展，尤其是电子媒体的发展将更动态的形式带给了公共艺术，使其能够利用不同的感官形式。而感应技术、计算机和移动网络的进一步发展给公共艺术带来了互动性。

互动的四个级别

基于Edmonds等人的工作，Wang，Hu和Rauterberg根据所持的材料、科技和互动性定义了三个时代的艺术及产生的科技：①静止形式：在艺术品和观众之间没有互动，艺术品并不对其所处的背景和环境作出回应。②动态形式：艺术品自身有内

在的机制来改变它的形式，它或是受制于时间，或是有限度地对环境改变作出反应，如温度、声音和光的改变。观众是被动的观察者，对艺术品的表现不产生任何影响。③互动形式：观众扮演主动的角色来影响艺术品的动态形式。来自观众的投入可以是手势、动作、声音或者能被艺术品的感官层捕捉到的其他人类活动。如果采用了互动性，观众和被看到的艺术品的动态形式间的“对话”将永远变化着，具体取决于难以预测的人类观众的行为。之后，到了第四代公共艺术形式——参与形式——互动艺术平台。这个平台能够使社会互动性和创造性融入到艺术品的物体本身或是数字化部分当中，为其做出贡献。艺术家和设计师创造公共媒体艺术的目的不是使其变为最终结果，而是将他们创造成平台以供其他艺术家和公众参与到艺术品当中。创造的过程与结果一起形成了动态的媒体艺术品，而动态媒体艺术品也会随着来自社会环境的创造性的输入而不断发展。

在公共艺术装置中使用的新材料产生了交互与参与，反之，交互与参与也带来了新的挑战。这些挑战不仅是指创新设计过程中的挑战，也在于如何使参与者参与到这个过程中以及如何评估目标经验如社会联结性与包容性带来的挑战。接下来我们给出几个关于互动和参与形式的例子，然后分享我们在面对和处理这些挑战时的实践与经验。

互动形式

1）Blobulous

Blobulous（图6.3.1）使得参与者能与投影的头像、一些溅落的点进行互动，而这些对象也能够回应参与者的移动或是形体信号。参与者的心跳速率将会被映射到头像上，以颜色来展现。无线心跳速率传感器是被用来捕捉和发送用户心跳数据的，而ZigBee网络能够处理传感器和虚拟头像间的交流。[1]

2）养生（Yang Sheng）

养生是一种中国古代的哲学，即通过日常活动来保持和改善一个人的健康。太极就是来源于中国的一种非常常见的冥想实践活动，并且到现在为止都很受欢迎，但这种流行并不包括年轻一代。为了吸引年轻人，这个装置使用电脑图像来追踪打太极人士的运动并利用由移动控制的浮动的球将他们的运动以及“极”——也就是生命的能量——视觉化（图6.3.2）。

6.3.1 Blobulous
6.3.2 养生

[1] 王峰，胡军. 交互性数字公共艺术设计实践与体验评估［J］. 装饰. 2014（5）.

6.3.3
6.3.4
6.3.5

6.3.3　复制
6.3.4　Strijp-T-ogether
6.3.5　留下你的印记

3）复制

当人们路过墙的时候会发现他们出现在了一个延迟出现的视频里，并被投影到了墙上，每一个新出现的视频都在复制前一个（图6.3.3）。慢慢地，西方的影响力和主导被展现出来，不断增加的品牌标志急速充斥并覆盖了整个人和场景。这个创作是反复围绕着一个主题产生的，即中国正在复制西方，以创作出西方文化在中国文化上建立起一个新的光泽的意识。

4）参与形式Strijp-T-ogether

T区是一个在老的工业区基础上重建的区域，用来容纳和培养创意产业。然而，在此区域内，来自不同公司的人与人之间几乎没有社交互动。“T区一起来”（Stijp-T-ogether）的设计就是通过手机应用和在主门廊上的投影来刺激社交互动（图6.3.4）。某个空间的照片被用作手机上的背景，而用户只要通过绘画或者添加其他图像就能够做成一个添加物。这些添加物将会投影到这个空间，并且会出现在其他人的手机背景上。人们因此可以相互回应彼此的绘画并通过添加来产生社交互动。[1]

5）留下你的印记

有了“留下你的印记”的装置，人们能够“绘画”并且在公共空间里留下他们的印记，表达自我（图6.3.5）。这个概念涉及将投影映射到电子增强建筑中。在一些地点，装置将带有一个摄像机，而这部摄像机所拍到的内容将会投影到另一个地点的另一个装置上，如果一个人走过第二个地点，她很有可能会看到某人，一个完全陌生的人正在第一个装置上留下他的印记。这个作品的目标是增加城市中的包容和联结的感觉。

在以上提到的装置的设计过程中，许多设计手法都被证明非常有用。这些手法包括从行为艺术、

[1] Janmaat, J.: How to stimulate social interaction within a working area. Department of induserial Design. Eindhover University of Technology (2013).

纸板建模、付诸行动和视频原型等方面借鉴的结果。动态设计与交互型公共装置有许多共同之处：两者都有时间核心来推动动态化；都必须在公共空间里进行管理，空间必须根据功能和交互来精心架构；都必须容纳承担不同角色和不同目标的主动型和被动型参与者。传统的动态艺术有着非常丰富的内涵，探索传统动态艺术的元素和手法如何对交互设计产生贡献是非常有价值的。在公共空间内的装置是三维的，当然，如果我们考虑到交互的动态本质，那么它就是四维的。纸板建模，特别是当它与先进的机械与电子技术和元件融合在一起时，对于有形的或丰富的交互来说，是非常强大的工具。为公共空间设计社交互动时，设计的交互特性要求了概念化、视觉化交互中的动态性以及要与之沟通。设计过程与软件设计过程的整合通常是必需的。见诸行动的设计方法利用设计师的身体来模拟设计的元素和行为，并在模型还未成型时就提出且沟通了设计早期的一些发现与洞察。在大规模的或者是大而繁忙的空间中制作高保真度的装置原型，如果能够实现的话，往往昂贵而有挑战性。视频模型化使设计师能够创造出仿真装置，并使设计师能够创造出简单的材料与设备的互动模拟。视频模型与付诸行动的方法也可以在便携式投影机的帮助下结合使用：在真实的生活环境中，使用投影映射手法来将预备好的视频模型投影到艺术品和物体之上。这既为评估提供了记录，又成为了进一步设计迭代的输入。

2. 用户体验评估

在之前提到的项目中，我们呈现了在项目评估中使用到的以及对设计师来说比较方便的方法，而不是大量回顾有关公共空间中如何评估用户体验或是相关反思的文献。

定性方法

1）体验模型的访问

为公共空间设计的交互型装置必须让用户在这个空间里体验，且此装置能够使用户理解设计，给予有价值的投入与反馈。这点在大多数提到的项目中都达成了。

2）共同思考

在“T区一起来”（Strijp-T-ogether）项目中，共同思考作为定量与有建设性的方法被使用了进来，用于评估装置是否引起了社交互动。“共同思考部分可以分三部分来进行：对现有情况的探索，在发现的过程中产生的构思以及用户与设计师之间的相互面对。”

3）对环境的观察

当为公共空间设计时，对整体的背景环境的观察是很重要的，这样才能理解具体情况以及待解决的问题或是需要把握的机会。具体环境、背景的观察已经展现了它的效用，不仅在于获得想法与概念的投入，更能够评估设计是否达成了目标——但对后者来说，必须有模型的支撑。

定量方法

1）联结

我们选择了“社会联结衡量修订版（SCS-R）问卷”来评估“留下你的印记”、Blobulous和Strijp-T-ogether项目的参与者的社会联结性。SCS-R是基于早前的“社会联结衡量”版本而成的。SCS-R由20个项目构成（10个正面项目，10个负面项目）。负面词语构成的项目是反向打分，并且与正面词语构成的项目得分加在一起构成衡量分。在SCS-R中，高分表示更强烈的社会联结感。

2）社会包容

自我衡量下的社区包容是一种简单却有效的方法，由六组圆圈组成。每一对相同大小的圆圈要比之前一对相互重叠地更多，每一对圆圈里，左边的圆代表参与者，而右边的圆代表社区。与社区的联结由参与者来评估判断，并最终标记出最能形容它与社区的关系的那一对圆。这种方法在“留下你的印记”和”Strijp-T-ogether”中十分有效。

3）吸引度

AttrakDiff是用来衡量交互产品间吸引程度的工具。有了反义的形容词词对的帮助，用户能够表明他们对产品的观点。这些形容词词对帮助实现了评估维度的核对。以下的产品维度已被评估：实用质量、享受性质量——刺激、享受性质量——确认与吸引度。享受性质量与实用质量是相互独立的，并能以同等程度对吸引度有所贡献，他们被映射到了一个视觉产出当中。这个方法也被用来衡量Blobulus的吸引度。

案例分析

Blobulous与Strijp-T-ogether是一种新型的互动性公共艺术，参与者通过与投影的反射进行交流，对互联网传播的各种信号作出反应。实践这两个项目，需要进行功能性的原型论证和评估。以下呈现了在两个项目的用户体验中使用到的评估方式，主要涉及定性方法和定量方法两大类型，这也是比较便捷的评估方式。

Strijp-T-ogether项目采用了定性评估中的体验模拟访问与共同思考法、定量评估中的社会联结与社会包容等几种方式。

体验模拟访问是绝大多数交互设计需做的用户体验，让用户在特定中心区域体验数字公共设计的交互型装置，且最终此设计能够被理解、投入使用并产生价值。作为定性评估中具有建设性的方法，共同思考法分三部分进行：对T区现有参与者使用情况的考察，在发现问题的过程中产生的新构思以及用户与设计师之间的相互沟通。在T区，正好聚集了一批文化设计行业的相关设计人员，手机也是全体都有的互动媒介，大家共同思考，在上传图像、投射影像的同时，评估项目是否引起了预期的社交互动，最后大家头脑风暴，共同调整设计方案。

参照“社会联结关系调查问卷”（SCS-R）评估Strijp-T-ogether项目参与者的社会联结性。SCS-R是基于早前的“社会联结衡量”版本研究和梳理的高级版，由20个项目构成（10个好评项目，10个差评项目）。差评项目构成的反向打分与好评项目构成的得分加在一起构成衡量分。Strijp-T-ogether项目在SCS-R中得分较高，表示该项目显露出了更强烈的社会联结感。

社区包容也是一种简单、形象却很有效的评估方法。它由六组圆圈组成，左边的圆圈代表参与个体群（unit），右边的圆圈代表社区（Community），每一组相同大小的圆圈比之前一组相互重叠地更多，以此评估、判断参与者与社区相互包容的程度，并最终标记出最能形容它与社区的关系的那一对圆圈（表6.3.6）。这种自我衡量在T区十分有效，随着移动互联网新媒体时代的到来，手机、手表等智能便携互动设备将人与人之间的联结发展到了可感应、可量化、可应用的程度。借助计算机编程等技术，不仅人与人之间，人与物、人与信息、人与社区之间都可以形成联结，从而达到使T区人群借助该项目不断提升社会包容度的目的。

Blobulous项目采用定性评估中的体验模拟访问与环境观察法，定量评估其联结性与吸引度。

体验模拟访问与环境观察法都认为：在城市公共空间设计中，整体背景环境的体验和观察是非常重要的，Blobulous在互联网运作环境中去观察、体验、感受，去收集第一手的用户体验，从而突破传统文本研究的局限，这样才能具体情况具体分析。该项目系统评估的目的是为了表明在人与屏幕互动之间的社会联系的水平存在显著差异，随机的运动与映射的变化有一定的关系。因此，Blobulous也选择“社会联结关系调查问卷（SCS-R）”来评估参与者的社会联结性，这一调查问卷的报告表明：中心区域参与者的社会联结性取决于新媒体设备安装吸引力的改进程度。

吸引度（AttrakDiff）是用来衡量交互作品吸引力程度的工具。用户（或者潜在用户）借助成组的反义形容词描述，表达用户体验的观点，也体现了该评估维度的规则性。本书主要以四个维度来评价Blobulous项目的吸引力：实用质量（PQ）、特征品质——确认（HQ-I）、特征品质——激励（HQ-S）、吸引度（ATT）。其中，实用质量与特征品质是相互独立的，可同时提升设计的吸引度，最终形成一个完美的视觉呈现。

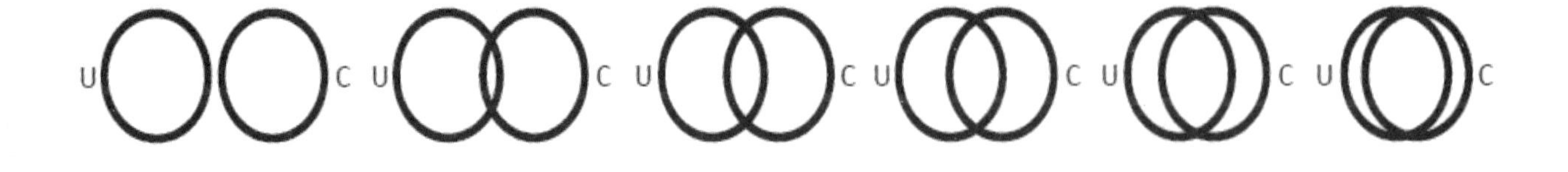

6.3.6

6.3.6　社区包容度体验方法

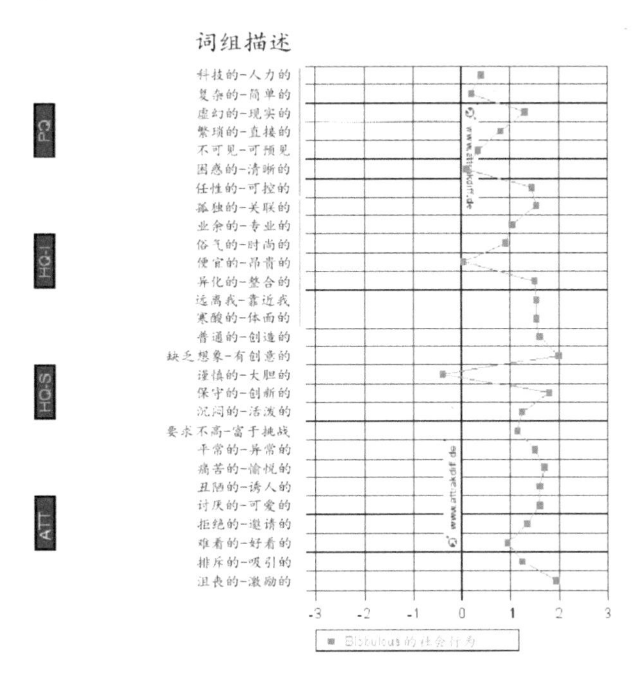

6.3.7

6.3.7　Attrakdiff词组数据平均值模型图

图6.3.7所示数据来自attrakdiff.de网站的调查，显示了四个维度的变化趋势。描述Blobulous项目实用性的PQ数值表明已成功地达到设计目标的用户体验标准。HQ-I原型数也位于0以上，为用户提供了识别体验，达到了普通的标准，表明该项目某种程度上满足了用户识别标准。与此同时，人类还有一种内在的欲望需求，HQ-S须针对大多数用户对新颖性、兴趣点和刺激度等高层次功能、内容和交互方式的需求，呈现更多的设计元素，该数值位于中等偏上水平。最后，为了激发用户更强烈的体验感，设计师必须留意几个极端值，并进一步评估和改进，让ATT值尽量位于平均值的上方。

模型图清晰再现了参与者的用户体验，而大多数词体现出积极的倾向，多数人认同Blobulous设计是实际的、造创性的、激励性的。一系列数据表明：参与者肢体运动与色彩影像互动的公共艺术Blobulous的整体设计效果是非常具有吸引力的，将在社会行为中引起关注。

最近材料与科技的发展为艺术家和设计师创造了许多新的机遇，由此能够创作出具有创造性的交互型公共艺术装置，将物理材料与数字内容相结合，从而增进社会参与度。目标空间和用户群、设计概念与执行的科技有所不同，其目标为不同的社交体验。设计手法和用户体验评估方法在不同的项目中相互重叠，且其中许多设计手法和用户体验都在我们的实践中被证明十分有用。我们认为，在公共空间的社会与文化计算方面的设计研究是十分有趣且有前景的。本书中所展现的实践与体验是我们面临设计与研究两方面带来的新挑战所做出的努力的第一步。

四、交互之光概念的探索

Exploration in interactive Lighting

文化交互之光的概念是介于文化研究与经验设计及人类-电脑互动之间的概念。这是帮助理解最近在设计中出现的全球化现象的一种方式，也就是说，这并不是指跨文化设计是一种标准化的公式，而是围绕共同的基本原理而创造的不同设计、根植于不同文化背景下的设计。同时，"光泽"（patina）传达了一种理念，即时间的流逝与艺术品的使用会导致老化，变得更接近这个使用者、更接近使用者的文化身份，也被称为"优雅的老化"。然而，这个理念不应被局限于设计完成的作品：设计的过程以及设计师也应该被归纳到这个概念之中。这就意味着设计实践与设计师将会——随着时间的推移——在一个文化背景里作研究、与文化背景的变迁一起变化、以文化背景为主题而作研究。

最近我们组织了一个学生课题小组，围绕"文化交互之光"的概念来开展。课题小组是在中国建立的（苏州地区），成员包括来自荷兰与中国双方的参与者。我们的目的是通过将两个国家的学生放在一起来研究基于平等之上的合作背后的机制。课题组的作业是设计一系列将会在太仓市呈现的交互公共装置。文化交互之光的概念，作为一种机制将两种文化的特性合二为一。

接下来，我们将会简短地介绍这个概念的背景、发展过程以及我们如何在跨文化的背景下进行更深层次的发展。与一个已经完成的产物相比，我们将这篇文章视为处在"正在进行中"的阶段，并且将其视为一个帮助我们进一步理解"文化交互之光"的工具，将指导我们如何在下一个课题组来进一步阐释此主题。

1."文化交互之光"的概念

"文化交互之光"（IPC）的概念是一个多层次的概念，我们会解构组成这个概念的元素。由此，我们能够将重点从一个比喻式的开端转移，从一个脱离语境的词——patina（光泽），转向更深入的理解，超越其本身的字面意思：

Patina（光泽）通常被理解为一样物体被重复使用后留下的痕迹，通常是长期使用后物体表面留下的轻微的、部分的侵蚀。锤子的锤柄会由于木匠的反复使用而获得一层光泽，这层光泽就告诉了我们一个物品是如何被使用的。

将"光泽"和"文化"的概念联系起来就改变了它的含义。我们认为文化"打磨了"正在使用的艺术品。也就是说，处在一个文化中的艺术品是由此文化的价值观所塑造的，他们是文化之光的一部分。用一个例子来阐述是最佳的：课题组在中国期间，对于在当地超市看到的厨房用具里的擀面杖十分有兴趣。几天后，中国的一位作者问我们觉得哪一种擀面杖最有意思，然后解释了不同的擀面杖有不同的厚度和长度，而这些特性就对面团最后被制作出的结果作出了指导。这个故事告诉我们，制作食物的方式会影响食物最后被制作出来的结果。同样，一种文化的价值观也是由其所创造出的艺术品来表达的。

将互动性与“文化之光”的概念联系在一起能够延伸概念，但这种延伸并不是以我们能立即预测的方式发生的，比如在交互设计中优雅的老化与退化方面就是如此。这对我们而言是探索的挑战。将互动性与“文化之光”结合起来，给予参与者机会，来探索如何用交互的方式来表达他们的文化中的特质。因此，这就将“文化之光”的概念延伸到了艺术品之外，进入了一个新的领域。在这个新领域中，文化的动态性被打开、被探索，并且相互间的合作既是帮助洞察的机制也是最终的结果。

2. 探索性实践

课题组在太仓展开。太仓接近上海，且有着独特的多元文化特色：我们将来自不同大学不同国家的学生和教职员工聚在一起两周，期间探索了不同文化间的新的合作方式。36位中国学生与9位荷兰学生共同参与并建立了9个项目组。项目的大致情况如下：

文化交互之光：设计一个交互装置使得公众参与到一个行动中来，即将一个十分寻常的公共空间转换为有品位的优质住宅。通过这样的方式使空间有意义地随着公众的互动而增长。这些交互包括故意的与无意的行为。因此，公众对于发展一个有价值的且对社会有意义的城市的公共形象起到了指导性的作用。下面我们将展示三个在课题组中所产生的案例研究：

6.4.1

6.4.1　交互之泉

交互之泉

在中国，有一个“鲤鱼跳龙门”的故事。故事中说到，如果一条红色的鲤鱼能够努力地逆水而游，它就能游到龙门。如果鲤鱼努力地跳出水面且跳得够高，它就能跃过大门成为一条龙。渐渐地，这个故事已经成为中国人鼓励别人努力学习来改变命运的比喻，或者也可用于认可家庭和社会在一个人的学习中所给予的支持帮助。

交互之泉使用了反向投影将动画制作的红鲤鱼投影在（真实的）喷泉上（图6.4.1）。鲤鱼在泉水的低位游着，他们正努力地想要往更高的位置游去。参与者可以将一只手放在鱼的旁边来“支持”它，将它带入泉水中更高的位置。这个过程不断进行，直到鲤鱼游到足够高的水位使其能够跃过龙门为止。

这个装置从古代的鲤鱼的故事中取得灵感，并使公众参与其中，将鲤鱼带到更高的高度上。观众通过这个装置意识到了教育的重要性，同时也使观众意识到了几代人循环往复地跟随彼此并且相互支持的特性。

庙宇拼图

中国寺庙是由木、石元素所构成的。这些庙宇常常由于意外或由于战乱而被烧毁。在废墟之上贡献一份力量重建庙宇已经成为了人们的传统。在太仓的一所公园里有一座古老庙宇的废墟，有一个学生团体就在此获得了他们的交互装置创作的灵感。

这个庙宇拼图装置将寺庙的遗迹当作一个现实世界里有形的界面，供孩子们重建曾经在那儿存在的庙宇（图6.4.2）。寺庙的废墟中有许多石头，而从一块石头跳到另一块的行为，展现了与这些石头相关联的过去的庙宇的一部分原貌。新的庙宇投影到一块帆布上，帆布十分靠近废墟。此装置利用现有的废墟来重新阐释传统，即过去当庙宇被烧毁时，人们共同来重建脆弱的木制庙宇的传统。这个装置的本意是用一种娱乐的方式来教育孩子们认识过去的重要性。在教育他们的同时，也让他们将所处的环境甚至是他们的行动与历史联系在一起。

海上升明月

太仓是一个天然海港，并且在明代成为了世界第一港口，成为了郑和下西洋探索世界的出发地。从此以后，太仓的文化遗产正是深深得益于其作为世界第一大港口的优势。最近，太仓决定利用其过去在世界上的重要性和名望。我们规划了

6.4.2

6.4.2 庙宇拼图

一幢建筑来象征太仓海港在文化上的重要性。这幢建筑长10m，宽10m，高8m，它代表了一艘巨轮，而月亮就从这幢建筑的屋顶上的波浪中升起。
“海上升明月”的装置利用了这幢建筑，使得公众能将他们从社交媒体中获得的照片贡献到这个作品中，形成了一个在巨轮上投影的交互照片展（图6.4.3）。在海外工作和生活的太仓人能够将他们的照片发送回来，并向太仓人展示在世界各地的他们所做与所看的事物。当地的观众能够通过转动一个方向盘来浏览照片。

这个装置使得离开太仓和在太仓生活的人能够通过图像产生触碰，并且在人与人之间建立了联结，这种联结不仅对现在是十分有价值的，对于太仓的文化遗产来说也是十分重要的。

在以上的这些案例中，我们发现了能够吻合“交互文化之光”的概念：第一个装置体现了与泉水之间反复的互动以及文化内涵；第二个案例体现了行为与环境间的文化内涵与关系；第三个案例展现了历史的再定义，同时体现了在多个层次上以一种有富有意义的方式将人们联结在一起。

以更批判的观点来看，我们承认在本书中所呈现的案例没有一个超越“文化交互之光”的概念本身的比喻范围。案例研究中选择了已有的文化元素，并将它变得“交互”起来。就文化的历史观点以及通过重复的交互所产生的意义而言，“文化交互之光”（IPC）的概念所体现的丰富性还没能顺利表达。同时，这些概念仍显得宽泛而没有完全针对中国的文化。

我们发现，真正的价值不在于课题组的结果，而主要在于通往结果的过程。此外，课题组教会了我们如何深化“文化交互之光”（IPC）的概念。

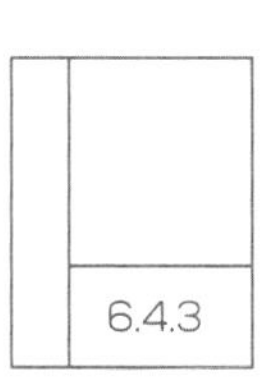

6.4.3　海上升明月

五、交互数字城市公共艺术

Interactive digital urban public art

随着经济的发展和社会的进步，都市化进程也越来越快。城市的发展成为了社会公共事业和公共建设不可或缺的一个重要部分。其中，城市雕塑作为城市文化中的重要内容，折射出了城市的物质文明和精神文明，城市的历史和未来。城市雕塑的水平表征着一个城市的精神面貌和文化品位，优秀的城市雕塑作品也会融入到一个城市的文化脉络中，最终成为一个城市历史记忆的一部分。城市雕塑对于一个城市的塑造不同于工业建设，它不是破坏性的、不可修复的，而是环保的、可持续发展的。城市雕塑非常注重人和城市的互动、人与大自然的和谐相处。

随着新媒体技术的应用与推广，新的艺术形式越来越多地被应用于当代城市雕塑的创作中，区别于传统单一的“有形”雕塑、浮雕等城市雕塑作品，在当代城市雕塑领域，多媒体新技术的介入使得作品的表现形式更加丰富多彩，如动力与光雕塑、声音艺术、影像艺术、数码艺术、互动艺术、网络艺术等借助于新科技、新手段的作品。这些作品将无形的介质在有形的载体上灵活展示出来，传达出一种城市雕塑的新力量。近年开始流行于多个国家的虚拟现实技术为城市雕塑作品开创了全新的展示空间，让艺术作品变成了动态的、涉及多维空间的新形态。如果说实验艺术仅仅是先锋艺术家的一些前卫的尝试，那么当艺术走入城市中心，成为可以被大众触摸的“有形”城市雕塑作品的时候，这种实验就已成为一种经典，为大众所接受。数字化技术的成熟，使得将数字艺术用于城市雕塑成为一种可能。

数字技术与雕塑的交叉

数字城市雕塑艺术是数字化技术与城市雕塑的交叉。数字化城市雕塑的交叉性体现在以下几个方面：首先，从艺术表现上来看，数字化公共艺术融合、交叉了多种艺术表现形式，诸如影视艺术、装置艺术、图形图像艺术、音乐艺术等。其次，从媒介材料上来看，数字化公共艺术作品综合运用了计算机、投影仪、大型显示屏幕、可触显示器、传感器、声音装置、移动通信设备等数字媒介，还有日常生活用品、体育健身器材等，当然还包括传统公共艺术作品的创作材料。最后，从技术手段上来看，数字化公共艺术作品的制作采用了计算机技术、影像技术、虚拟现实技术、网络技术、全息影像技术、交互传感技术等多种技术手段。

体验从本质上成为了艺术的一部分。这种体验式的城市雕塑艺术无疑将成为未来发展的一个趋势。数字化城市雕塑艺术的目的之一就是为人们提供一种艺术体验。这种体验是超越视觉的感官体验，这是与以往的非互动式艺术截然不同的。

异形投影（光）技术与城市雕塑

（1）背景阐述

异形投影（Project Mapping）技术是主要针对不

规则投影表面而设计的大型投影展示方案。传统的投影方式都是投射在一块块矩形的墙面或者屏幕上，这样的投影形式用在展会现场难免会显得呆板沉闷。如果将这种投影表面的形状改变一下，从平面变为立体，从二维升级到三维，单一的播放变为人和投影互动，势必会为活动添加更多的娱乐气氛。所以，当今许多场合的装修设计都以变化多端的形状凸显特点，出奇制胜，如果在这些异形表面上使用动态投影，对整个展览展示的氛围、格调都是一种升华，这就需要使用异形投影技术。异形投影技术的投影面不受限制，汽车外形、雕塑外形、异形物体（如不规则形状的柱子）、异形墙体等都可以使用。该技术可以为用户勾勒异形物体的轮廓，并根据其轮廓量身打造专用的动态影片，最终通过多通道融合软件，使投影完美贴合到异形表面上，仿佛是异形物本身焕发的光彩。不仅如此，各类异形投影系统还可以根据用户的需求提供任意形状物体的投影，集合成投影融合技术，在异形物上面播放影片甚至达到互动，这将成为又一个吸引观众和消费者眼球的高端途径（图6.5.1）。

灯光艺术本身就是一门走在时代前沿的时尚艺术，依托现代科技的发展，其艺术表现力已经取得了质的提高，实现了艺术上的创新和突破，不断创造出令人惊叹、叫绝的视觉艺术效果，给人们带来了美的享受和心灵上的震撼。在过去的几十年里，国外涌现出了一大批灯光艺术大师，虽然他们给世界带来了众多震撼人心的城市灯光艺术作品，但这些灯光艺术大师大多具备艺术设计背景，制约了他们在技术领域的深度，他们的作品往往侧重于艺术表现力（图6.5.2），

6.5.1
6.5.2

6.5.1　雕塑异形投影，里昂
6.5.2　水幕投影

而深层次地利用技术进行艺术创作则是短板。在工业界，一些光源巨头，已经在大众化的灯光视觉方面积累了大量的经验和技术储备。比如世界首屈一指的荷兰皇家飞利浦照明，依托埃因霍芬理工大学世界顶尖的灯光技术科研力量，一直引领着产业化的照明技术的发展。然而，此类光源巨头侧重的是可以量产的灯光视觉产品，而非个体化的城市灯光雕塑作品。

（2）实现的方法

得益于现代传感技术和互联网的快速发展，观众可以与数字雕塑（光）艺术作品进行更深层次的互动体验。具体来说，观众和数字雕塑艺术作品的互动可以通过两种方式的传感器设置来实现。一种是近场传感器设置，即在现场固定安装的传感装置，比如微软的Kinect三维摄像头（图6.5.3），可捕捉观众的行为动作，通过分析提取预先设定的环境变量，然后传输给控制系统，生成相应的光艺术效果。另外一种是通过观众随身携带的移动设备，比如智能手机（图6.5.4）。智能手机本身内置了大量的传感器，这些传感器可以根据要求提取预先设定的环境变量，也可以由观众主动利用这些传感器输入环境变量，进而再由控制系统生成灯光艺术效果。

例如在DesForM2013 国际会议上，交互艺术雕塑作品“热舞青春”将光学、电学、计算机、视频制作、音乐编辑的知识完美融合，整个装置使用一部智能手机作为中央控制器，模拟了一个音乐节的现场。装置巧妙地运用了灯光在水面上的反射效果，与其他异面投影不同，“热舞青春”将画面投影在水中，再通过水面上的反射来实现异面的贴合。水不同于空气，水是一种流动的液体，水形态的改变可以让投影产生丰富的变化。为了实现这种交互效果，创作者制作了一个水波发生器，可以根据环境中光的强弱产生不同的水波。除了灯光的交互外，“热舞青春”更可利用

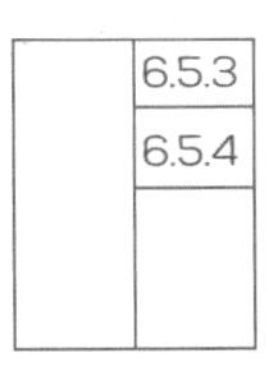

6.5.3　微软kinect

6.5.4　智能手机常规内置传感品

音乐和现场的声音呈现出丰富的变化。整件作品用声、光、影展现了青春的活力和激情（图6.5.5）。

（3）创新内容

1）互动数字城市（光）雕塑以灯光为载体，系统通过互联网与庞大的网络信息资源相连接，城市（光）雕塑艺术作品所呈现的将不再是一个单纯的艺术品，而是一个信息的载体和传媒平台。

2）传统的城市雕塑艺术作品，是由艺术家将其创作思维融入到艺术作品当中，并由此将他的思想单方面地向公众传播。而互动数字城市（光）雕塑系统提供了新的创作可能性，即让公众成为雕塑艺术品的真正创作者，而艺术家所创作的则是一个公共艺术平台。可以类比的一个案例就是：传统的百科全书是由百科全书的编撰者编写的，而基于互联网的百科全书，如百度百科、维基百科，则是由读者来参与编写。

3）互动数字城市（光）雕塑艺术系统的另一大特色即是其互动性，所有的观众，甚至包括不在现场的观众，亦可以通过传感器将个性化的环境参数传递给灯光艺术作品，艺术作品则可根据环境参数的变化改变其呈现方式。比如当观众感觉寒冷的时候，雕塑艺术作品就呈现如火般暖色调的温暖环境，当观众感觉炎热的时候，雕塑艺术品呈现如冰般冷色调的寒冷环境。

再来看一个DesForM2013 国际会议上的以“活力城市、跳动的光”为主题的交互数字雕塑作品：“展现一个活力四射的城市”为该数字雕塑艺术作品的最本质理念，通过对抽象的城市雕塑形态进行解构剖析，用光的语言来重组对于城市的理解。生活在这个城市里，是人给这个城市带来了新的血液和新的动力。通过对于城市的理解，用绚烂的手法、奇幻的色彩、动感的节奏和美丽的线条勾勒出创作者心中那个最向往的城市。作品通过投影艺术，首先把现今城市最本质的印象勾勒出来，外形大块面切割的建筑，高耸入云的摩天大厦，车辆川流不息的立交桥，人群熙熙攘攘的商业步行街，是人们对这个城市的第一印象。带着自己对于新城市的第一印

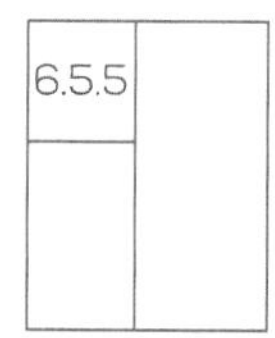

6.5.5 热舞青春DesforM2013

象，把最新鲜的感觉注入；接下来，当人们在这个城市生活久了就会发现这个城市的底蕴和内涵，那就是城市的内在美——人文气息被渐渐地孕育出来。于是，把那些对于城市的第一印象打散，重新拼接，就诞生了投影艺术的第二篇章“城市——呼吸的韵律”。对城市的建筑物进行轮廓描写后投射出类似于心跳的形式，那是人们在这个城市里生活、工作、学习的声音。人们爱这个城市，想通过自己的双手把城市建造得更加美好，所以要让城市与人们共鸣，使其心神合一，携手创造美好的未来（图6.5.6、图6.5.7）。

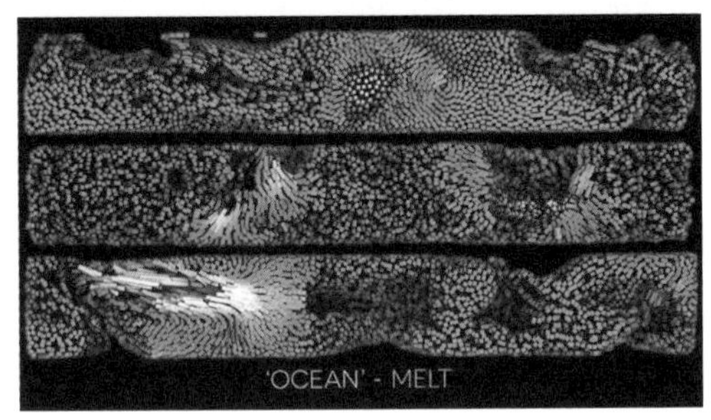

交互性城市雕塑的未来发展趋向

1）交互性城市公共艺术是技术和艺术的融合体

数字化公共艺术有别于传统公共艺术的一大特性就是科技性。从创作材料来看，数字化公共艺术的创作材料是基于数字技术的媒介材料，包括感应器、LED、数字显像系统、计算机、通信工具、网络等以及计算机编程技术、虚拟现实技术、交互系统等技术手段和平台，而传统公共艺术的创作材料一般为木材、石材、玻璃、玻璃纤维、水泥、钢板等。从创作过程来看，数字化雕塑的创作往往要经过数字虚拟模型、电路铺装、电路调试、软件测试等步骤，而传统城市雕塑在创作过程中是没有电子元件介入的。

新技术手段的运用正影响着我们对空间、对艺术的心理关系和概念。如今，新的数字技术可以让不同的媒体形态相互结合，并给予观者自主的控制权，与作品本身建立彼此的互动性，作品则提供更多的可能给观者，这种非线性的思考过程改变了以往的审美体验，使观者参与并沉浸在作品之中，体会“创作”作品的快感。这样看来，数字媒体技术的运用已经是结合了影像、声音、文字、控制技术的超级文本，贯通了多种可能，链接着极尽丰富的表现元素，参与者或者说创作者每次不同的操作都可能导致不同的结局——这正是数字雕塑所拥有的互动性所带来的无穷魅力。

交互性城市雕塑是指在公共艺术的范畴内引入数字化虚拟

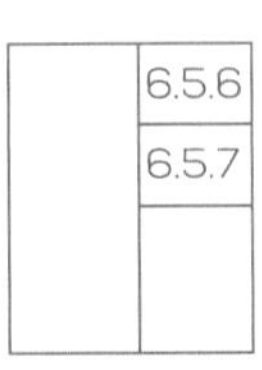

6.5.6 活力城市 DesforM2013

6.5.7 Wall of Wonders - Giant Art Installation

艺术指导，展览设计，动态图像设计

设计者：Kamila Staszczyszyn

城市：华沙，波兰

“奇迹艺术墙”作为一个艺术和技术展览会的放松区在华沙展示。巨大的后工业化的空间展示互动装置，采用了3 D投影映射。我们通过超全景投影来创建一份外区域的奇迹，26m长，4.5m高。

表现的现代雕塑艺术，它是借助于计算机的控制来实现具有一定互动功能的城市雕塑艺术。从定义上就可以看出来，交互性城市雕塑艺术是技术与艺术的结合体，技术指的是计算机技术，艺术则是指公共艺术所包含的内容，比如城市雕塑、装置、光艺术、城市影像艺术等。互动性是雕塑艺术的另一重要属性，究其场所和地域特征以及其创作、建设的初衷，大众的参与是必不可少的，也就是作品与受众的互动。这种属性也是有别于其他艺术形式的一种归属于大众的艺术，它的最高层次在于受众能够真正参与到作品的创作中去，达到作品与受众、作者与受众的双向交流，使得作品不仅仅是信息的输出，更多的是受众对信息反馈的输入。然而这种互动性的作品还不多，目前大多拘泥于机械式、物理式的互动。

公共性和互动性是城市雕塑艺术本质的属性。公共艺术在一定意义上体现了当代人的文化理念、审美情趣和人文关怀，体现了整个社会的多元形态与科学技术水平的发展状况，而城市雕塑互动的意义在于“以人为本”的交流体验。

第一，未来的城市雕塑，如果能将都市的规划与整体建筑风格都纳入到艺术的体系中来考量的话，城市雕塑将与整个现代科技结合得更加紧密。第二，新技术表现与城市雕塑。用高科技手段来创作城市雕塑，是未来许多城市雕塑的努力方向。第三，城市雕塑除了与城市景观融合交流之外，另一个非常重要的趋势就是关注人类情绪与体验本身，通过适应人的心理与生理的感情变化，来达到城市与人之间的互动（图6.5.8）。

2）未来交互雕塑艺术中的几个可行性

马克·威瑟认为：从长远来看，计算机会消失，这种消失并不是技术发展的直接后果，而是人类心理的作用，因为计算机变得无所不在，不可见的人机交互也无处不在。对于未来的交互性城市雕塑艺术来说，应该是更好地让人们参与到人和作品的互动中去，让人们自由自在地在艺术的海洋中寻找快乐，所以，在未来交互城市雕塑艺术中，技术应该达到目标有：

（1）人们在参与雕塑艺术品的互动时，将会更加简单、自然、亲切，不再需要训练很久才能准确使用和互动，人们跟机器交流就像人跟人一样简单，让不同年龄、不同阅历的人都能够参与到公共艺术互动中来。

（2）通过各种技术的加入，使雕塑艺术品做出来的效果很强，不再像现在的交互性雕塑艺术那么单一，只包括一项功能，未来的技术将会带给人们很强的感官冲击力，不管是在立体声效还是在立体三维的视觉效果中都能得到最好的感受，光感、水感都非常逼真。未来通过技术的加强将会给城市雕塑艺术带来另一种升华。

（3）未来科学技术的发展，将会给雕塑艺术的造型带来很大的改善，交互性城市雕塑艺术作品不管是在造型还是各种感官方面都将会具有更加丰富的表现形式，艺术家能够在高科技的基础上创造出各种类型的雕塑艺术作品。

（4）通过一些技术，能让雕塑艺术品不仅是一件作品，更是一个能与人交流感情的对象，它能安抚人心，净化人的心灵，美化整个环境，给人的生活带来创意，激起人对科技的求知欲，推动科学的发展，使全民都开始关心科学技术。

六、探寻未知的变化
exploring the unknown

当我们面对科技时代的数字公共艺术时，不得不追溯到科技带来的艺术品复制的真实性问题。本雅明在1936年曾经以复制行为对艺术品原件说造成的灵光消逝的影响来作为例子，以一种预言者的姿态提供了一种认知上的新理念，来引导人们以全新的眼光看待机械时代的复制品，了解复制品观念给整个艺术行业带来的冲击。罗森伯格在1969年也曾极力尝试运用电视屏幕制造感官上的幻觉，他提供的一切展品都是以复制品的方式出现的，这使观者突破了原有的观赏习惯和思维模式。在传统艺术上被十分看重的艺术的唯一性、真实性、原创性都被一一瓦解。[1]

虽然交互性城市公共艺术确实改变着人们的生活，但是问题同样存在。比如说，我们现在做设计的时候经常会说“以人为本”，但是真正意义上做到以人为本的又有多少呢？未来的交互性城市公共艺术应该是与人平等的，但是由于网络和科学技术的发展，人们好像总是被动地接受这些事物，并非真正意义上的交互和平等。事实上，人们依旧被技术和科技制约着，我们参与互动的时候受制于传统的电脑程序，有的时候设计师为了追求自己的一些想法或者目的，不能完全考虑到公众的感受，而且程序员并不了解大众心理，只是根据自己所学到的书本上的理论知识去做，很少有与设计师完全相互理解的，因为设计师不太懂程序，所以设计师和程序员之间相互制约，导致最终出来的交互性公共艺术品并不是完全意义上的以人为本，人们很多时候并不能完全感受到这个作品的真正目的。作为设计师，不应该单纯地根据自己的阅历或者几个调查问卷就认为对公众已经足够了解，他们应该多方面、多层次地去了解公众，尽量做到满足人们的心理需求。未来的城市公共艺术，不应该存在谁是艺术家谁是公众，应该让公众也参与到交互性城市公共艺术品的创作中，而不是依据设计师、程序员已经设定好的形式和程序来参与互动，我们应该把设计的原始权利都交给公众，这才是真正意义上的以人为本、开放性的设计。

艺术家的角色

未来城市公共艺术家们不仅要忠诚于自己的想法和构思，还需要将自己的理念与社区和公众相融合、相协调。艺术家需要通过作品去引导公众思考权利、意志、制度等诸多的社会问题。艺术家们应该善于寻找艺术之外的方法和模式，来诠释他们所要表达的思想。许多艺术家与评论家也在积极思考着艺术家在新型的公共艺术中应该扮演的角色。例如洛佩兹就提倡一种公民权的模式："练习在市民和国家之间签订社会契约，艺术家以市民的身份在社区的亲密空间工作。”海伦·哈里森则认为："我们的艺术家是神话的创造者，

[1] 李云，王巧. 关于数字艺术的思考［J］. 内江师范学院学报，2005（3）.

而我们与其他人一起参与真实的社会建构。”柯梅兹则建议说：“艺术家是媒体的剽窃者、跨界者、文化的调节者、社区生活的治疗者。”

在每个人的社会角色都更加多元化的今天，艺术家肩上的任务也多了起来。一个新型公共艺术的创作者可能要同时扮演这几种角色：体验者、报道者、分析者和行动者。我们可以这样理解，一个艺术家几乎在构思作品的时候就开始作为第一个观众体验自己的作品，并且他这个体验者的角色会贯穿整个艺术活动的始终。艺术家作为报道者，他搜集资料供别人阅读和参考，他使得我们去关注某些事物和问题。当艺术家的分析者角色开始的时候，他就会采用一种社会学家分析处理问题的方式。艺术家们探讨如何把艺术品中的物质特征去除，反映在观念世界里。最后，艺术家作为行动者，使得公共艺术作品在与观众的积极互动中融入到社会建构中去，完成作品的社会意涵。可见，公共艺术家在社会生活中将会扮演越来越综合的角色。

观众的分层

由于艺术家角色的多重性，在公共艺术中，也应该将观众进行区分，使得公共艺术受众的划分更为明确。将观众群体进行细小的划分和解构，可以使公共艺术在观众的设定上更加明确化，明白艺术家的作品是要感染和启发社会中的哪一个群体。由此，可以在公共艺术的设置场域和开放时间、宣传策略上更加具有针对性，以期作品的效益达到最大化。

观众的分层并不仅仅是横向的由性别、年龄、工作、受教育程度等组成，也有纵向的传播的中间站的不同而构成。例如艺术家的合作者算最核心的观众，下一个圈子的观众是艺术品的制作工人或义工，再往下就是直接体验艺术品的观众，接着是没有亲眼见到，接受他人转述和媒体报道的间接观众，最后一层是艺术评论家，因为他们不仅仅要接受和体验，还要进行反思和给出结论性的评价。[1]然而，这些越来越众多的关注者也是互相影响着的，像一圈一圈的水纹彼此交感荡漾。一个优秀的公共艺术作品，必须要考虑这个多层次的观众效应。为了使作品的影响效应最大化，最大程度地给予观众们一击，就需要从各个传播渠道考虑艺术品的形式内容和教育启发功能，让作品不仅得到了解作品意图的合作者的理解，同时也让远在另一个国度的报纸的读者感受到作品所要传达的意思。

显然，除了横向和纵向的观众分层外，人类行为的不同也是观众分层的一个标准。人类行为通常是科学家所关注的，但艺术家在创作数字化公共艺术作品时首先考虑的就是人类行为。因为人类行为——动作和姿势，不仅仅关系到作品本身，更是受众与作品直接交流的渠道。

---

[1] SuzanneLacy，吴玛俐等．量绘形貌：新类型公共艺术［M］．台北：远流出版公司，2006．

问题的探索

公共艺术除了展示地域需要在公共空间、观众必须是全体的民众外，还有一个核心的内涵是探讨的问题必须集中在公众视野内。以社会问题为关注主体的公共艺术，是未来的城市公共艺术所不可缺少的一部分。因为在公共艺术这种艺术形式被大众接受之后，艺术家的注意力必定会从形式本身转向艺术的深度问题。[1]

这类关注社会和社会存在的问题的艺术家们的作品包罗万象，十分丰富，从性别问题、种族歧视、身份认同、社会制度到政治权利等，他们将公共艺术作为一个社会批判的工具。其中有几种表现方式：一种是启发式的。也就是艺术家用作品或者艺术行为抛出一个社会问题或者作出某项政治呼吁，将其作品呈现在公共空间，试图启发公共对相关社会问题的思考和关注。第二种是支援式的。比如艺术家可以利用公共设施来传递信息，以此来支援某些特定的群体，使作品所传达的问题引发出来，最后使问题再回到公共社会系统中去。另外一种是互动性的。作品从构思到创作到完成都强调与他人的合作与互动。通过这种参与和互动，扩大了作品的辐射面和接受人群，使作品在构思、创作、成型、宣传、反馈等各个环节中都能对参与者产生一定的影响，对社会网络产生积极的鼓励效应，增强社会的共同凝聚力。

公共艺术家之所以积极地思考或者参与这些大的社会议题，是由于他们渴望参与到社会事务中，扮演更具启发性的角色。同时，这些公共艺术家也必须与公众保持一定的距离，使得他们有一定的空间和自由度，这样才能发现社会的问题所在。

因此，公共艺术是要用来服务国家或者社会的价值信仰的。未来的公共艺术更加需要思考的是，这个价值系统究竟是谁建立的，公共艺术创作者应该以一个怎样的角色和姿态介入社会事务，这些都是未来的城市公共艺术家所需要思考的。

共同的工作

共同的工作，是指艺术家、社会与民众合作的意旨与可能性之所在。它并不特别指城市公共艺术也是一项工作，或者是你的或我的工作，而是我们共同的工作。共同的工作是建立在所谓的共同土地之上的。尽管这些所谓的共同土地已经被都市的道路和密集的建筑物所覆盖，但是当今仍有许多公共艺术家不断地出现在公众生活中。这些公共艺术家的职责和使命，不仅在于美化现有的公共空间和环境，更在于强调在公同土地上所体验到和经历过的社会变化和文化传统的延续感。也就是说，公共艺术与共同土地一起，描述着市民与社区居民公众生活中的具体守则和心理体验，并且变现和诠释了公众生活中可以预见或不可预见的戏剧化未来。

当然，这并不是一个看似简单的任务。城市公共艺术家们面对的是表面看似浮华的城市内部的危机与颓废，社会待遇的不平等，阶层的隔阂与分离，种族之间的冲突，受教育程度的差别与视觉经验的不同。即便是这样，20世纪60年代以来的公共艺术家们，已经在有限的环境和条件下，对形势教条之外的社会生态和社会景观进行了探索，并已经基本划分出一个临时性的相对稳定的合作空间。因此，一定程度上来讲，我们未来的公共艺术，不会是一个实体上的艺术，而是共同合作的场域所形成的向心力。艺术家与城市、公众之间可以透过共同的工作，也就是合作，来使

[1] 倪再沁. 艺术反转：公民美学与公共艺术［M］. 台北：台湾典藏家庭公司，2005.

得一件作品在公共时间、公共空间，甚至是公共事件中以一种消化式的公共尺度展示出来。

“艺术的取向和其能达到的效果依赖于它所处的时代，艺术家是时代的产物。最高级的艺术形式是那种能有意识地将当代问题千百倍放大的艺术，是那种可以再现上周爆炸案的血肉横飞、可以再现昨天某个家伙惨遭车祸后仍然努力找回自己肢体的艺术。最非凡的艺术家是那种在急流猛瀑般的生活中能不随波逐流、不同流合污，用他们流着血的双手和心脏牢牢抓住时代智慧的人。”[1]——Richard Huelsenbeck

新型的城市公共艺术，将是集体意识和个人思考的综合体现。它试图去联结社会，让观众去参与表达，并重新定义社会中存在的一系列问题的一致性与多样性。随着新媒介的应用以及公众参与性的提高，整个公共艺术与其服务的社区真正连成了一个动态的有机体。[2]虽然这些城市公共艺术作品有些是暂时性存在的，但是它们在发生、展示与保存的过程中对公众与整个社会造成的冲击将会是永久的，在意义上要远远超过它们曾经存在的实物本身。

数字媒体技术的发展、交互技术的发展与运用、艺术与技术的高度融合等，使得大众参与体验雕塑艺术作品的形式发生了质的变化，使得城市雕塑艺术能够通过形象、语音和行为识别，使艺术家、作品与受众产生互动，实现艺术创作与艺术体验的双向交流，突破艺术活动的单向模式，让城市雕塑艺术焕发出更强的渗透力和感染力。

一些艺术家、设计师和科技工作者的合作，使得数字交互作为一种新型的公众参与艺术成为可能。而正是大众的广泛参与，使得设计人群与受众大范围增加，从而必然会导致量变到质变的转化，以创造性的艺术、设计与科技满足人类在当今社会中的精神与物质需要，使得整个设计水平与技术能力得到长足的进步。新技术手段在城市雕塑艺术互动中的运用必然会成为未来城市雕塑艺术的发展趋势。

作为交互性城市雕塑艺术创作者，要走在技术的前端，要有时代感，不能总是抱着传统的公共艺术不肯放，不要局限于一种艺术方式，应该把艺术放在技术的高度上去创作。但是先进的技术也不能完全取代传统的雕塑艺术，因为传统城市雕塑艺术有深厚的文化底蕴，也有丰富的表现力，人们对于传统的东西有一些熟悉感和亲近感，科技会让人们产生距离感，所以未来的交互性城市雕塑艺术设计不能单单靠技术来吸引群众的眼球，先要有过硬的艺术基础，然后合理地运用一些技术，把技术和艺术完美地结合在城市雕塑艺术上，这才是我们最终想要得到的。

---

[1] 陈玲. 新媒体艺术史纲 [M]. 北京：清华大学出版社，2007.

[2] 陈瑶. 费城公共艺术探究——以费尔蒙特公园艺术协会项目为例 [J]. 装饰，2015 (2).

Schizophrenia

Laser / Light installation

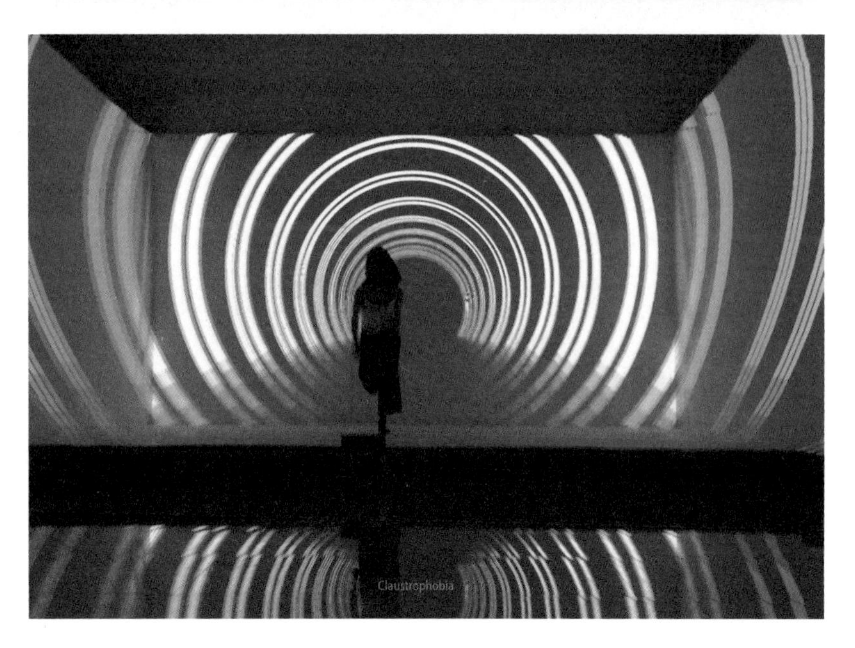
Claustrophobia

6.6.1			6.6.4
6.6.2			6.6.5
6.6.3			6.6.6

图6.6.1～图6.6.6　空间交互投影装置“Red Psycho”

Director：Friendred
Programmer：Qiuhan Huang
Dancer：Wanni Peng
Laser Programmer：Jiupo Han
Tutor：Feng Wang；Li Zhang

随着人类文明的进步，医疗科技的发达，人们往往更加重视自己身体上的变化和健康程度，但是却忽视了内心的变化，快的生活节奏、高的社会压力，让部分人的心理产生了一些变化。

大多数人却不愿意接受患病的现实，甚至不承认且带有歧视的心理，导致精神疾病成为了一种难以启齿的病理现象的存在，使得治疗以及发现的难度加深。同时，有人提出，部分精神病患者的意识并不是扭曲，而有可能是超前，所以精神病这个词是有争议的。通过夸大正面和反面的元素，将这个主题加以渲染，从而有了交互投影装置的概念。

现在，新媒体作为一种新型的交互领域已经盛行，投影是其中一种重要的表现手段，其能够很好地表达艺术创作。用投影和软硬件相结合的方式表现心理病症，再通过舞蹈演员的肢体动作和现场的氛围等，将观众带入进精神病患者的内心世界，从而感受其不同寻常的世界观。

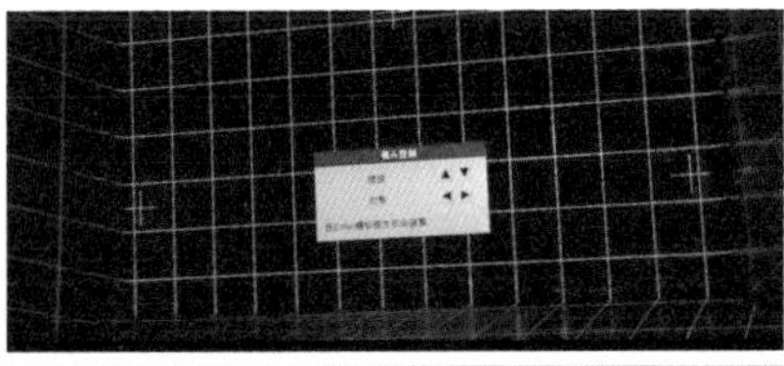

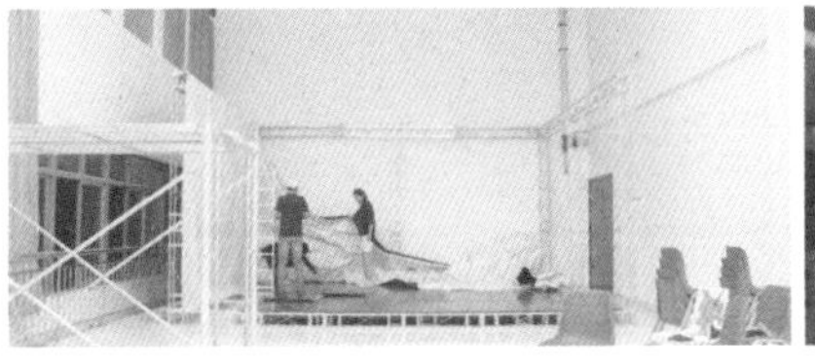

城市空间

公共艺术

Public Arts
in
Urban
Spaces

Public Arts in Urban Spaces

一　城市交通空间艺术品

- 南京地铁
- 合肥市新桥国际机场

二　城市文化公园艺术品

- 国际青年奥林匹克运动会（南京）
- 苏州太仓海运堤

三　博物馆空间艺术品

- 南京大报恩寺遗址公园博物馆
- 安徽省博物馆
- 南京青少年科技馆
- 无锡市城市规划馆
- 无锡市中国民族工商业博物馆
- 无锡市博物院

四　校园空间艺术品

- 江南大学

一、城市交通空间艺术品

Artworks in Urban Transport Space

南京地铁

南京作为国家级历史文化名城和重要的滨江旅游城市，富有深厚的文化底蕴和优雅的艺术气质。南京地铁1号线、1号南延线、2号线、10号线的壁画策划、创作历经近八年的时间，形成了具有特色的策划和设计理念：

（1）主题系列化：强调了全线主题的设计策划理念。

（2）选址寓意性：注重围绕主题和地铁具体的站点有机的结合与联系。

（3）选位场景感：突破传统壁画的概念，以环境设计和主题创作意识结合的观点统领整个策划与创作，使艺术品与车站环境更加融合。

（4）表现时代感：艺术的价值在于创新，创新的内在体现就是观念的提升，外在表现包含了表现形式的时代感和表现方式的多样性。

（5）大众参与性：地铁的壁画创作在大众的识别性、可读性、参与性上是比较突出的。

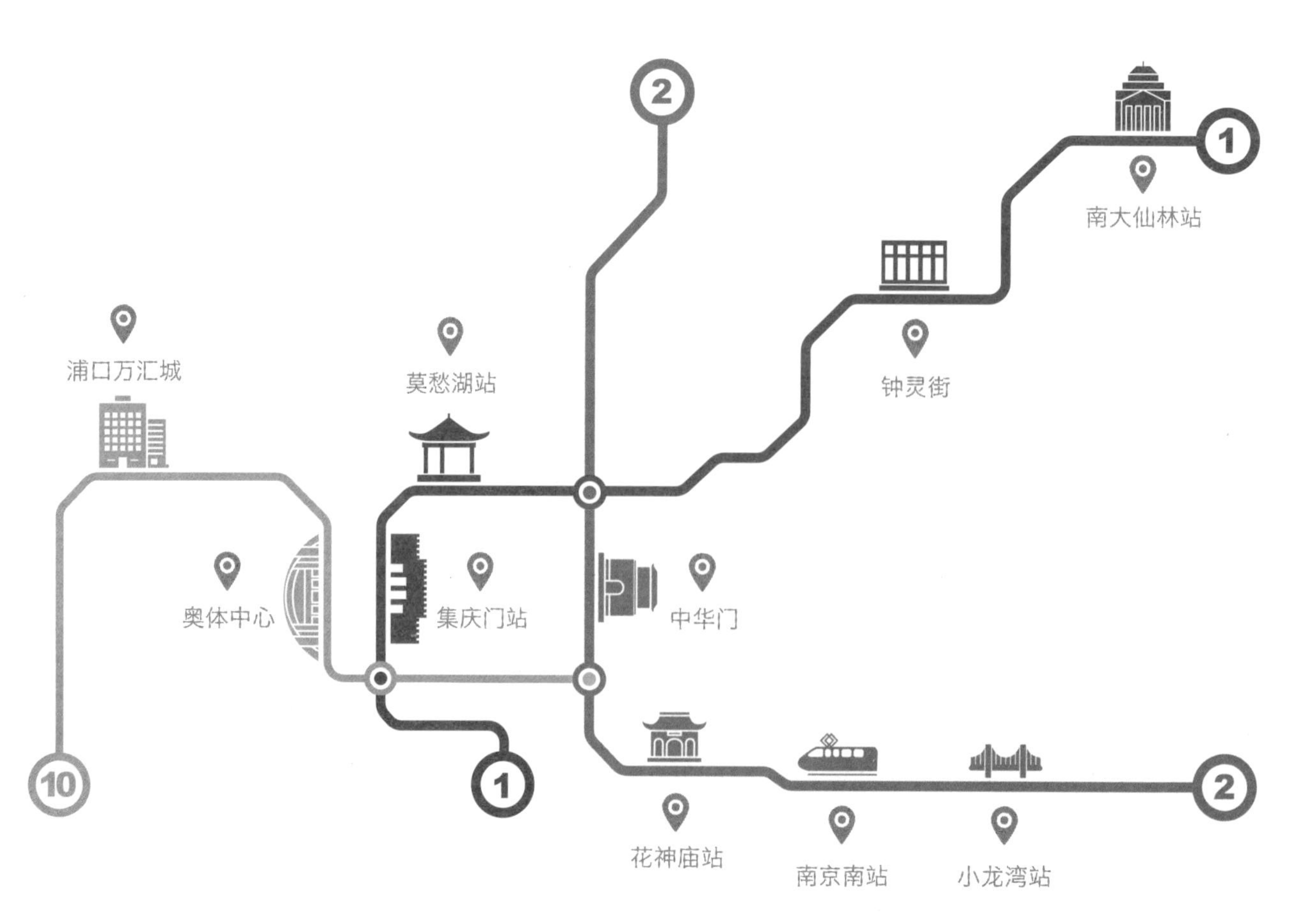

1. 南京地铁1号线公共艺术品设计

南京地铁1号线一期工程共有16个车站，其中10个站点规划了公共艺术品来表现南京的地域文化主题，如南京站的“金陵揽胜”、玄武门站的“水月玄武”、鼓楼站的“六朝古都”、珠江路站的“民国叙事”、三山街站的“灯彩秦淮”、中华门站的“明城遗韵”、中胜站的“云彩地锦”、元通站的“璀璨新城”、奥体中心站的“千里之行”和“十运之光”等。本项目从2002年策划开始，到2005年全部安装完成，历经三年半时间。

中华门站——明城遗韵

中华门古称聚宝门，其结构形式独具一格，平面呈“目”字形， 由一道主城墙和三道瓮城横向墙、藏兵洞等连接而成。南京城墙之所以气势雄伟，与曾经率兵南征北战的朱元璋构想实施的这种具有实战意义的筑城措施息息相关。

因此，在这个站点的创作选题上就确立了以南京明代城墙为创作内容，中华门城墙为创作重心的思路，突出中华门城堡拱形城门层层递进的特点，整体是采用长卷叙事形式，但在构图上并不受传统壁饰构图的制约，结合了具有现代感的自由的分割方式，打破了传统叙事式长卷作品比较呆板的感觉。整幅作品以片段展现的方式突出了“城墙拱形门造型、传统雕刻艺术、书法诗句、城砖铭文、现代抽象纹饰”等，并局部放大，各部分内容又以线形的平面构成关系互相巧妙连接，在平面构成上作了些解构变化，与作品背景浑然一体，主体突出而明确。在保证各部分素材内容的前提下，强调对形体块面的强化塑造和归纳处理，利用线性因素的扩展，充分肯定形体，使线性的表述作用得以强化。通过线条的构成关系，将各部分内容联系在了一起，而这种联系并不是简单的表面上形象的联系，而是在不同的空间形体构成中加强了细节微差的处理，从而达到了一种和谐的关系。整个作品给人一种既现代又具历史文化底蕴的视觉感，整体表现出气势宏伟的效果，作品形式感强。

在作品的空间表现尺度上，根据现场的环境特点，利用原有的建筑空间作整体创作规划，全盘构思了站台内的可利用界面以及消极性角落空间，从而形成了一个多面转折的类似于城堡形态的表现空间。正是这样一个独特的空间，为作品创作能够大尺度地艺术再现南京明代古城墙的历史风貌提供了一个绝佳的空间环境，而这样的空间特点，在国内的相关创作中并不多见。在创作中，结合空间特点，重点在块面的转折点上做文章。例如在拱形城门的造型表达上，巧妙地利用了块面的转折关系，既打破了城门造型的呆板感、又增强了作品空间的厚重感、体量感。

在设计方案阶段，设计的主题是比较明确的，一直围绕着“城墙文化”主题进行创作。早期的设计方案，虽然明确地表达了创作的主题，但是在形式上、作品的震撼力上还有所欠缺。后来经过反复修改，最终确立了目前的实施方案。

01/02
南京地铁1号线——中华门站
材料：火山岩
尺寸：2420cm×320cm
创作：王峰

在制作阶段，石材的选择十分关键，从某种意义上讲，好的材质表达就是作品成功的一半，因此，在材料的选择上投入了大量的精力，对传统的雕刻类石材进行逐一挑选，但在视觉效果上，总是觉得石材太过于完整，与历史城墙历经风雨侵蚀的面貌不太和谐。如何选择合适的石材来表达城墙，成为作品创作成败的关键性环节。最终作品在材料的使用上选择了产自福建的一种火山岩，这种石材沉积在海底，经过海水的不断冲刷，石材呈现出了许多变化的小孔。同时，经海水的自然冲洗，在小孔中嵌满了各种贝壳、螺钿等，石材经打磨，各种天然镶嵌物自然显现出一种天然之美，丰富了石材的肌理感。石材自身的小孔又恰似城砖经长期风蚀而产生的天然面目，很好地诠释了作品的创作意图。作品并没有完全采用传统雕刻对石材肌理的表达手法。在背景的处理上，保留了石材自然雕琢的痕迹，并有意对一些局部进行打磨、抛光等后期处理，使作品呈现出了一种好似经长期抚摸后的自然光泽，和背景粗犷的肌理形成了强烈的视觉对比效果，在拱门造型的磨光处理上，通过控制打磨的力度来调整光泽，大大加强了城拱门层层递进的视觉效果。

作品完成以后，在现场的安装中，也力求有所突破、创新，整体作品的悬挂并不同于传统意义上浮雕的垂直悬挂，采用了类似于城堡的向上倾斜效果，从作品的顶部向墙体收紧，使作品整体保持了一定的向上倾斜角度。

“明城遗韵”的创作过程是艰难的，创作的体会也很多。这里重点谈谈在公共艺术创作中对表达作品意境的一点体会和认识。

在中国传统艺术审美中，常常把“意境”作为衡量艺术美的标准。意境是情与景、意与境的统一，是主观的生命情调与客观的自然景象的交融互渗。艺术的意境不是一个单层面的自然再现，而是一个深层境界的创构。意境的营造是客观景物经过艺术家的思想感情的熔铸和艺术加工创造出的情意交融的艺术境界，这种境界能使人感受到强烈的艺术感染力。

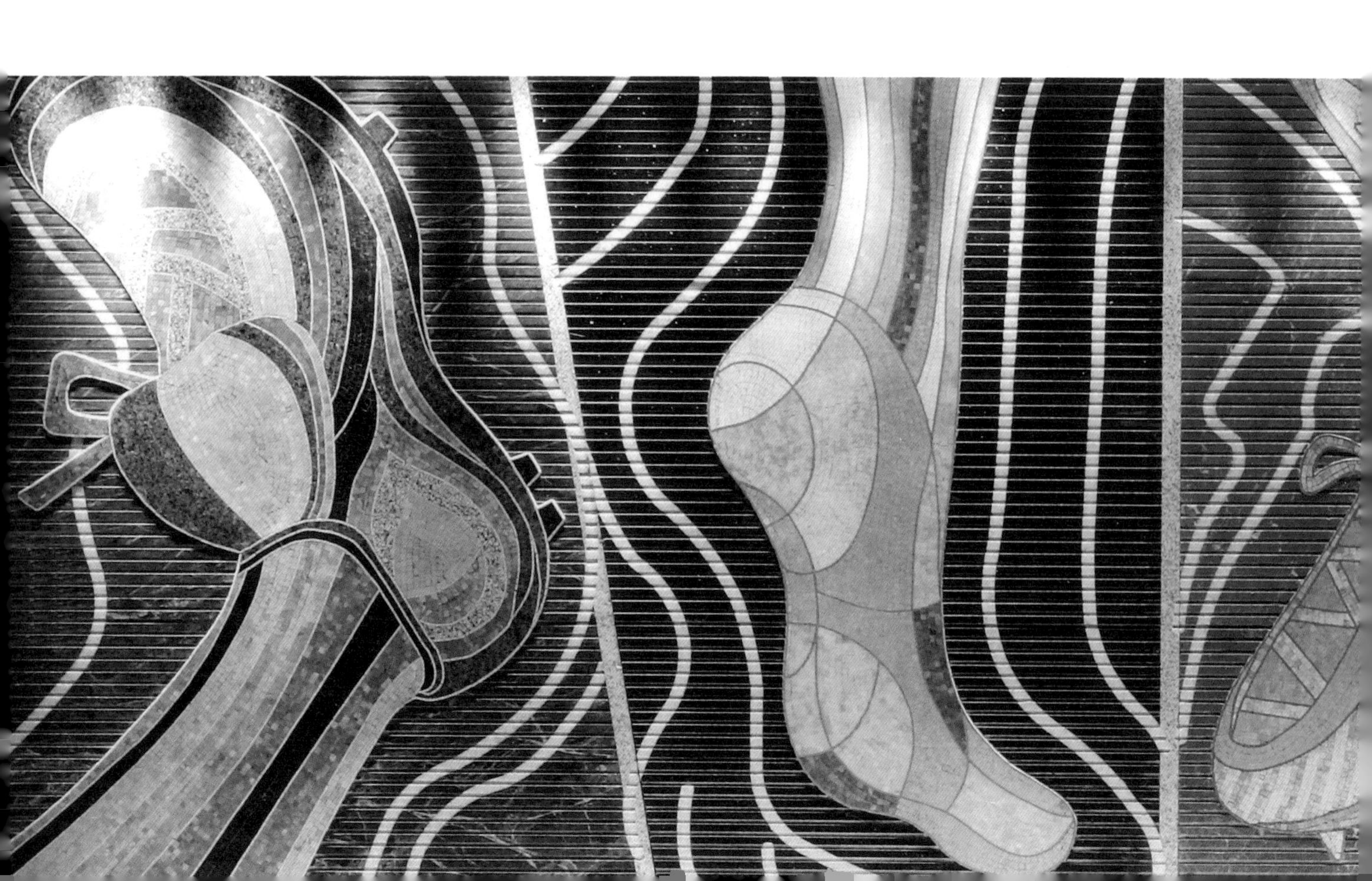

意境是一种艺术创造，艺术通过技巧才能达到情景交融，意境中包含着艺术表达精湛的技术。没有艺术表达高超的技巧，作品就不会有审美意境。艺术作品的表现中，技艺应隐于作品内在精神境界之中，技巧不等于一味地求工，妙在恰到好处。现代环境雕塑意境的表达，技巧的概念不只是雕塑造型本身，还延伸到对雕塑综合媒介的使用以及对环境空间和人的心理空间的把握。现代公共艺术是一项艺术工程，从创作设计、实材加工直至运输安装，这里涉及多个环节，尽在艺术家的掌握之中，要求艺术家一专多能，不仅要具备艺术表现能力，还要具备环境规划能力、艺术管理能力、艺术传播能力、沟通能力和团队合作的精神。艺术家只有具备很强的艺术表现综合能力，才有可能创造出代表大众心声的情景交融的艺术作品。

意境中的含蓄，使人感到“言有尽而意无穷”，意境中的含蓄能唤起欣赏者的想象。以少概多的形式赋予作品丰富的内容，使其形象鲜明又不是一览无余。所有这些公共艺术作品并没有因为形式、功用、环境等因素而忽视对审美意境的追求，审美意境中含蓄的表现仍是现代公共艺术创作中所追求的精神境界，艺术家通过自己的话语方式，赋予环境以更有创造性、更有启示性的意义，让艺术作品与环境和谐共生，努力为公众寻求激发想象的空间，使公众在欣赏中能够获得联想的巨大能量。

奥体中心站——千里之行

鉴于环境空间比较狭小，不适宜大尺度地表达运动形态，作品以五种运动的“足”的形态为创作的主题，试图以局部显全貌，用不同的脚部运动姿态来折射奥运精神，视角具有新意，并用简练的造型锯条来表现运动的力度。地铁体现的是现代化的快速公共交通，以“足”的形态，一方面

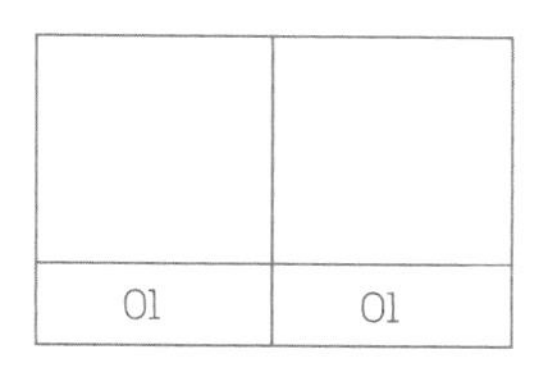

01南京地铁1号线
——奥运中心站
材料：石材镶嵌
尺寸：750cm×280cm
创作：王峰

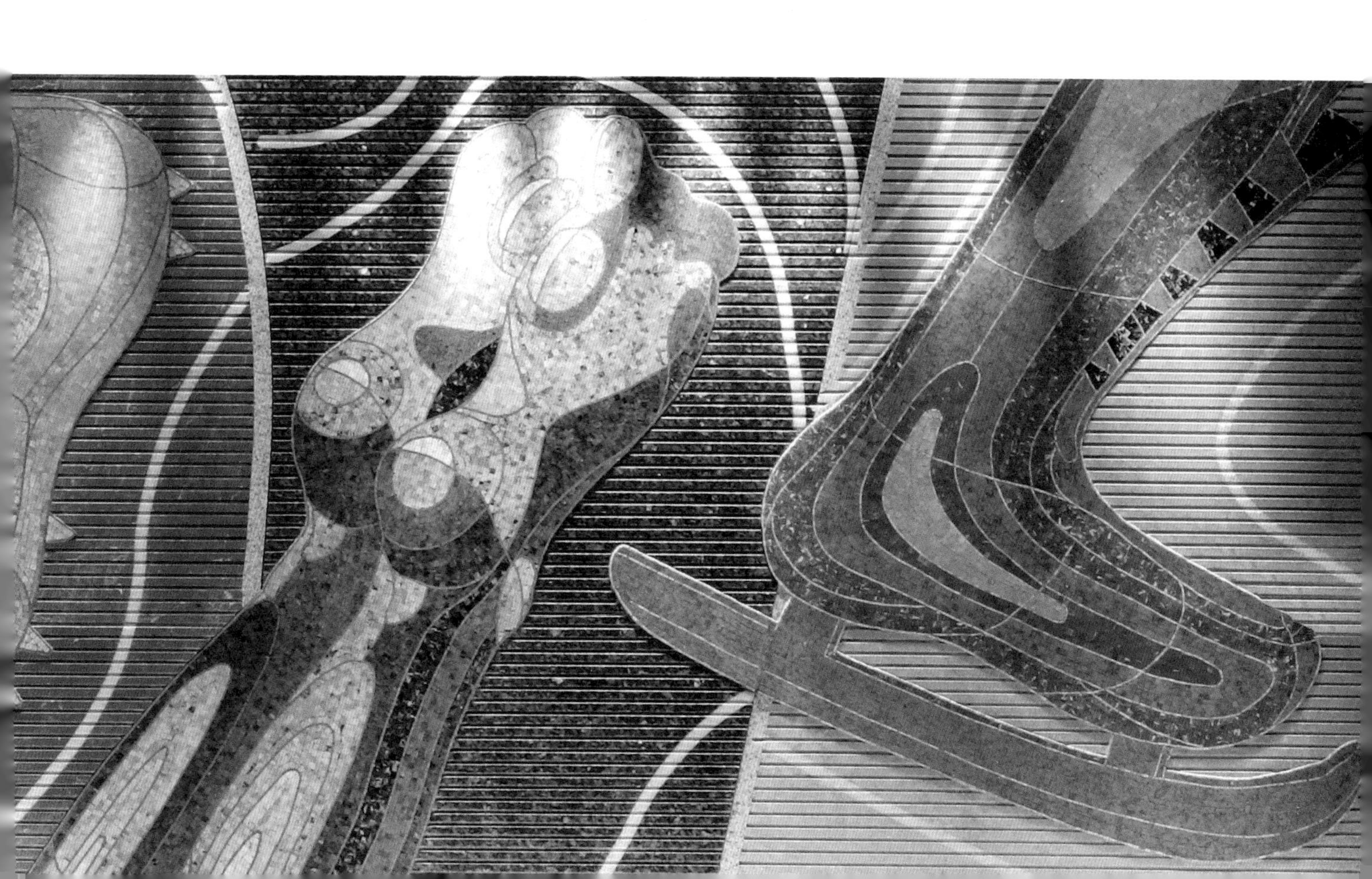

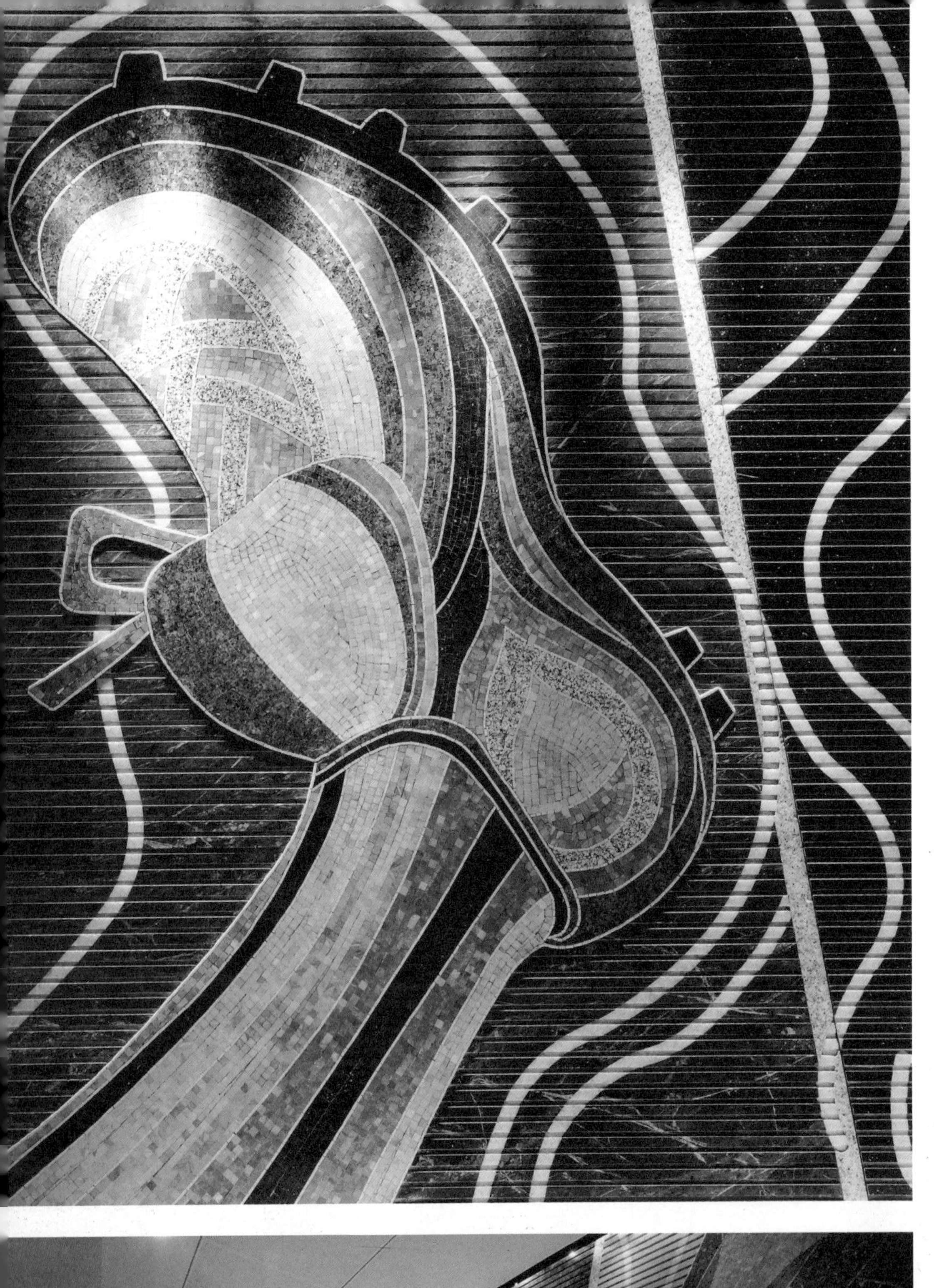

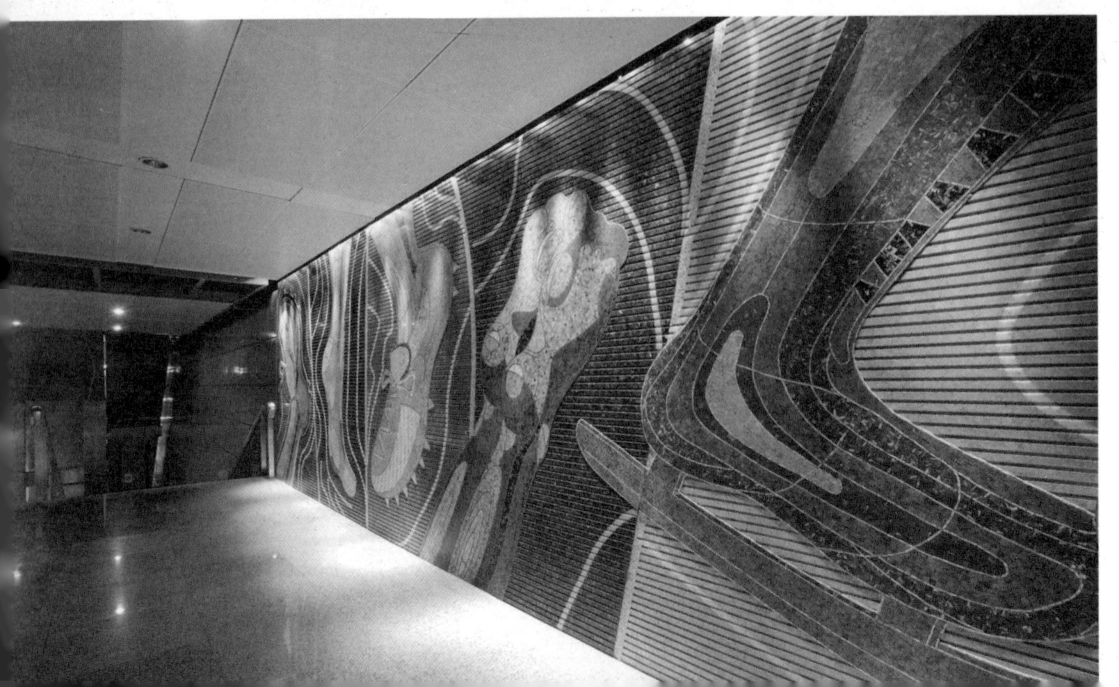

喻示着人们步履匆匆、穿梭往来的含义；另一方面，选取典型的五种运动状态的“足”的造型也突出了奥体中心站所表达的运动内涵，突出了环境空间的特点。在造型的语言上，并不完全是对运动“足”形态的具像刻画，而是更加注重装饰语言的运用，强调形式自身的美感，用较装饰性的形式语汇来表现这一造型，并结合最终作品的制作工艺和手法，以“点、线、面”这些最基本的装饰视觉形式语汇来塑造形态。在作品色彩的表达上，以“红、黄、蓝、绿、黑”的奥运五环颜色为作品的色调，更加强化了运动这一永恒主题的视觉冲击效果。

在背景的处理上，以凹凸起伏的水平鳗来表达运动的前进感、速度感，加强了作品的动势，并以若干条类似于水波纹的曲线穿插交错，打破了水平线过于平铺直叙的感觉，在曲线和直线之间达到了相对的平衡，用曲与直的对比丰富了作品动态的方向，更好地营造出了作品的动感。以流畅的曲线来分割造型，以点状的石材镶嵌来丰富画面，以五块不规则的面来构成整体，打破了规则形板块并置的呆板凝重感，强调形式美的表现手法，使作品呈现出强烈的装饰性语言。最初的设计方案考虑的是陶板烧制再着釉色的制作工艺，经过几次烧制实践，均未达到理想的视觉效果。由于吸取了陶板烧制失败的经验教训，也找到了解决问题的关键节点，后面的制作工艺试验很快就收到了明显的效果。确立了作品的制作工艺：先用水刀在整块石材的背板上雕刻出外轮廓，再以各种石料镶嵌运动“足”的形态，最后用树脂胶封闭打磨。在背板石料的选择上也颇费了一番苦心，既要能够很好地体现材质的美感，又要满足作品对色调的要求。先从数百种石料中挑选出若干满足作品创作要求的材料，再将这五种色泽的石材分别组合在一起，比较不同石材搭配在一起的效果，通过整体的视觉把握确定最终的石料。石材的色泽虽然不能达到奥运五环的强烈色彩效果，但是天然石材呈现出的含蓄、淡雅的色调与奥体中心地铁站环境空间中强烈的绿色，形成了很好的互补关系，丰富了环境空间中色彩的层次感。精湛的加工制作工艺，使得作品在最终完成之后展现出的是对艺术造型的精确加工、对材质的精美体现，夺人眼目。

作品“千里之行”的完成，最大的体会是在艺术创作中对作品材质美的表达。材料是自然物通过人类的发现和利用，而成为了设计制作物体的基础。材料有其双重性：一方面，从材料的本身面貌考虑，它有物理性能和化学性能。材料的可视性和可触性都属于物理性和化学性，并分别形成了材料的抽象的视觉要素与触觉要素。材料的视觉要素是指材料的色彩、形状、肌理等；材料的触觉要素是指材质的软硬、干湿、粗、细、冷暖等。材料的视觉要素与触觉要素是材料的外在要素。另一方面，材料内部充满了张力，这种隐藏的内在张力，形成了一种重要的心理要素。材质具备了新颖与古老、舒畅与沉闷、轻快与笨重、鲜活与老化、冷硬与松软等不同的心理效果。任何材料都充满了灵性，任何材料都在静默中表达自己，艺术的创作也越来越重视材料的语汇表达。

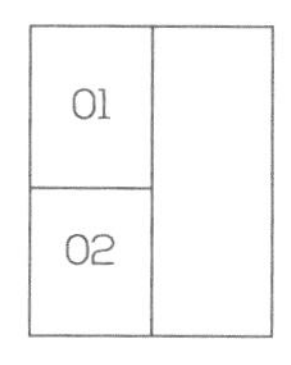

01/02
南京地铁1号线
——奥运中心站

01
02

01/02
南京地铁1号线——奥运中心站
材料：玻璃马赛克
尺寸：3400cm×290cm
创作：王峰

奥体中心站——十运之光

奥体中心既是南京举办全国第十届运动会的主会场，又是将来南京的各项文化体育活动开展的重要场所。奥体中心地铁站正处于这样一个特定的位置，因而在创作构思上，以表现“更快、更高、更强”的奥林匹克精神为创作思路。由于作品所处的位置是一个双曲面，并且在离地高度3m多的一个壁面上，类似于长卷展开的形式，并不适宜表现某种超大的造型形态，从整体的观感出发，以各种造型组成整体会更有利于创作出主题鲜明、现代感强，且富有视觉冲击力的作品。为了突出“运动”的主题，作品最终选择了多种运动姿态为作品的内容，在作品的构图组织上，将运动人物的动态以散点摆放的形式，自由活泼地放置于整体画面之中，形成了由各种运动姿态构成的充满动态活力的想象空间。在人物造型处理上，以较写意的手法概括了多种运动项目人物姿态，形态概括而简洁，并不拘泥于具象形的表达，现代感强。

在画面的色调处理上，人物以明亮的中黄色、漫黄等为主，并辅以白色边线来强调人物的形态，在背景色彩的处理上，从画面两边向画面中心作色彩渐变处理，颜色由深蓝向浅蓝、淡紫色调渐变过渡，加强了画面的层次感、空间感。在造型的尺度上，保持了画面两头人物密集、紧凑的感觉，并逐步向画面中心分散、放大，突出了整体画面的动感，并有意将人物群组以多视角穿插来汇合构图，将原本二维静态的墙体界面提升到了现实生活中人的视线所无法包容的全视角，全景式的非现实想象空间，更好地渲染了奥体站活力四射的氛围。

同时，借助人物造型与背景画面的“图—底”关系，将中国历届全运会、会徽等巧妙穿插其中，并把即将在南京举办的第十届全运会会徽放大，既突出了十运会的主题，又表达了十运会的里程碑式的纪念意义。

设计方案的确定，只是整个创作过程的开始。由于作品空间的特殊性，在材料的选择上应当是较小块的组合，以利于构成曲面，考虑到作品悬空的安全性，材质自重要轻，为了更好地突出运动的活力，材质自身的色彩要明快。鉴于对材质的诸多限制，选择了彩色陶片为材料。由于作品的壁面是弧形曲面，所以将彩色陶片分割成了若干长度在10～30mm，宽度在10～20mm之间的块状，这种自由的分割方式，打破了作品背景形式较单调的感观，也丰富了背景的色彩。烧制出色调明快、自重轻的陶瓷片并不是一件容易的事，先后在宜兴、景德镇做了多次样板试烧，虽然最终烧制比较成功，但陶板上的色彩略显单薄，过于均匀，建筑材料的感觉较强。同时，陶板在烧制过程中的可变因素也比较多，作品完全靠陶板烧制难度比较大。

就在一筹莫展的时候，笔者从香港地铁的艺术壁画中受到了启发——用玻璃马赛克镶嵌来创作壁画。玻璃马赛克镶嵌的样板效果得到了创作组的一致认可，作品中的分割块面，经马赛克的镶嵌又达到一种由许多细小的块来构成大块面的独特的效果，而且色彩十分丰富，并用各种玻璃马赛克、石材马赛克等混合材料来镶嵌。表现方法也有很多，有依纹理而行的排列，有鱼鳞状排列，有大小不同的混合排列等，各种不同的手法，大大地丰富了画面的效果。

在“十运之光”的艺术创作中，作品与环境空间的关系是不可忽视的因素，公共艺术创作不应只是单一的艺术品创作，在创作中要有整体的环境意识。

随着时代的发展，公共艺术设计的领域也越来越宽广，面临着更多新的挑战。公共艺术走入建筑与环境艺术之中，显示出了它自身的优势——丰富的材质美感和表现手段、工艺的独特魅力、坚固稳定的特点等。现代环境设计是系统环境的艺术，它是一门多学科交汇的艺术设计，它的范围极为广泛，又要适应多层次、多形态、多空间的复杂要求。其设计目的是创造一个更适合现代人居住的完善的空间环境。环境中物质实体都是为创造高质量的生活环境服务的，并处于这种空间环境中。公共艺术步入环境之中，就与空间环境产生了不可分割的联系。

一方面，空间的整体环境意识制约着艺术作品。整体设计是空间环境艺术设计的灵魂。环境设计与纯粹的艺术品创作有着本质上的不同，它不是一项脱离环境而存在的独立设计，而是一种整合系统的设计，是一门关系艺术。这种设计突破了传统艺术的分类方法和界限，使各门艺术之间相互制约着，渗透融合，并在整个环境中彼此协调共生。空间环境中的雕塑、壁饰等环境要素，如果脱离了特定的环境空间而单纯地“自我表现”，不管自身多么完美，都可能成为与环境排斥的对象，甚至破坏原有的环境空间。艺术品的美，是在某种系统环境中，与整体协调“共生”才形成的一种整体设计美，这是有别于以形式的装饰为目的的“形式美”、“风格美”和“材质美”的。整体的环境制约着艺术品在设计上要体现环境的风格特征，这就要求在作品的创作中，在设计观念上要服从于环境的整体要求，要有一种整体的环境意识。空间环境的功能性也制约着作品的设计，在尺度、材料以及主题的表达上都要符合其环境基

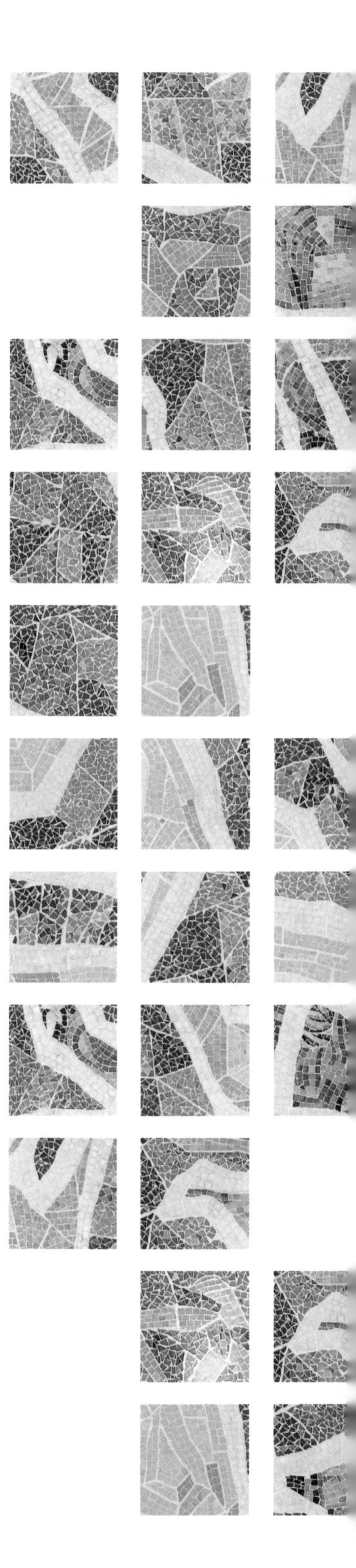

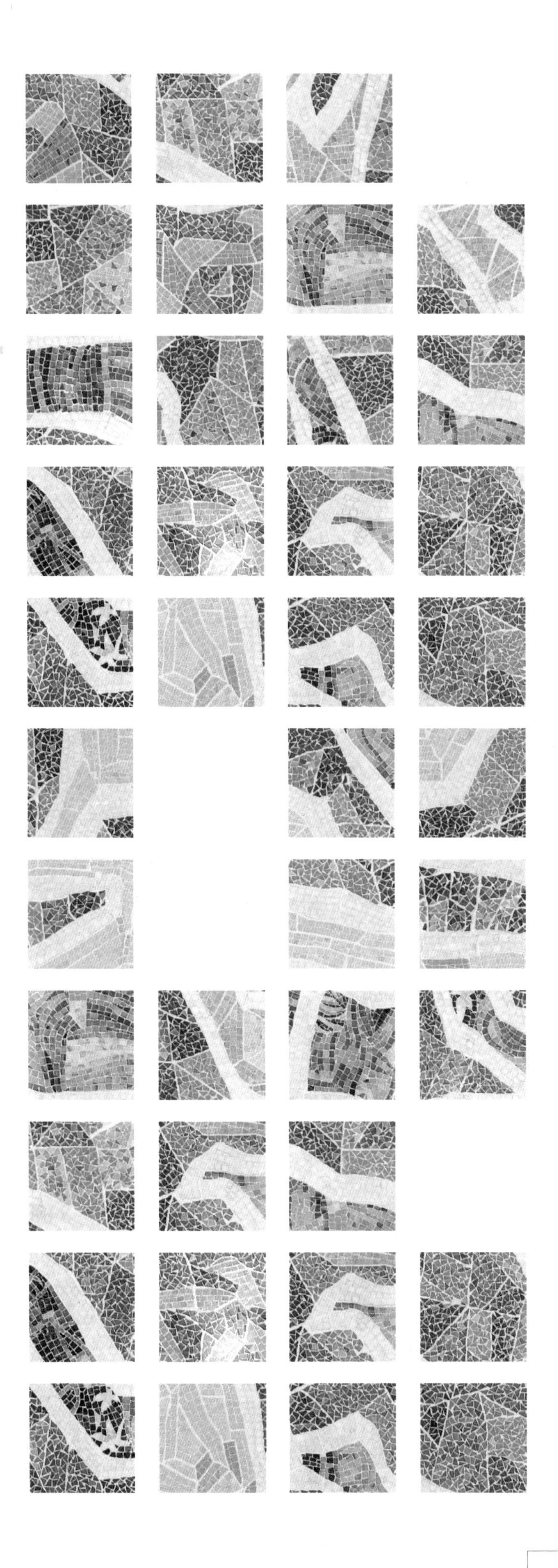

本特征的要求。所以，公共艺术创作要注意整体环境，体现环境的整体性设计意识，这就是整体环境意识的制约作用。

另一方面，艺术作品对空间环境又有优化调节的作用。这种作用只有在准确、恰当地把握了整体性、结构性时才能产生。优化性的艺术作品在与空间环境的空间结构中借助于体、面、线的多种多样的组合，构成围与透、虚与实、分与聚、动与静的实体空间和视觉空间，具有空间形体的实在感和空间序列的运动感。成功的艺术品设计，在于它较充分地表现了空间环境的主要特征，强化了它的艺术氛围，同时又可以调节空间的序列，达到一种艺术境界，能够引导人们依次从一个空间到另一个空间，使空间环境与艺术品相互交流、渗透、引申，使序列布局既有水平序列层次也有垂直序列层次的变化，增强了空间的艺术氛围，营造了艺术化的空间环境。

浦口万汇城

浦口大道的中庭空间为长20米，宽4米，高8米的空间，在这个空间里以彩色钢丝绳为主材进行组合拉伸，形态组合类似于云锦的大型织布机，连接部分以织机的构件造型，采取锻铜结合纹饰的工艺，进行精细锻造，在整个空间穿插金属板绘制的云锦纹样，色彩以云锦色系为主。作品构想来自于南京云锦的织造场景，数千根彩色线条空中穿梭，与云锦纹样交相呼应，气势庞大，表达出人们织造精美艺术品、织造美好生活的愿望。

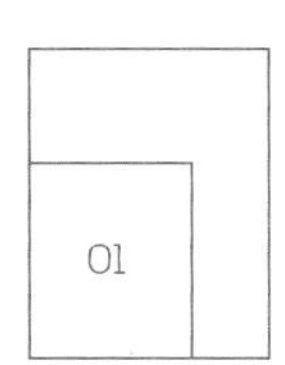

01　南京地铁10号线——浦口万汇城

02　浦口万汇城夜景

03/04　南京地铁10号线——浦口万汇城

材料：彩色钢丝，金属扣件，锻铜

尺寸：2000cm×700cm×400cm

创作：王峰、魏洁

2. 南京地铁1号南延线公共艺术品设计

南京地铁1号南延线工程共有16个车站，其中6个站点规划了公共艺术品来反映南京地域文脉的主题，如花神庙站的“喜上梅梢”，河定桥站的“东山再起”，高铁南京南站的“博爱之都”，百家湖站的“佳湖美景”，小龙湾站的“蛟龙腾云”，竹山路站的“五彩竹林”。 本项目从2005年考察、策划开始，到2011年全部安装完成，历经五年半时间。

花神庙站——喜上梅梢

作品以南京市花——梅花为主题，与站点的历史文脉和地名特征相吻合。历史上，花神庙以育花为业，从成为皇家御花园那天起，花神庙就与花结下了不解之缘。艺术品以中国屏风式的构图把历史、民间和自然的梅花相串联，表现了梅花的性格品质、人文情结和多姿多彩，再加上飞于其中的喜鹊，突出表现了祥和、喜气和趣味。

	01		06
	02		07
	03		08
	04		09
05			10
			11

01/02/03/05
南京地铁1号线南延线——花神庙站
尺寸：1560cm×300cm
创作：王峰、孙晶

04 结构示意图
06 构成要素结构图
07 梅花
08 太湖石
09 喜鹊
10 梅花吉祥图案
11 绘画

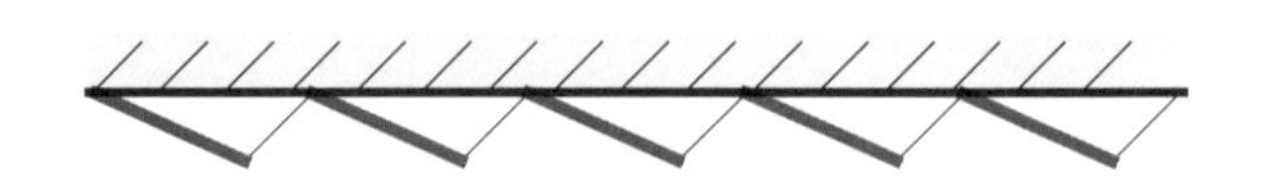

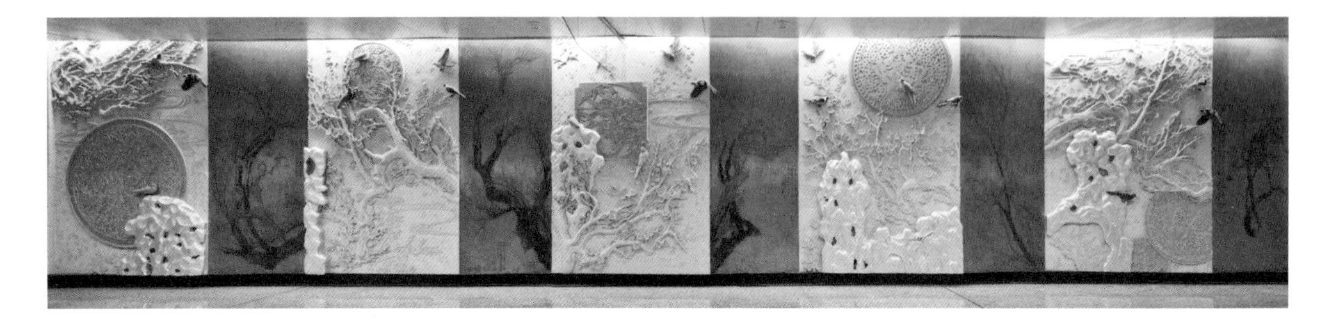

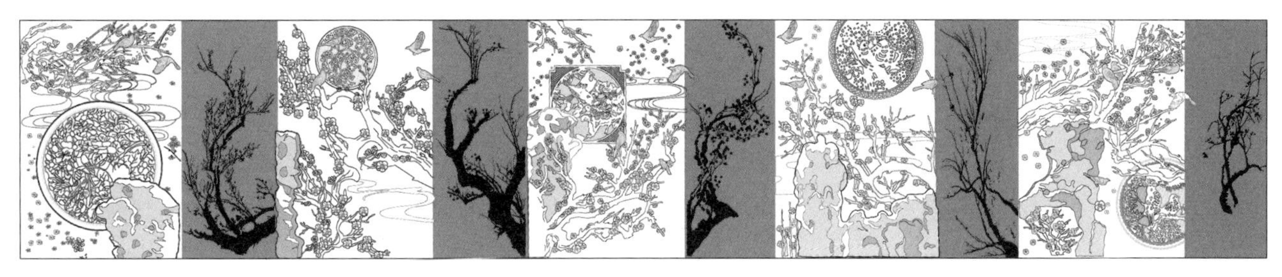

构成要素结构图

梅花——石材高浮雕

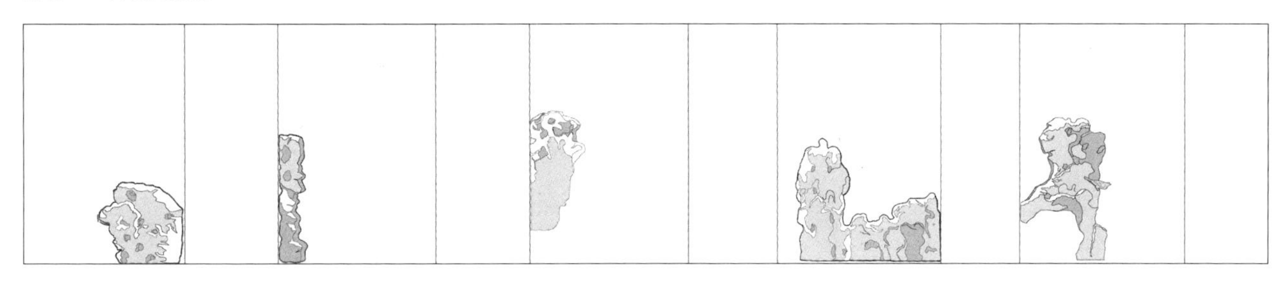

太湖石——石材高浮雕，贴银箔

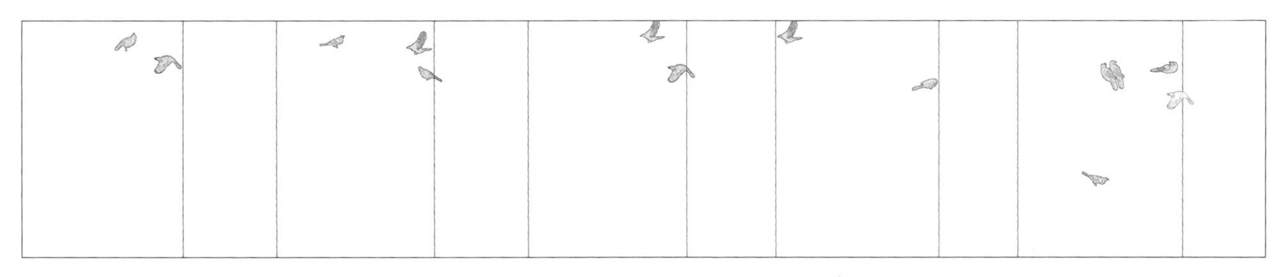

喜鹊——木雕彩绘

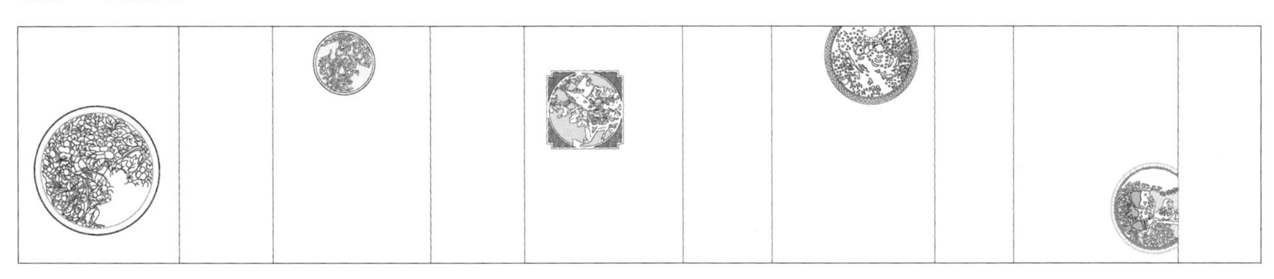

梅花吉祥图案——石材浅浮雕，镶嵌玫瑰金箔

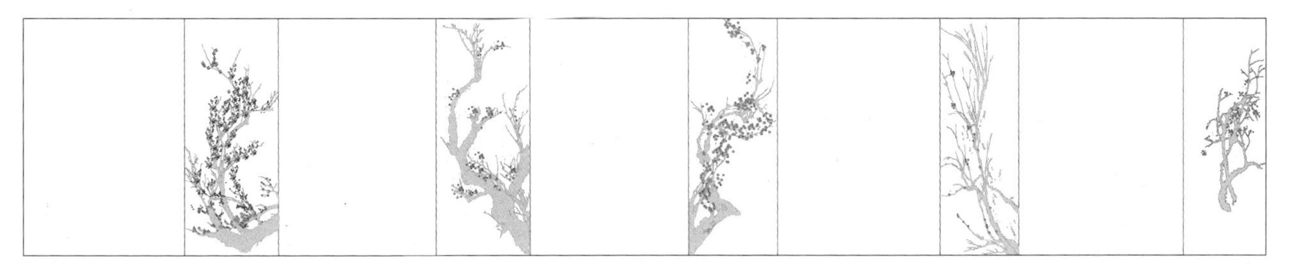

绘画——铜板腐蚀

小龙湾站——九龙丽景

作品以“龙”的形态为创作主题，突出了所处站点的名称。灵感来自于九龙壁的造型形态，以现代装饰语言创作“新”九龙壁。画面借鉴玉璧龙纹的造型，将金属材质与玻璃锦砖有机结合，表现出了丰富细腻的色彩与纹饰变化。在背景的处理上，既有传统线刻的水纹、云纹、龙纹等，又将浮雕的云纹巧妙融合在飞跃跳动的弧线之中，前景、中景、后景层层相叠，形态互为呼应，呈现出绚丽的色彩与强烈的动感，也隐喻着地铁发展的腾飞。

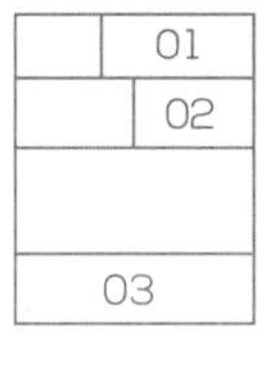

01/02/03
南京地铁1号线南延线——小龙湾站
尺寸：
3000cm×1100cm
创作：王峰

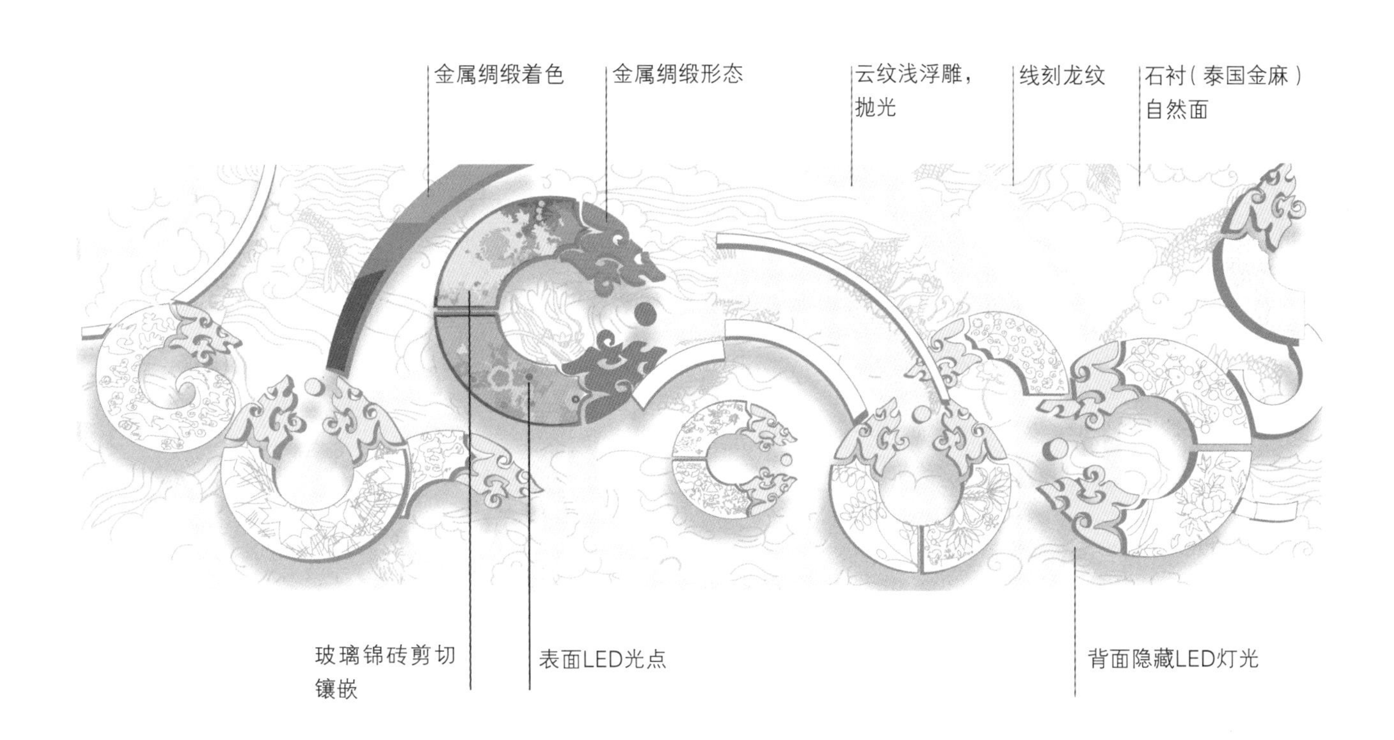

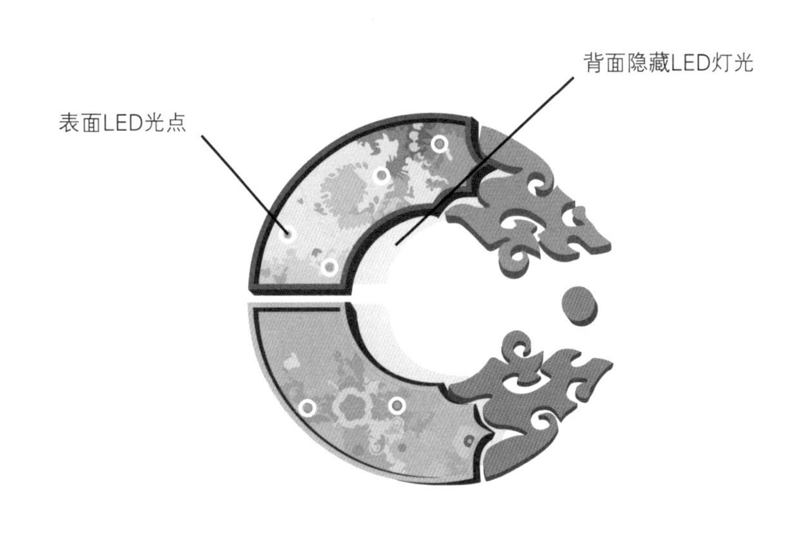

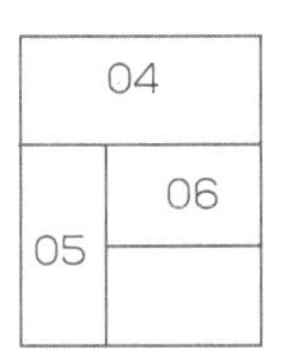

04　小龙湾站工艺分析
05　小龙湾站
06　小龙湾站发光工艺分析

南京南站——博爱之都

南京南站地铁艺术品“博爱之都”由柱面和墙面组成，表现了南京的古都风貌、现代发展和精神内涵，形式新颖，体现了现代艺术和地铁文化结合的大众参与性。

作品巧妙地利用闸机内外不同体量的建筑柱体，形成了对称的中轴柱。南、北的6m宽的大柱为序篇，四组三圆环图形表现了南京的科技领先、教育繁荣、交通便捷和文体兴盛；整个收费区好像是一个四面围合的城郭，进入闸机的柱体便设计成为一个门环，意为即将叩开“博爱之都”的大门；闸机内的六个大柱，在地面纹饰的环绕下，由北至南分别表现了南京从南齐、南唐、明代、民国至近现代的民居、佛寺等12个胜迹。作品结构严谨，结合地铁交通的特点，动感极强，充分表现了南京“虎踞龙盘今胜昔，博爱之都启天象，南驰北掣风神急，金陵揽胜集瑞景”的神韵。

和6个反映金陵瑞景的柱面相对应的是以6个关于爱的大字与6幅爱的手势图形组成的以博爱为主题的“博爱墙”。艺术品长21.6m，高3m，以立体构成的方式把孔子、墨子和孙中山的“仁爱”、“兼爱”、“博爱”组成了6个巨型大字，征集并选取了4000多条古今中外表现爱的箴言和大众对爱的感言，组成了6幅爱的手势图形。这些撰写爱的感言的参与者来自各个阶层，大多数是普通市民，同时也有很多著名社会人士，像冯骥才、白岩松、成龙、章子怡等。德国的拉贝先生的孙子托马斯·拉贝还特意从国外寄来作品。这种大众参与的形式不仅体现了现代艺术的特征，也体现了南京“博爱之都”的精神内涵，是现代人对爱的理解和记录。

南京南站的艺术品创作，力图适合地铁站厅的空间特点，以城市历史文化内涵为基本点，着力表现博爱之都的内容与创作形式，成为了南京城市精神、城市文化建设的重要象征，而且也是中国艺术品创作形式的新突破，是地铁创作“交通艺术，雅俗共享”的具体体现。

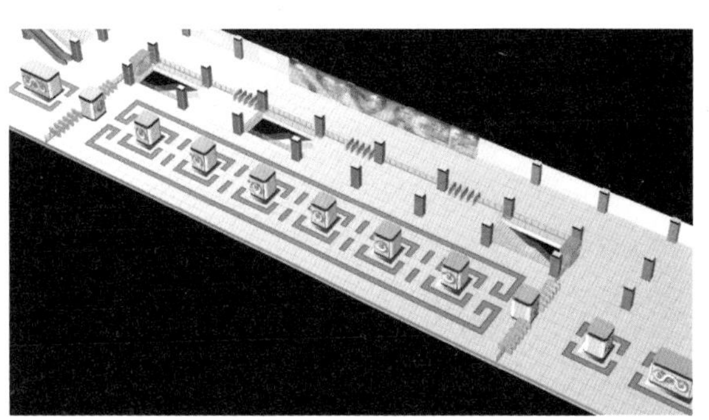

01	
02	03
04	
05	06

01　南京地铁1号南延线——南京南站

02/03　南京南站设计图

04/05　南京地铁1号南延线——南京南站

材料：汉白玉石材

尺寸：2160cm×280cm

创作：速泰熙、朱飞、王峰、黎庆

06　南京地铁1号南延线——南京南站

材料：锻铜

尺寸：直径190cm

创作：王鲁生

3. 南京地铁2号线公共艺术品设计

艺术品主题和站点规划

南京地铁2号线一期工程共有19个车站，其中9个站点规划了公共艺术品来表现中国法定传统节假日的主题，如元通站的“元宵节”，兴隆大街站的“国庆节”，集庆门大街的站的“中秋节”，云锦路站的“清明节”，莫愁湖站的“端午节”，大行宫站的“春节”，明故宫站的“重阳节”，苜蓿园站的“七夕节”，钟灵街站的“冬至节”，马群站的“元旦”。其中集庆门大街站还设有表现“中秋节”的圆雕一件，莫愁湖站设有艺术造型坐具作品一件。本项目从2005年考察、策划开始，到2010年全部安装完成，历经5年的时间。

策划、设计的六大理念和特色

南京作为国家级历史文化名城和重要的滨江旅游城市，富有深厚的文化底蕴和优雅的艺术气质。南京地铁2号线的艺术品策划、创作是在地铁主要领导的直接参与、指导下，历经五年半的时间完成的，形成了具有特色的策划和设计理念：

（1）主题系列化：强调了全线主题的设计策划理念。2号线艺术品策划汲取了国外一些地铁线路艺术品创作的理念，突破了我国公共环境艺术品一地一景、主题单一地与所在地的历史文脉、环境特点及重大事件相联系的套路，以中国法定传统节假日为系列创作主题，这样既弘扬了中国传统民族文化，也使得车站的环境氛围更加愉悦、欢快。1号线南延线的主题延续了原有的主题选择特色和方法。

（2）选址寓意性：对于中国法定传统节假日和南京地铁具体的站点怎么样巧妙地结合，有机地联系，我们主要考虑了以下几个方面：一来就是站名和节假日的组合产生的谐音寓意。比如国庆节和兴隆大街，以体现国家的兴隆，中秋节置于集庆门，寓意中秋的团圆相庆。二来是节假日和地域的特点相结合，如清明节设计在云锦路站，以纪念南京大屠杀的死难同胞等。

（3）选位场景感：突破传统壁画的概念，以环境设计和主题创作意识结合的观点统领整个创作，使艺术品与车站环境更加融合。如兴隆大街站、莫愁湖站和苜蓿园站的站厅层和站台层贯通的中庭空间，设计了3个不同部位的艺术品，它们与环境和主题高度融合，表现了很强的场景氛围，成为了车站室内环境的灵魂。

（4）风格多样性：艺术品的创作引入了日本、新加坡艺术家的参与，使得艺术的表现方法更加多样化、国际化，也体现了南京的包容和开放，这是国内地铁艺术品和南京城市公共艺术创作的首次尝试。

（5）表现时代感：艺术的价值在于创新，创新的内在体现就是观念的提升，外在表现包含了表现形式的时代感和表现方式的多样性。这次艺术品设计首次采用了国内地铁，甚至公共环境艺术品设计金属彩绘天花，动态LED等。还有如莫愁湖站的坐具设计。

（6）大众参与性：地铁的艺术品设计在大众的识别性和可读性上是比较突出的，现代艺术的显著特点就是大众的参与。南京南站艺术品以“博爱”为主题，以大众参与的创作形式，打造了超越艺术品创作的南京“博爱墙”。这也是中国艺术品创作形式的新突破，是地铁创作雅俗共赏的具体体现。

集庆门大街站——中秋节

作品以中国传统节日——中秋节为主题，用叙事性手法表现了“吃团圆宴、赏中秋月、走月走桥、拜月祭月”等民间习俗，并以传统石雕的艺术表现手法来诠释作品画面。同时，在整体画面中穿插色彩鲜艳的陶瓷工艺浅浮雕，打破了画面平铺直叙的单调感，在内容的表达上延续了原有的叙事性画面并与花卉、月饼巧妙融合，形成了浅色的石雕与色彩鲜明的陶雕相结合的视觉效果，用飘浮的云朵与圆圆的月亮贯穿整个作品，将画面有机结合，体现出中秋佳节美好温馨的节日氛围。

中秋节圆雕作品以“花好月圆”为设计主题，以月饼、牡丹、家书等象征中秋佳节、合家团圆的传统文化元素为表现内容，采用构成的形式将月饼、牡丹、书法的造型与图案有机组合起来。

01
02 03

01/02/03
南京地铁2号线——集庆门大街站
材料：西班牙米黄石材、陶瓷板
尺寸：1700cm×300cm
创作：王峰、唐鼎华

01	
02	03
	04
	05

01/02
南京地铁2号线——集庆门大街站
03/04/05
集庆门大街站设计草图

莫愁湖站——端午节

作品以中国传统节日——端午节为主题，将节日赛龙舟的场面作为画面主体，表现出了竞渡欢腾热闹的节日气氛。作品以形态多样的龙舟、翻腾的水纹、变化的纹饰来构成画面的主要元素。在色彩关系上，分别以暖色系渐变和冷色系渐变为主色调，色彩明快。在局部色调的处理上，以“龙舟”为中心向外呈渐变色过渡，从而突出了赛龙舟奋勇争前的激烈场景。在表现手法上，以中国传统的艺术表现手法“漆艺”结合锦砖镶嵌，富于新的变化。位于中庭的艺术座椅，灵感来源于水纹与粽子形态的结合，进一步烘托出了端午佳节的节日氛围。

01/02/03/04

南京地铁2号线——莫愁湖站

材料：铝板漆画、镶嵌彩绘

尺寸：13200cm×120cm

创作：王峰、许朝晖

01	
02	
03	

01　南京地铁2号线——钟灵街站

02　南京地铁2号线——南大站

材料：灰麻石材、锻铜

尺寸：1080cm×320cm

创作：王峰

03　南京地铁2号线——钟灵街站

材料：石材镶嵌

尺寸：1400cm×300cm

创作：王峰

钟灵街站——冬至节

作品以中国传统节日——冬至节为主题，分别表现了“祭孔拜师、祭天、做汤圆包馄饨、消寒、贺冬”等冬至节的传统民俗活动，构图上以横卷形式展开，高低节奏有序。作品采用了传统石雕的艺术表现手法，并以具有现代感的构成形式处理画面，在民俗传统中凸显现代气息。主体色调为青灰色，表达了冬季静谧清冷的感觉，体现出冬至节“安身静体”的节日氛围。

南大站——国际劳动节

作品以中国法定节日——国际劳动节为主题，表现了辛勤劳作的农民、努力工作的工人、钻研业务的知识分子、玩耍的孩童、欢腾的群众等象征性场景，以体现时代科技特点的线路板形态构成背景，勾画出全国劳动人民欢庆节日，为建设有中国特色的社会主义国家而努力奋斗的画面。作品在材料工艺的选择上，打破了单一材质表现的手法，将石雕与锻铜浮雕两种工艺手法相结合，具有较强的现代感。

4. 地铁站台，值得细品的艺术空间

兴隆大街站，超大的玻璃幕墙，仿佛一面精致的“双面绣”，56个民族齐聚一堂，寓意国家兴隆，繁荣昌盛；大行宫站，憨态可掬的“寿星”和“福星”驾新年，“凶神恶煞”的“门砷”也喜笑颜开，融入卡通元素的民俗人物更加符合现代人的审美观……16个地铁站，17件壁画作品，或悬于顶棚，或刻入墙壁，或盘于石柱。在地铁站里，文化墙上的壁画已不仅仅是“画”，它把16个地铁站装扮成16个风格不一的艺术宫殿，把在黑暗隧道里穿行的旅客带向灿烂的艺术天地。

南京地铁公司组织了一个强大的“地铁文化策划组”，这些艺术作品的背后，凝聚了南京本地、省内以及国外十几位艺术家的心血。他们从最初看施工图纸设计，到现如今呈现在市民眼前的艺术作品，16个地铁站文化墙的创作历时四年完工。

传统节假日越来越受重视
带来2号线的“过节”灵感

王峰，江南大学数字媒体学院副院长，策划组主要成员之一。“整个2号线以及1号线南延线文化站的设计产入得非常早。”他回忆道，2005年地铁1号线通车，2006年“新线”的“地铁文化”设计工作就启动了，当时的设计方案延续了原来地铁1号线文化墙的设计思路，每个地铁站根据所处的地理位置选择贴切的文脉主题，比如现在的1号线玄武门站的壁画是以水为主题，中华门站是有着厚重历史的城墙。最初，大行宫站的主题是“红楼梦”，因为那里规划建设复古的江南织造府；莫愁湖站则演绎了“莫愁女”的故事……“交通艺术、大众文化、雅俗共赏、精品时尚”，这是南京地铁公司对“地铁文化”的“十六字”定位。地铁站里的文化墙作品要高度体现南京这座历史文化名城的底蕴，“当时做了一套南京世界文化遗产的方案，如云锦路站，用云锦来做主题”。到了2007年初，传统节假日放假的呼声越来越高，民俗文化走过一个低潮期，开始备受重视。经过研究，南京地铁公司确定2号线文化墙的设计主题围绕法定传统节假日展开，考虑到延续性，1号线南延线依然维持原有的思路。主题有了，具体选哪些站也有讲究。兴隆大街站的主题是“国庆节”，寓意国家兴隆；莫愁湖站的主题是“端午节”，那里历来是赛龙舟的好地方……

地铁施工为设计留了“白”
艺术家感慨发挥空间很大

主题和站点都有了，艺术家们忙开了，对他们而言，2008年是一个“策划年”。因为处于建设期，无法入地察看，所有的设计都是依靠地铁施工图纸开展的——设计与施工几乎同步，让16个地铁站的文化墙创作与所处的地铁站能合二为一，更加完美。

地铁1号线的壁画取得了非常好的成果，得到了业内的充分肯定。在2009年举行的第十一届全国美术作品展上，1号线9个站12件作品的壁画群摘得铜奖，虽然只是铜奖，但是“含金量”相当高，因为就在2008年，全国美展的奖项缩减了近2/3。不过，艺术家都是挑剔的，在追求完美的他们看来，1号线的设计落了一小步，当时地铁站初具雏形，壁画再进入，与地铁站的环境结合不强，二者没有达到“水乳交融”的境界。

2号线的文化墙完全是为地铁站量身定做的，很多时候施工都充分满足艺术设计的需要，经常为艺术“让路”。正因为南京地铁公司的高度重视，才让艺术家们有了充分的创作空间，是地铁给了他们一个非常棒的创作机会。

“把南京的城市文化向地下延伸，这是地铁总公司一再强调的。”王峰表示，策划组每次汇报、协调，地铁公司都高度重视，天花板、地面等施工都跟着设计“转”。“只要作品需要，除非是工程上不能随意改动的，其他各种管线都尽量按艺术创作的要求调整。”

王峰说：“地铁站是一个‘生财’的地方，文化墙的打造不仅需要经济上的投入，还要放弃一大笔财富，因为16个站17幅作品，占的位置完全可以用来做广告位，而且位置都很好。”

这一点，来自新加坡的高级视觉设计师王鲁生也深有同感。2006年，接到南京“苜蓿园地铁站艺术品主题设计”的邀请后，他有些惊讶，没有想到两京地铁2号线会提前4年请他介入艺术创作。“16个地铁站的地砖、天花板、墙壁在地铁站设计之初，就给文化墙的设计者们留了‘白’。”接到通知的第二天，王鲁生就风尘仆仆地赶到了南京，开展策划工作。

最后王峰总结说，整个新线的地铁站的壁画设定有四个特征：有一条贴切的主线；与环境全方位融合；表现手法和材料非常丰富；国际专家参与，视角多元化。

自此，艺术家们运用自己的专长，相互合作，开始了漫长的创作过程……

候车椅做成“粽子”状
摆放位置避开天窗射进的阳光

莫愁湖站的“端午节”主题，是早就定好的。“现在的莫愁湖每年还举办龙舟比赛呢，当然定这个主题最合适。”定下主题后，作为主要设计者之一，王峰又定了两个小主题：赛龙舟和吃粽子。在他参与设计的地铁站中，这个站是他比较钟爱的，其他站供乘客休息的椅子都是统一的金属材质，但在莫愁湖站，椅子则是特地为它定制的。

莫愁湖站的确是既“靓”又“亮”。“靓”是因它的造型，在候车区的墙面上，王峰别出心裁地用“漆艺”结合“马赛克”的手法绘出了龙舟竞渡的场景。“中间龙纹处还镶嵌有铜丝，所以光线打上来的时候，纹路很清晰。”

“亮”则是因为它是个有“天光”的车站。和苜蓿园站一样，莫愁湖站的上下两层候车区是被打通的，于是，车站的设计者便给莫愁湖站开了个“天窗”，让阳光透过最顶端的玻璃，洒到车站的每个角落。“几乎每个和我一起来的朋友都会对我说，莫愁湖站好亮啊!”王峰说，每个爱光影的人都会喜欢上莫愁湖站的，“你看早上，柔柔的光投射在西面的墙上，中午投射在地面上，这样的光影变化，很有意思。”

当莫愁湖站所有设备都搞定后，保安和工人们突然发现，莫愁湖站居然没有等车时供乘客歇息的椅子!“为什么其他车站都有椅子，我们没有啊?”“我们站也挺重要的啊，怎么就不给我们配椅子呢?”当莫愁湖的椅子来到的时候，所有的员工都开心地笑起来，那是8把粽子形状的椅子，粽子上面还有一波一波的水纹，栩栩如生，“就连椅子上面包粽子的线都看得到!”

不过，如何摆这8把椅子，却着实考验了王峰对莫愁湖站的熟悉程度。一天中，随着时间的推移，阳光照射进来，哪些地方是“雷区”，他都熟记于心。“要根据光影的变化来摆椅子。”因为当阳光直射到椅子上的时候，夏天炙热的光线会很让人受不了，所以要避开直射的光线来安排椅子的位置。

外形像个“玻璃蛋”
里面有“九龙壁”文化墙

小龙湾是个“大站”：因为从某个角度看，它特别像那个“玻璃蛋”——国家大剧院，另外，它还是地铁从百家湖站出来后经过的第一个地上站，更是南延线中规模最大的一座车站，建成后将有酒店、写字楼、商业区等，车站内还有一座空中花园。“这个站建得漂亮。真是漂亮!”作为主要设计者之一，江南大学的王峰第一次来“探班”时，就喜欢上了这个站。尽管这个站只有一堵墙可供创作。他当时毫不犹豫地定下了以“九龙壁”作为创作主题。

一进小龙湾站，就能看到一个13m高，20m宽的大墙，那是给王峰留的“地盘”。在这块白纸上做什么好呢?“小龙湾、九龙壁，对了，就是九龙壁!”既然是“第一大站”，有个“龙”字，自然要做得有霸气些，但传统的九龙壁和地铁的现代性又不吻合。在电脑上数度试验之后，王峰决定来解构九龙壁。“结合马赛克镶嵌的手法，其中还加入了浮雕浅刻、背景灯、LED灯光控制等，让画面更有立体感。”

有一天晚上，王峰正好路过小龙湾站，他忍不住往里看了一眼，一眼就看见了闪着微光的九龙壁。“当时站里所有的灯都关了，只有九龙壁附近的灯还亮着。”在灯光的映衬下，一圈圈光晕在祥龙身上游走，“龙身上一闪一闪的，真的好看。”

西安“地铁迷”建议来宁旅游可游地铁站，有公交迷、火车迷，自然也就有“地铁迷”。听说南京的地铁2号线快通车了，西安一位“地铁迷”千里迢迢跑到南京来，就为了一睹南京地铁的“芳容”。回到西安后，这位地铁迷便在论坛上发了一通感慨。

“真没想到，在小龙湾站，有那么好的艺术作品。我建议以后谁要是去南京旅游，最好去南京地铁站看一看。”这位车迷在小龙湾、苜蓿园等几个站点走了一圈后，直言这些文化味很浓的作品让南京城都变得优雅起来，充满墨香。

——摘自《扬子晚报》

合肥市新桥国际机场

此篇鸿幅巨制根据画家师松龄先生以黄山为表现内容的创作图，作品用新的艺术表现形式再现了师松龄先生的创作内容和艺术风格。整幅作品大气磅礴，以抬头见山、山势欲来的雄姿，表现出了黄山瑰美的景象。为了准确把握“黄山胜景，天下奇观”这八字的内涵，作品加深了色彩在铝板印刷上的功能应用，不仅使云海胜景飘至欲临，更使山色沉稳，迎松劲拔，再现了黄山古貌冠绝天下之风姿。

01　作品施工现场
02/06　合肥市新桥国际机场作品
03/04/05　作品细节
材料：石材
尺寸：3600cm×675cm
原创：师松龄
艺术监制：师晶
设计创作：王峰、顾平、李栋宁、许朝晖

二、城市文化公园艺术品

Artworks in Urban Cultural Park

国际青年奥林匹克运动会（南京）

城市公共空间的文化艺术建设，是城市现代化的重要象征与标志，城市的文脉延伸至城市的每一寸空间。南京青奥会的文化建设，将中华文化、南京的城市面貌展现在国际舞台上，它将城市的历史文化、民俗风情和地方特色用最直接的视觉符号呈现出来，我们在获得审美享受的同时，亦可领略到城市的独特魅力。

第二届国际青年奥林匹克运动会（南京）的公共艺术品的创作与制作，是在南京河西建设指挥部的积极参与下由国内多家一流文化创作机构集体创作完成的。从2013年底的构想，到2014年8月的整体实现，在这近一年的时间里，艺术家严格遵循艺术创作的自身规律，真正将青奥会的公共艺术品创作与制作作为“艺术”，从而把通常意义上的“艺术工程”演绎为一次高水准的公共艺术品创作。可以说，南京青奥会的每件艺术品都是艺术家无数次创作的结晶，都是南京河西建设指挥部真诚协作的成果，其间蕴含着参与人员的诸多艰辛与苦苦求索。它俨然是在进行一次艺术的历练!

2013年底，设计创作机构便迅速组成了专家方案组。当时，青奥会的很多空间尚处于工程施工阶段，根本没有实物可视空间来支撑艺术创作的构思，在南京河西建设指挥部的支持与帮助下，专家们凭借施工图纸，通过繁杂的“读图”过程，勾勒出青奥公园、青奥村、青奥轴线空间的可能形貌，再依据设计图纸进一步确定了艺术品放置的对应空间。南京河西建设的组织者们为使公共艺术品真正具有品位，国际化、出精品，他们遵循艺术规律，给出足够的时间，让专家们思考与斟酌，同时还以参与者的身份为艺术品的顺利完成出谋划策。

2014年3月，创作设计机构与南京河西建设指挥部取得全面沟通，对创作方案进行了进一步修改与调整，遴选重点进行深度思考，通过艰难的探索与集体攻关，一个月后，对青奥会公共艺术品的具体位置进行现场勘察，对艺术品与空间的形式，进行分析，根据不同的空间特征、艺术品形式及材料特性，制作电脑三维模型和实物模型等。这期间，南京河西指挥部做了大量的协助工作，并不时地对方案提出中肯的建议，对方案的最终形成起到了重要的作用。

方案的确定是如此的漫长而艰难，而方案的最终实现亦并非易事!一件艺术品完成得是否成功，不仅有赖于创作方案精良与否，而且要看能在多大程度上实现创作意图，从某种意义上说，后者也许更为关键。虽然有着多年从事艺术品创作与施工的经验，但此次的“青奥会工程”极为重要，国际影响力大。方案确定后，我们进行统一调度管理，并始终与河西建设指挥部保持全面沟通。他们将具体创作方案一一对应地落实到各个组群单位，并制定了详细的施工进度表，严格对照执行。从材料的选择到作品的放样，再到泥稿的完成以及成品的安装，每一过程既要集思广益，又须科学合理。整个过程似乎在将单件艺术品创作演化为一项卓有成效的艺术创造系统工程。同样，南京河西建设指挥部也十分关注艺术品实物化后的真正艺术效果，他们几乎参与了实现中的每一个重要环节。正是这种不分彼此、不计得失的通力合作，才最终保证了青奥会公共艺术品不同一般的品质。

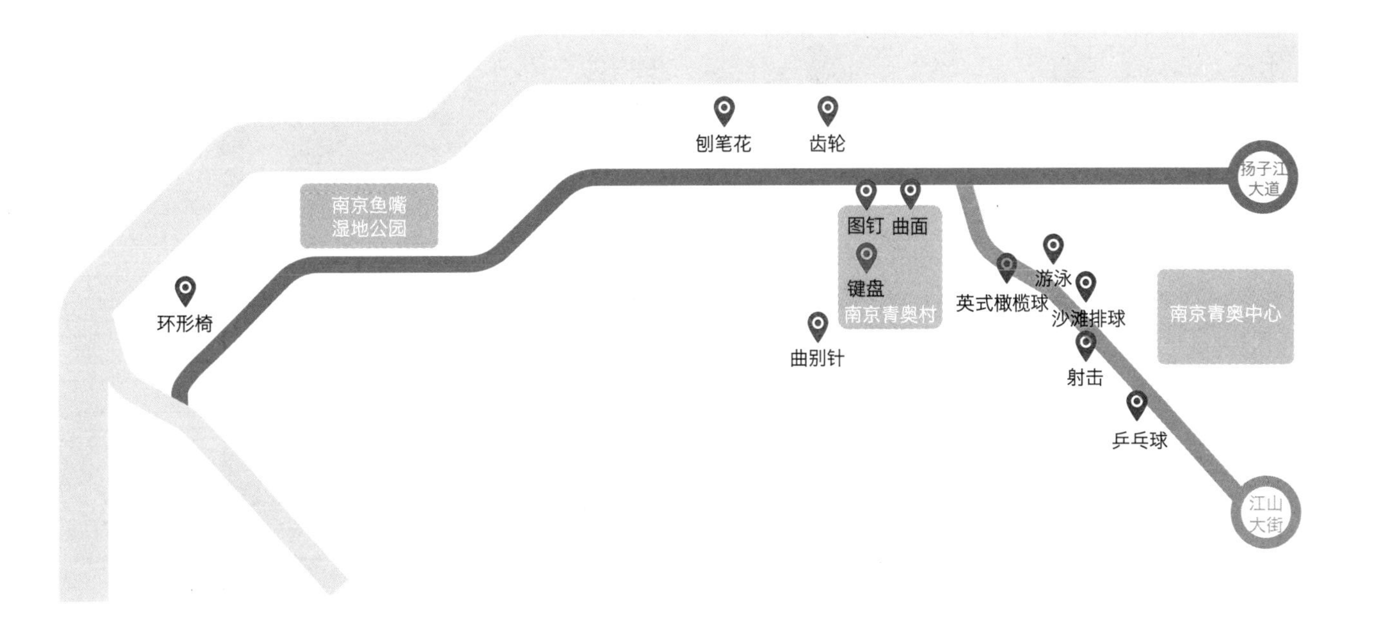

文具的童话

每个人都有一个童年，每个童年都有美丽的童话。刨笔花围成一个环形的剧场，可在里面休憩、畅想；面对散落一地的键盘，登上爬下，童年纯真的美好想象在这里悄然对话；小时候总有被图钉扎过的经历，现在我把它骑在胯下；原本课桌上严肃的三角板也调皮地律动起来，孩童们钻进爬出，好一片文具的童话。本组作品通过童年经常使用的文具的具象形态，巧妙地赋予其功能性，把原本纯粹的文具功能变成了富有创意的街区家具。它们不再呆板僵硬，艺术让它们化为了诗，涂成了画，用高低、大小、起伏、色彩、造型为青奥绘制出了一个立体的文具的童话。

左页 01 / 02 / 03

01 图钉
材料：不锈钢烤漆
尺寸：280cm×260cm（直径）
创作：王峰、李栋宁

02/03 曲别针
材料：不锈钢烤漆
尺寸：600cm×150cm×420cm
创作：王峰、李栋宁

右页 04 / 05

04 刨笔花
材料：不锈钢烤漆
尺寸：2500cm×550cm×50cm
创作：王峰、李栋宁

05 键盘
材料：不锈钢烤漆
尺寸：50cm×400cm×300cm
创作：王峰、李栋宁

机械的形态

世界蕴含了无法言说的无限性，一层后面又一层，无穷无尽，异彩纷呈，仿佛永远无解的谜题，寻找表象下的实在和本质，必须经过理性的思考，剥开现象的外壳。艺术就是为人们展现事物最原初的本质，那是未经理论、常规、传统、习俗切割的事物本源，那是孩子般纯真的未经世界污染的原初。青奥精神本质上正是要找到并握住这分美丽的本真。自然不在表面，它在深处。本组作品的各种形态是从世界的根上长出来的，是这个世界的生命，是理念的生命。分组中每一个作品都不是闪烁的幻影，也不是稍纵即逝的印象，而是忠实而永恒的东西，在这个用世界中形形色色的各种形态构筑起的形象场里，没有瞬间的流淌，只有穿透一切装饰和诱惑去抓住的世界的本来形态。这些装置物好似在环境空间里孤独地成长，宁静地绽放，冥冥世界中那浩瀚的神秘空间也都一起涌动了起来。让形态回到自身，回到世界，被遮蔽的原初得以澄明。万物显现了世界，世界给予了万物，这样人与万物都从世界中获得了自身的规定，获得了自然、自由和诗意的栖居，获得了真正的圆满和永恒。

01/02/03　齿轮

材料：不锈钢烤漆

尺寸：500cm×600cm×500cm

创作：王峰

01	02
03	04

01/02　曲面
材料：花岗岩石材、爵士白石材
尺寸：220cm×100cm×45cm
创作：王峰

03/04　环形椅
材料：葡萄牙米黄石材
尺寸：330cm×130cm×70
创作：王峰

Together

人类最大的烦恼与痛苦都起自“分别心”。何谓你我？何谓贵贱？何谓贫富？何谓酸甜？有了比较、有了分别，烦恼自来。本质上，你和我、贵与贱、贫与富、酸与甜都无分别。你我同源，贵贱同体，贫富皆相，酸甜一味。分别心一出，攀比自来，派别随至，烦恼立现。最深情的艺术恰似最深沉的哲学，都极其简洁单纯。人类生活中有许多司空见惯的点、线、面、体，常常被我们忽略，将它们抽取出来，赋予这些看似极简的形态以功能性，如座椅、靠背、隔离墩，既需要其保持艺术原本纯粹的味道，又要让人乐在其中地享用环境现场所提供的功能，是对该组作品创意的朴实要求。让生活融于艺术，让艺术赋予生活新的品质。生活与艺术就像你和我，一起Together。这组作品当中的每个分组形态看上去都有迥异之处，但又都同根同源。彼此相互依存，相互关照，巧妙组合，一旦you 和 me ，together了，在这里就没有了“他世界”，只有“此世界”。你我相和，和而不同，永恒和无限都蕴藏在You，Me，Together里。

青奥轴线运动雕塑

南京青奥会运动系列雕塑是南京青奥公园内具有奥林匹克精神意义的艺术创作雕塑，作品选用了五组各异的体育运动组团，表现各个运动员在竞技中的瞬间美感，有专注、有挑战、有爆发、有沉着，形象各异，深得各界好评。

游泳运动员

本作品由一名正在奋力破浪而行的自由泳运动员形象构成，作品以细节见长，完整体现了游泳运动员在水中的矫健身姿，运用各种手法突出了游泳运动的动态之美。尽管是在陆地上表现这种运动，但作品依然给人带来了水中劈波斩浪的气势。

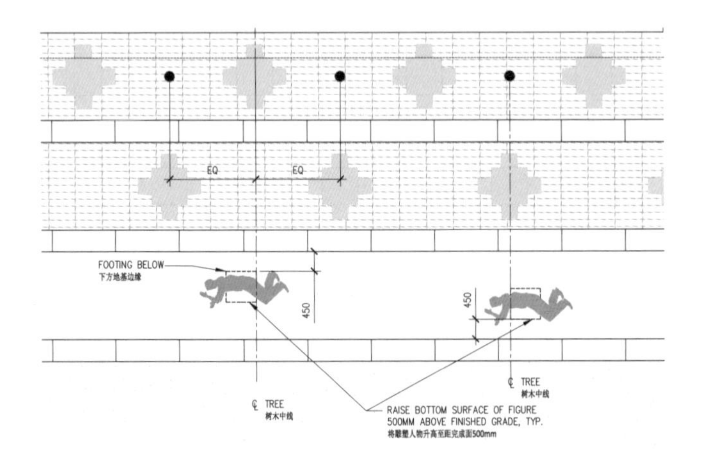

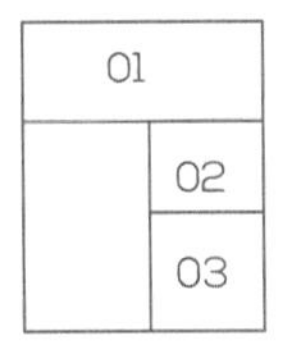

01/02　游泳
03　游泳平面示意图
材料：铸铜
尺寸：280cm×70cm
创作：王峰、赵昆仑

英式橄榄球运动员

本作品由三名英式橄榄球运动员拼搏的形象构成，作品截取了英式橄榄球运动力量对抗的瞬间，形成两队间互有攻防的体系，以此表现团体运动在场上的激烈对抗。英式橄榄球不是夏季奥运会正式比赛项目，但南京青奥会与其不同，英式橄榄球正是其比赛内容，令国人耳目一新。

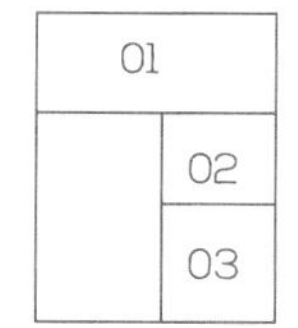

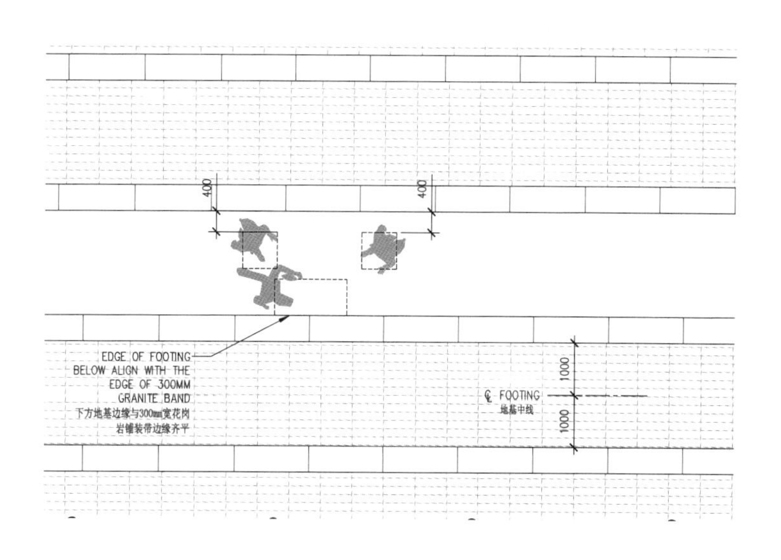

01/02　英式足球

03　英式橄榄球平面示意图

材料：铸铜

尺寸：220cm×70cm

创作：王峰、赵昆仑

沙滩排球运动员

本作品由两名沙滩排球运动员的对抗形象构成，作品从运动员的服饰与动作上展现了沙滩排球与传统排球的赛制区别，并由此体现出沙滩排球更注重个人技巧能力与协作上的互相映衬，以展示这项青年运动的特殊魅力。

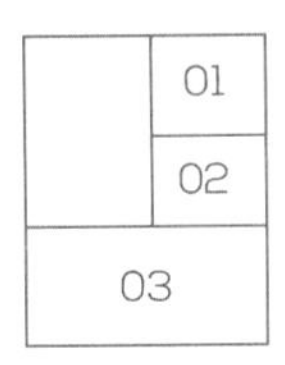

01/02　沙滩排球

03　沙滩排球平面示意图

材料：铸铜

尺寸：220cm×70cm

创作：王峰、赵昆仑

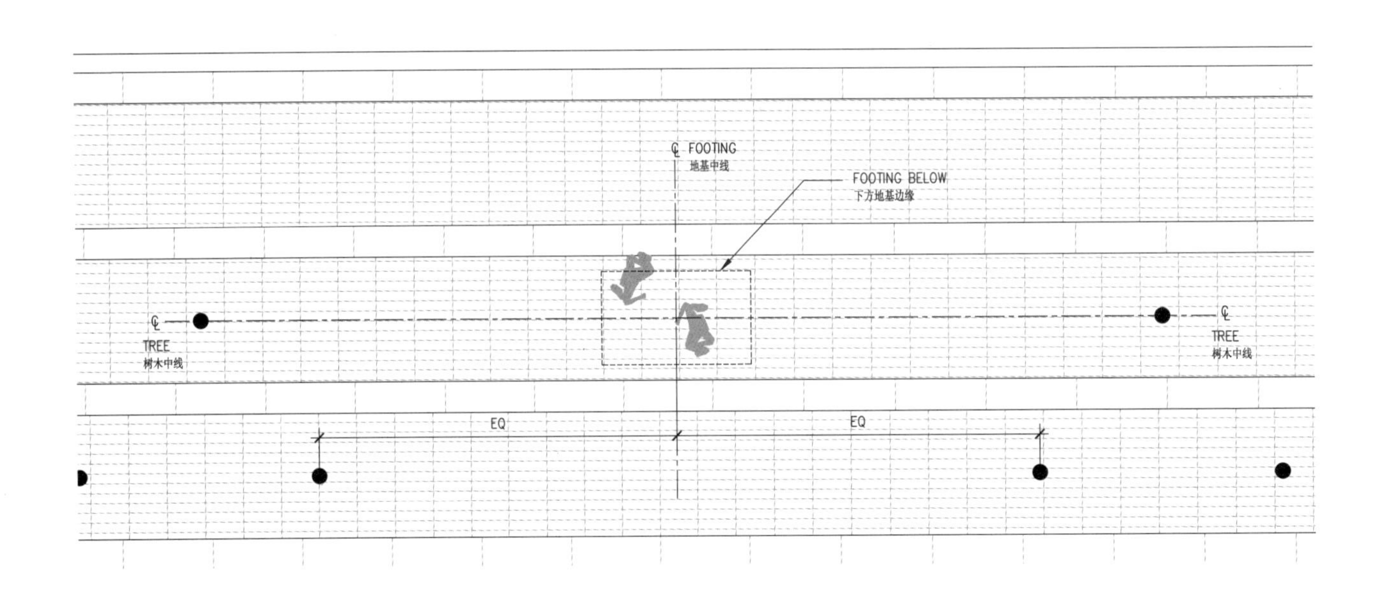

射击运动员

本作品由一名射击运动员持枪凝神射击的形象构成。作品完整体现了射击运动员在预备动作时不动如山之势，展示了体育的静态美，通过女运动员的身形，我们更能体会到这项竞技运动需要强大的精神与控制力。

01	02
	03
	04

01/02/03　射击
04　射击平面示意图
材料：铸铜
尺寸：220cm×70cm
创作：王峰、赵昆仑

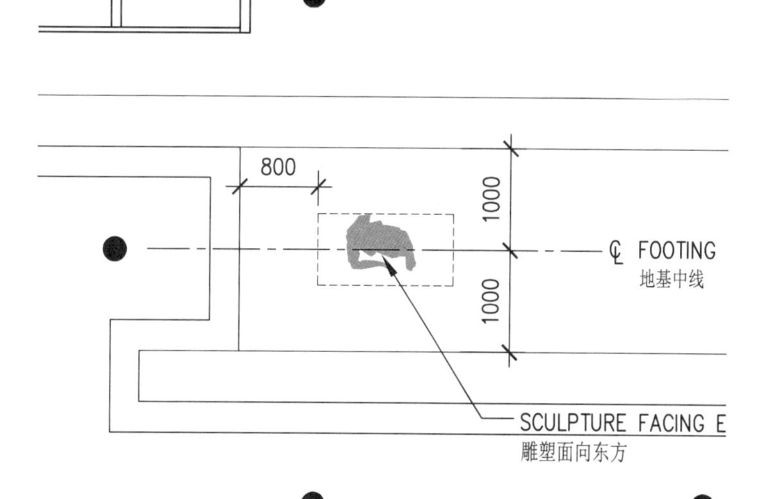

乒乓球运动员

本作品由一名乒乓球运动员手持球拍挥洒于赛场间的形象组成，作品展现了乒乓球运动员持拍击球瞬间的美感，将国球运动放大为一个招牌动作进行艺术化处理，从而成为一种体育精神的标志，令人感受到小小乒乓球间会有如此激烈的博弈。

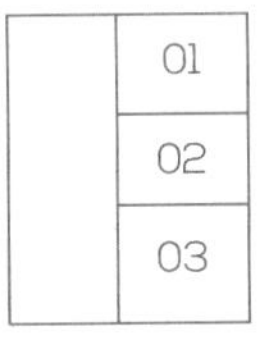

01/02　乒乓球
03　乒乓球平面示意图
材料：铸铜
尺寸：220cm×70cm
创作：王峰、赵昆仑

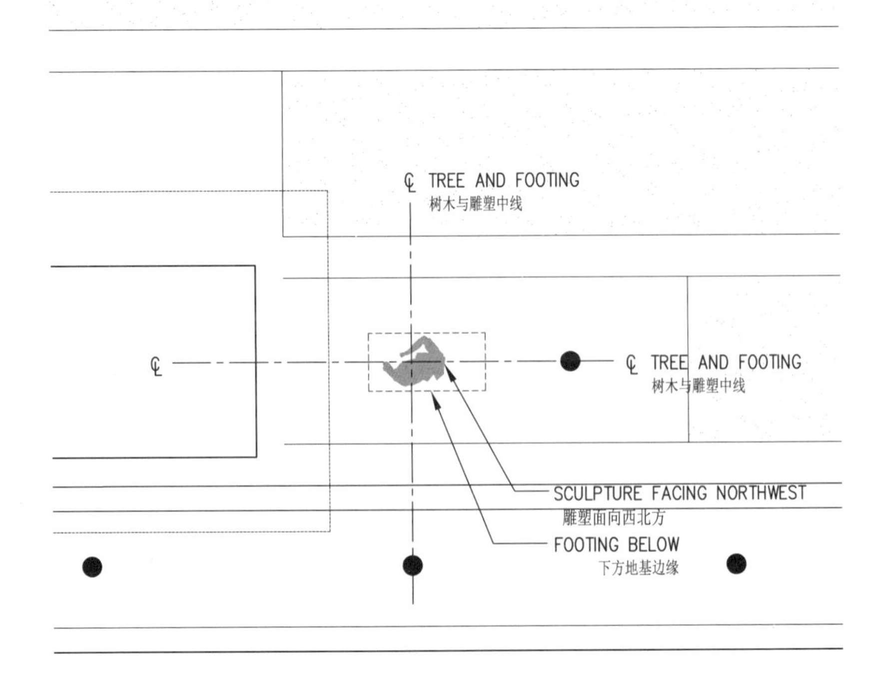

苏州太仓海运堤

海上升明月

在主入口广场设置“海上升明月”交互装置展示，我们可以看到该交互装置本身有两个主媒介硬件设置，装置上方为船帆形状的多媒体异形交互投影区，在晚上图像、动画和视频都会投影在船的内表面，下方为面向群体的最佳观展视角的LED显示屏，设计了包括群体主动交互展示的内容。

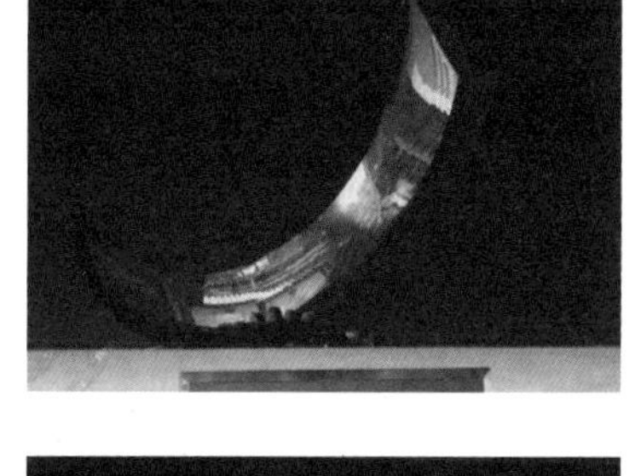

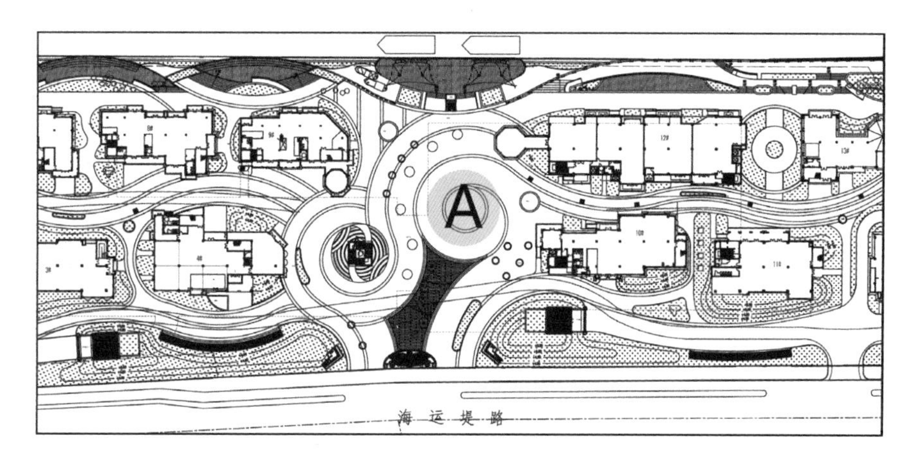

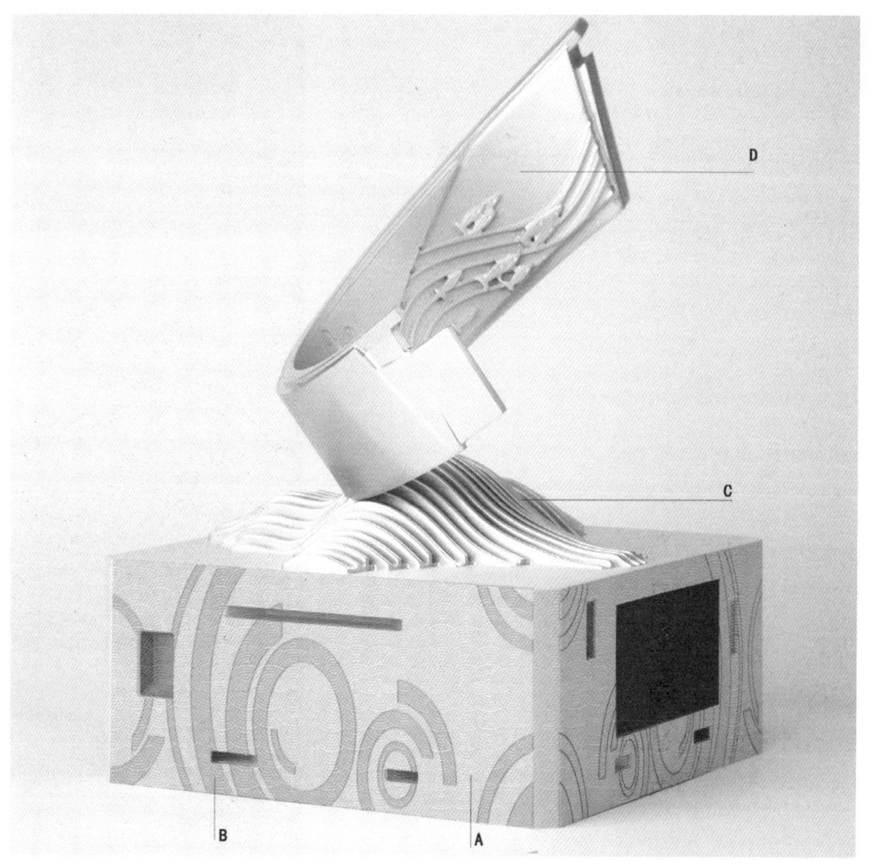

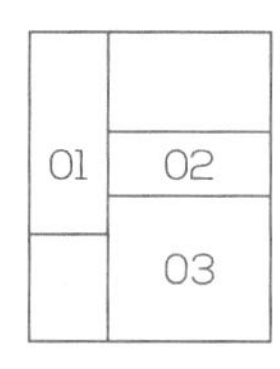

01 太仓海运堤“海上升明月”

02 作品环境位置示意图——A区域为作品位置

尺寸：900cm×900cm×1300cm

创作：王峰

03 作品示意图a

A：水纹浮雕/黄金麻/6cm

B：水纹浮雕+水抛光/黄金麻/8cm/底座高度430cm

C：不锈钢圆雕/镜面抛光处理

D：不锈钢圆雕+局部浮雕/镜面+哑光面处理 /不锈钢圆雕高度900cm/展开面积410m^2

01	04
02	05
03	
	06

01　底座灯光效果

02/04/05/06　各角度效果

03　投影仪放置点

三、博物馆空间艺术品

Artworks in Museum Space

南京大报恩寺遗址公园博物馆

南京大报恩寺大藏经博物馆的展陈是围绕着佛教大藏经的诞生、初集至我中土取经、译经，再到金陵刻经、讲经，最后传经四方的内容进行分别演绎。

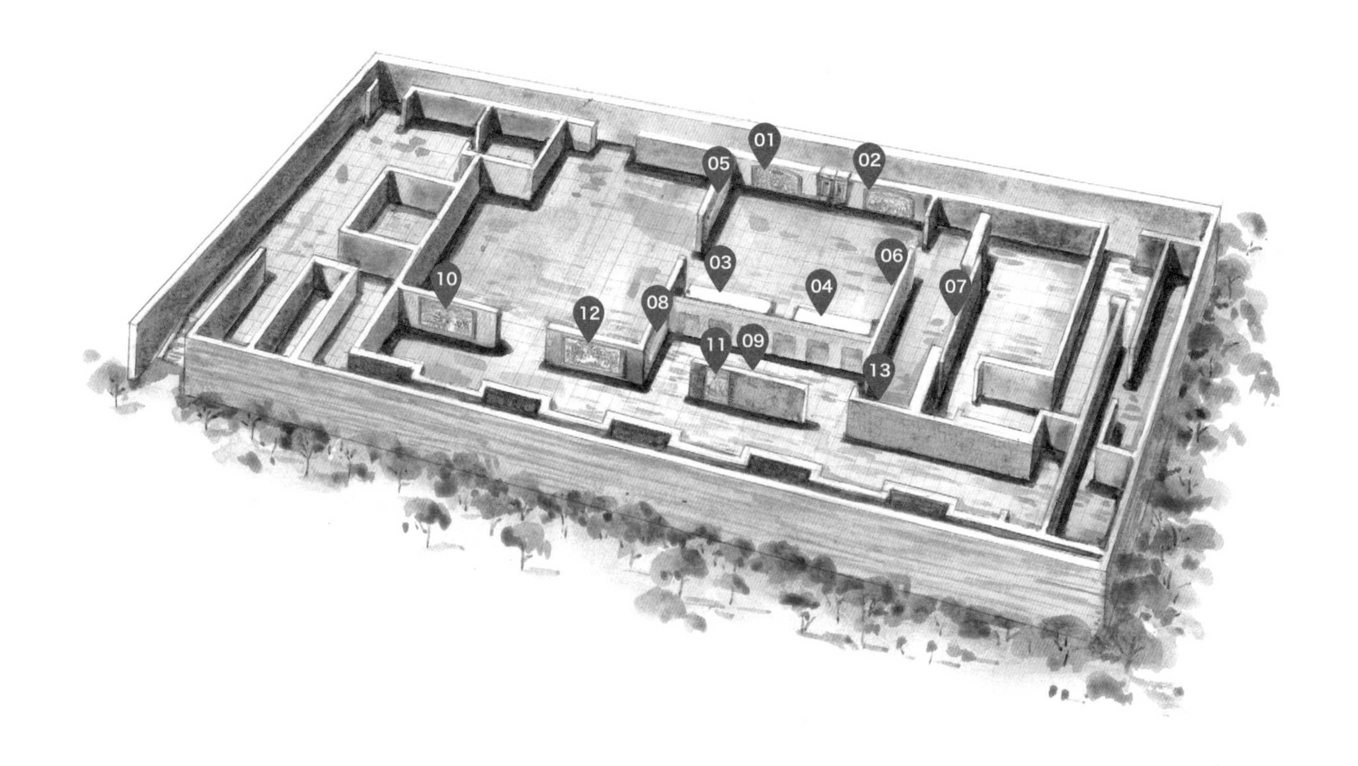

01 演绎正法

02 大藏初集

03 初游佛国

04 西行求法

05 初转法轮

06 玄奘辩经

07 译经巨擘

08 净土四经

09 金陵刻经处

10 中日交流

11 佛法东传

12 东传高丽

13 桑奇大塔

材质：石材高浮雕

创作：王峰、何鑫、许朝晖、乔中凯、任睿、陆健

01 演绎正法

天台宗把释迦牟尼佛讲经的49年分为5个时期：华严时、阿含时、方等时、般若时、法华涅槃时。佛成道后21天端坐菩提树下，于定中为诸天人及诸大菩萨宣说华严经，并以此循序渐进，由小乘入大乘。因此，创作特选以佛祖居中，文殊、普贤居侧，诸菩萨林立的盛大场景，展现华严法会的盛景。

02 大藏初集

佛灭后，即有了三藏的第一次集结，在王舍城外的七叶窟，由阿难召集五百比丘，进行了佛经的第一次集结，迦叶颂出论藏，优波利颂出律藏。至此，三藏经义初成。因此，创作特选七叶窟集经场景，优先刻画阿难、迦叶、优波利的形象，衬以众多罗汉相论，以达集经三藏之要。

	01-1
	01-2
02-3	02-1
	02-2

01-1　演绎正法
01-2　演绎正法局部细节
435cm×295cm×40cm
02-1　大藏初集
02-2　大藏初集局部细节
02-3　大藏初集草图
435cm×295cm×40cm

佛国初游

朱士行与法显为三国两晋时期的西行取经代表人物，朱士行为中国第一个汉族僧人，也是取经第一人，而法显则为真正抵达印度的第一人，更著有《佛国记》。因此创作以“佛国初游”为题，集中展现汉时取经的艰辛，重点刻画朱士行与法显两位虽不同年代但均苦励其身心西行求经的场景。

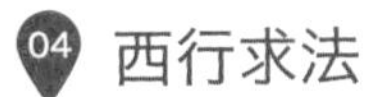

西行求法

玄奘与义净同为唐朝取经代表人物，一位由陆路西行求法，另一位由海陆西行求法，同在中国佛教史上留下浓墨重彩的一笔。因此创作以“西行求法”为概念，展现大唐盛世取经的不易，在场景上，将长安城、大雁塔等标志融元素进行相融，并细节描绘了玄奘与义净人物个体与随从弟子的形象。

	03-1
	03-2
04-3	04-1
	04-2

03-1　初游佛国
03-2　初游佛国局部细节图
435cm×295cm×40cm
04-1　西行求法
04-2　西行求法局部细节
04-3　西行求法草图
435cm×295cm×40cm

05 初转法轮

佛祖悟道后初次宣传他的学说为初转法轮，相传是在波罗奈斯的鹿野苑对骄陈如等五个弟子讲的，佛祖初转法轮后，才会进一步产生经义。因此创作特选野鹿苑的标志性场景：五弟子拜佛，闻佛祖于菩提下悟道修身讲经。

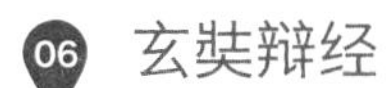

06 玄奘辩经

历来西行取经最辉煌的成就莫过于玄奘于那烂陀学成后，受戒日王召见，召开了一个全印度的宗教学术辩论会。各个教派的智者和大德全部参加，观看玄奘讲经，并针对他的观点进行辩论。这场充满了传奇色彩的辩论大会将玄奘的留学生涯推向了高潮，也示意了中国僧人取经的最高成果与荣誉。因此，作品展现了玄奘辩经大成后骑象巡游，受戒日王与一众信徒的献礼。

07 译经巨擘

鉴于历史上译经高僧代表众多，本作品选取最有名望的如康僧会、玄奘、鸠摩罗什、法显、不空、真谛等，置于同一场景进行表达。整个画面以长卷轴形式展开，分列八位译经大德，虽不同年代、不同民族，但于同一场景交互镌刻，统一展现了高僧们的智慧与付出。

05	06
	07-1
	07-2

05　初转法轮
220cm×280cm×15cm
06　玄奘辩经
220cm×280cm×15cm
07-1　译经巨擘
500cm×240cm×15cm
07-2　译经巨擘局部细节

08 净土四经

《净土四经》为金陵刻经处首刻的一部经书，这套经书同时也是大乘佛经中汉传宗派净土宗的要传，净土宗以信仰阿弥陀佛，借阿弥陀佛愿力，称念阿弥陀佛名号而脱离六道生死苦海，往生阿弥陀佛西方极乐世界为其宗旨。因此，本作品以此为契机，展现佛法无边，超度苦劫，将《净土四经》要义进行形象地展示。

09 金陵刻经处

清末杨仁山居士发宏愿重建金陵刻经处，此场景被艺术家所铭记，作品以金陵刻经处的内场景复原为标志，将杨仁山、太虚大师相纳为同一场景，将金陵刻经处的传统手工坊间情形进行写实镌刻，再现了金陵善地，印制万经的一面。

10 中日交流

创建金陵刻经处的杨仁山，委托日本著名佛教学者南条文雄在日本搜集了中国失传的佛典经疏 300 多种，择要刻印了 3000 多卷，使三论宗、唯识宗、华严宗等重要佛教宗派的教义又重新昌明。创作以通篇的手法展示了杨仁山先生亲赴日本与南条文雄先生会面，并将众多经典载运回国的场面。

08-1	
08-2	09-2
09-1	
10	

08-1　净土四经
350cm×240cm×15cm
08-2　净土四经局部细节
09-1　金陵刻经处
400cm×240cm×15cm
09-2　金陵刻经处局部细节
10　中日交流
450cm×360cm×15cm

11 佛法东传

自唐宋后，佛法相继东传高丽、日本，作品以唐舯行于海山，东传佛法于琉球这段史实为主题，将佛法东传的线路图相印其中，展示了大藏经历经风浪而不契，流传于东海，且有诸如鉴真大师之执着，普法于四方的景象。

12 东传高丽

金陵是禅宗五家之一的法眼宗的发源地，文益大师创立法眼宗后，吴越末年，高丽王派36名僧人随文益的再传弟子延寿学法，此宗遂由此传入朝鲜，盛行海外。创作锁定了杭州灵隐寺这段传法经历，即由高丽王的使团向延寿法师取得创自金陵的法眼宗真经，并在高丽流转至今的典故。

13 桑奇大塔

桑奇大塔是印度著名的佛教古迹，印度早期王朝时代的佛塔，长久以来象征着佛法源远流长。桑奇大塔造型独树一帜，本作品应用了浮雕艺术的明暗造型，将其中心圆塔设为隐约背景，而着重突出塔前牌坊的线条，将其上华丽繁复的花纹细节着力体现，展示了佛雕嵌板刻画的精湛工艺。

	11
	13
12-1	
12-2	

11　佛法东传

300cm×360cm×15cm

12-1　东传高丽草图

12-2　东传高丽

500cm×360cm×15cm

13　桑奇大塔

240cm×500cm×15cm

轩皇龙旌

轩皇曾此驻龙旌，药臼丹炉隐太清。黄山是安徽的符号，《黄山图经》中称此处为轩辕黄帝栖身之所。本幅作品采用馆藏玉璧的形态为设计依据，将其制成琉璃，光彩耀人，可谓翠壑不随人世改，黄云长共海潮平。龙形象一面旌旗，昭示着安徽辉煌的昨天、灿烂的明日。

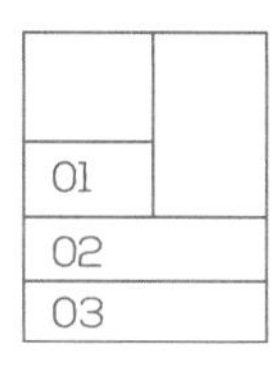

01　轩皇龙旌
02　结构草图
03　设计草图

材质：琉璃、铝板型材
尺寸：2000cm×400cm
创作：王峰、顾平、李栋宁

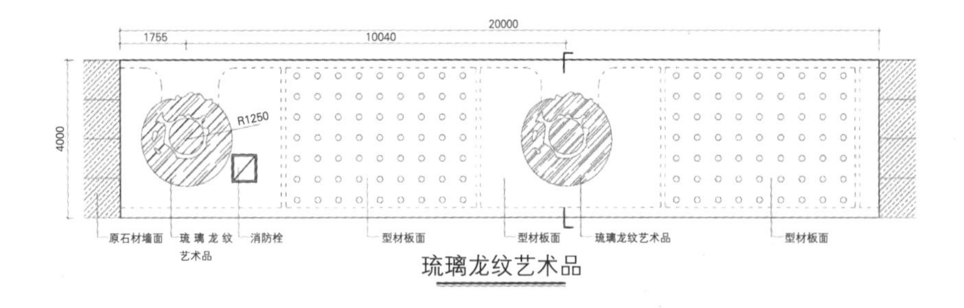

琉璃龙纹艺术品

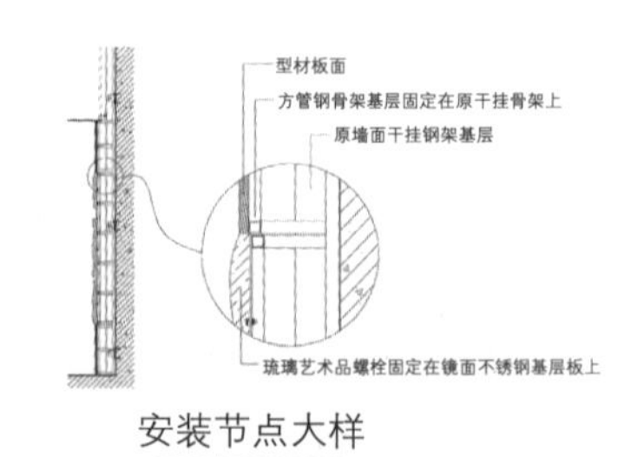

安装节点大样

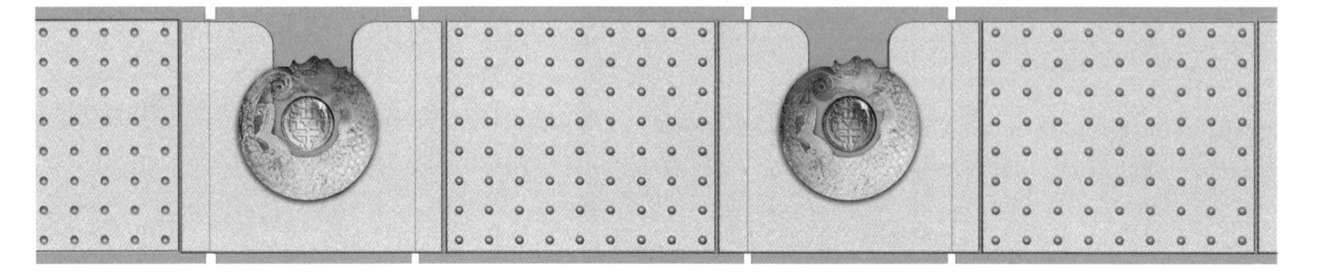

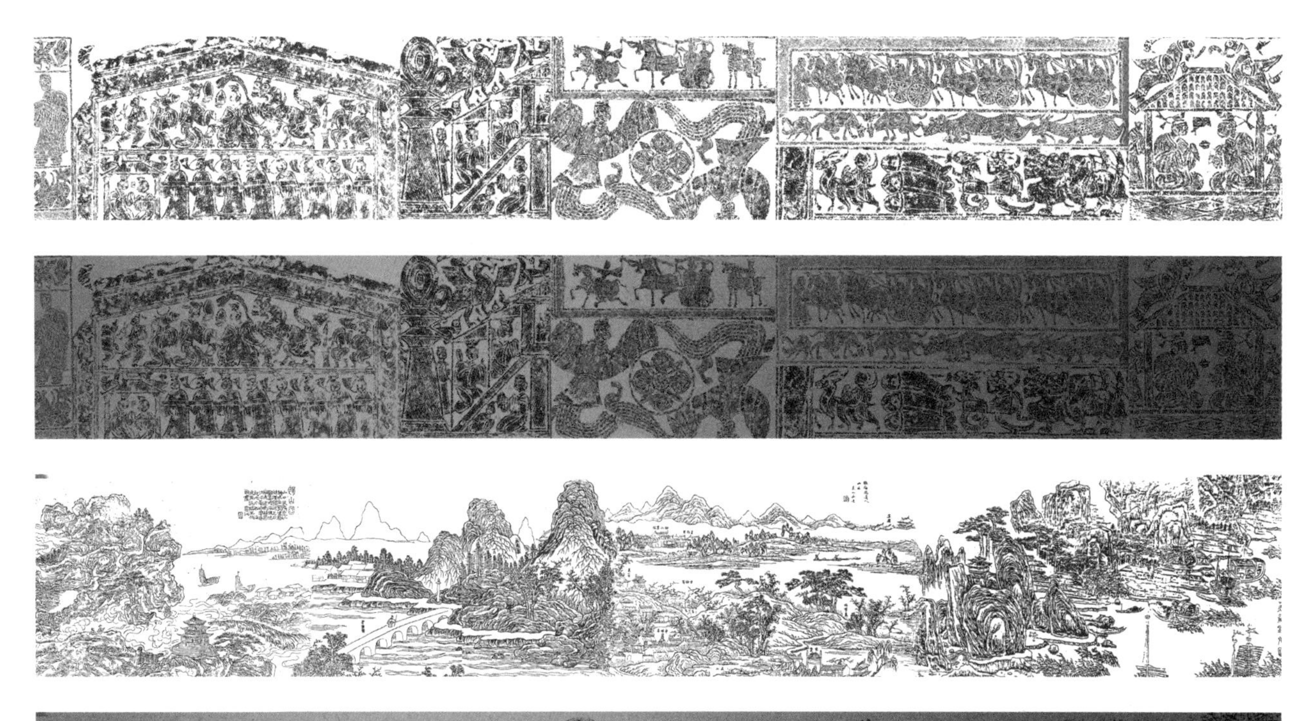

01
02
03
04
05

01/02　皖月和汉风　　材质：铜板腐蚀
03/04　徽山谐萧雨　　尺寸：2000cm×315cm
05　环境实物　　创作：王峰、顾平、李栋宁

皖月和汉风

选取了大量皖北出土的汉代画像石作为创作元素，运用现代构成的设计手法将古代淮河流域勤劳勇敢的皖北人民的耕作、狩猎、祭祖、丰收、欢庆的社会生活情形，勾勒成一幅生动而富有情趣的画面。和着汉风，踏歌而归。与下面一幅作品，巧然成对。

徽山谐萧雨

节选了萧云从的《太平山水图》的部分情景进行结构重组，构成了皖南的诗画山水。徽风皖韵，浓浓水气，袅袅而起，与上幅皖月和汉风相映成趣。

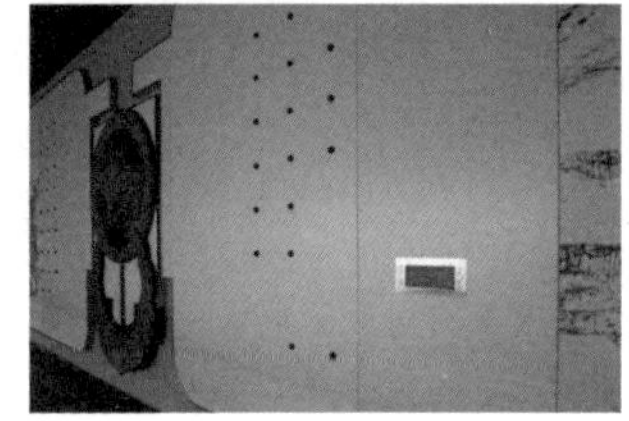

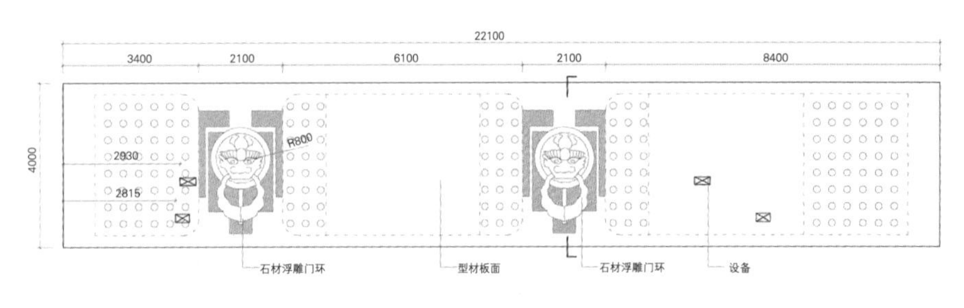

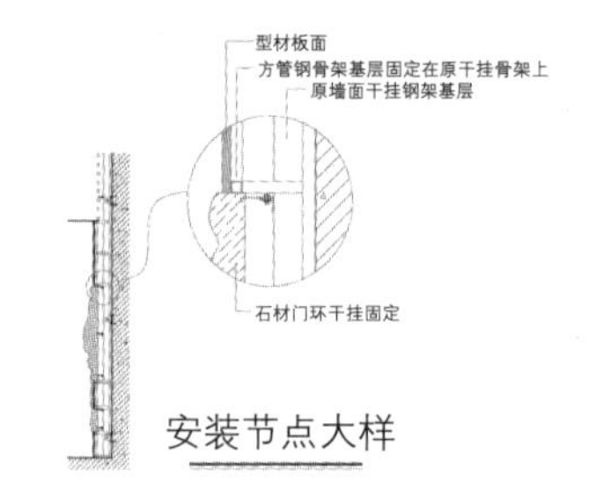

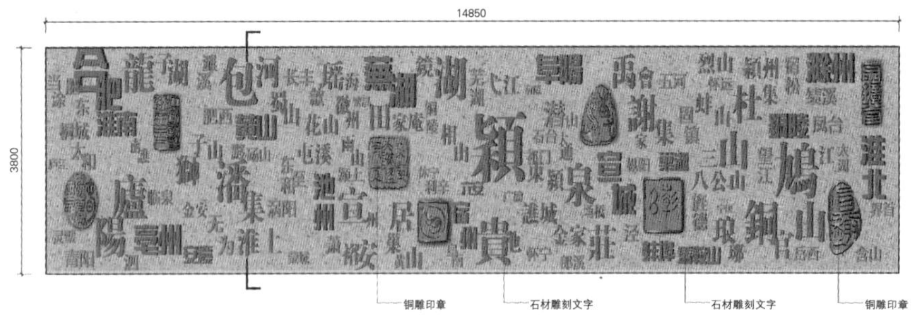

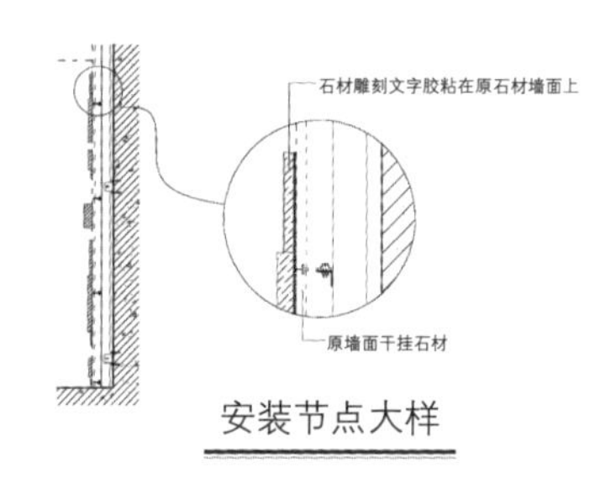

皖史太平

两个硕大的门环，静静地向游客诉说着安徽历史的千年沧桑。墙内，静静聆听金鼓声声、战旗飘飘；墙外，静静地看当今社会的太平盛世。

徽学新安

用安徽的地名成集，用新安画派诸贤达的印章作款。作品不是机械地做地名集，而是以此表述安徽各县市皆有自己的文化特色，各显其彰。新安一语三意：既有新安江之意，也有新安画派之意，更有创新太平安乐之意。

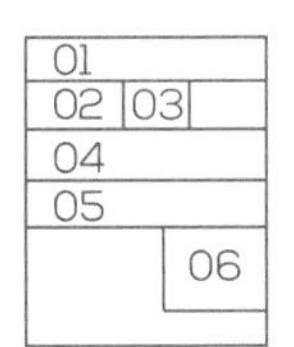

01　皖史太平设计效果图
02/03　皖史太平实景图
04　皖史太平结构图
材质：铜板腐蚀
尺寸：2210cm×400cm
创作：王峰、顾平、李栋宁

05　徽学新安结构图
06　徽学新安设计效果图
材质：铜板腐蚀
尺寸：1480cm×380cm
创作：王峰、顾平、李栋宁

南京青少年科技馆

作品以组合型浮雕的形式展现了科技带来的文化美感。在青少年眼中，科技本身是带有一定神秘与幻想色彩的内容，因此在作品表现上采用了具象的画面语言描述一个更为抽象的概念，“扬帆起航”是青少年们在科技上启蒙发展的喻意，而“波涛云涌”则是科技之途的艰辛与不易。作品背后引申含义为青少年需不畏困苦危险，要勇于探索发现，并持之以恒，方能得到最终的科技成果。

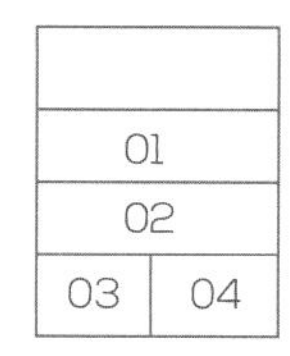

01 设计效果图
02 结构材质分析图
03 局部效果图
04 场景图

材质：石材镶嵌、锻铜
尺寸：3000cm×340cm
创作：王峰

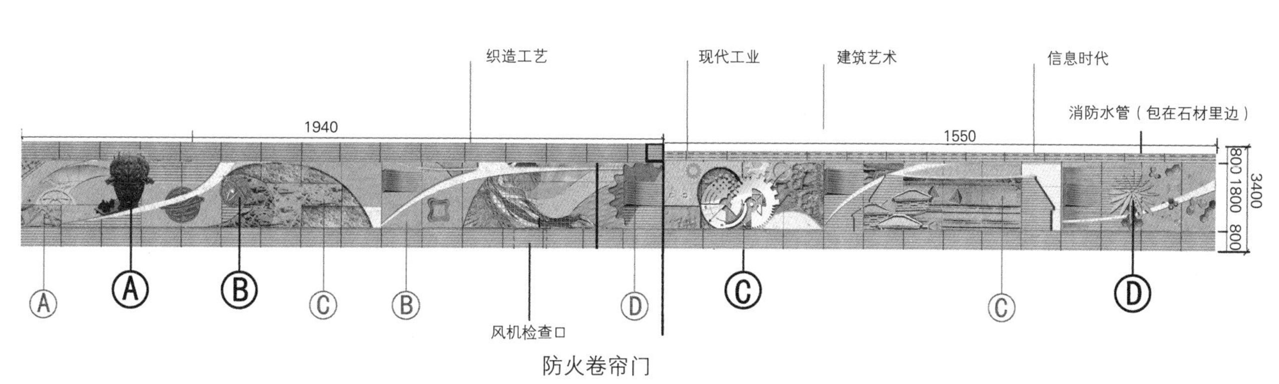

花岗岩

制作说明：Ⓐ 为黄铜浮雕 Ⓑ 为花岗岩雕刻 Ⓒ为石材接合不锈钢镶嵌Ⓓ 为石材抛光面处理
科技馆前段浮雕由5部分组成：天文历法、织造工艺、现代工业、建筑艺术和信息时代。
石材为浮雕的主要制作材料，运用不同肌理来表现，达到所需视觉效果。

主要制作工艺：Ⓐ 石材，浮雕雕刻
Ⓑ 保持平面石材表面特有粗糙效果
Ⓒ 石材雕凿肌理
Ⓓ 石材抽槽

泰伯奔吴是江南一段家喻户晓的历史典故，据《史记·吴太伯世家》记载："吴太伯，太伯弟仲雍，皆周太王之子，而王季历之兄也。季历贤，而有圣子昌，太王欲立季历以及昌，于是太伯、仲雍二人乃奔荆蛮，文身断发，示不可用，以避季历。季历果立，是为王季，而昌为文王。太伯奔荆蛮，自号勾吴。荆蛮义之，从而归之者千余家，立为吴太伯。"

本作品以商周史料为笔，以吴地气息为底，勾勒了泰伯奔吴，协民拓土的丰功伟绩。在人物形象上更以局部圆雕的细节刻画，表现了泰伯端正贤明的英杰气概，而背景云纹龙影相衬，符合了周王祭庙泰伯作为列祖的身份。整幅作品大气凛然，充满商周遗韵，更得吴地风华，是不可多得的佳作。

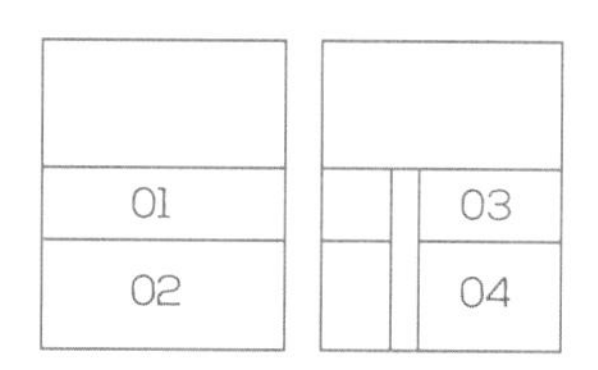

01/02　无锡市城市规划馆场景图

03　祠堂印象

材质：石材

尺寸：800cm×300cm

创作：王峰

04　泰伯奔吴

材质：石材镶嵌

尺寸：850cm×290cm

创作：王峰

无锡市中国民族工商业博物馆

无锡民族工商业是无锡近代史上最为浓墨重彩的一笔辉煌。无锡民族工商业代表了近代工业史上的发展里程，包括纺织、印染、面粉加工、机械制造等，均在当时的中国工业发展过程中，起到了不可估量的推动作用。整个作品大胆应用象征元素与场景相结合的艺术表现方式，将齿轮作为民族工商业的第一概念元，贯穿作品的上下空间，并将工厂、工人、工具、工艺的四工特性融于一体，表现出极强的工商业文化内涵。

01 无锡市中国民族工商业博物馆全景图
02 无锡市中国民族工商业博物馆主背景墙
03 作品局部
材质：石材
尺寸：800cm×500cm
创作：王峰

无锡市博物院

无锡的是一部华夏江南先民开拓地域的人文历史，三千年历史长河诉尽辉煌灿烂的吴文化底蕴。本作品以吴地脉络为基线，细叙了吴文化传承发展的源远流长，作品采集无锡吴文化历代史实文物作为文化标志象征，以青铜器纹、云龙纹、玉飞凤等春秋吴越地域特征为创作依据，结合吴地特有的青铜礼器的鼎盘纹样，深深印刻出三千年吴地风华绝代之歌。

01　无锡市博物院全景图
02　作品局部
材质：石材镶嵌
尺寸：1800cm×300cm
创作：王峰

四、校园空间艺术品

Artworks in Campus Space

江南大学

“校训校史墙”，江南大学校训为“笃学尚行，止于至善”，意思就是认真学习并重视品德的修养，直到将事情做得至善至美。“校训校史墙”即围绕这八个字展开的文化艺术创作。

首先，江南大学本身拥有极强的文化历史特色，民族工商业的特征一直是其固有的基调，因此，整个墙体均由青砖砌制而成，充满了地方特色。其次，“笃学尚行，止于至善”乃为学为事之道，加上江南大学百年的校史印染，使得这面文化之墙呈现出更为古朴的底蕴。

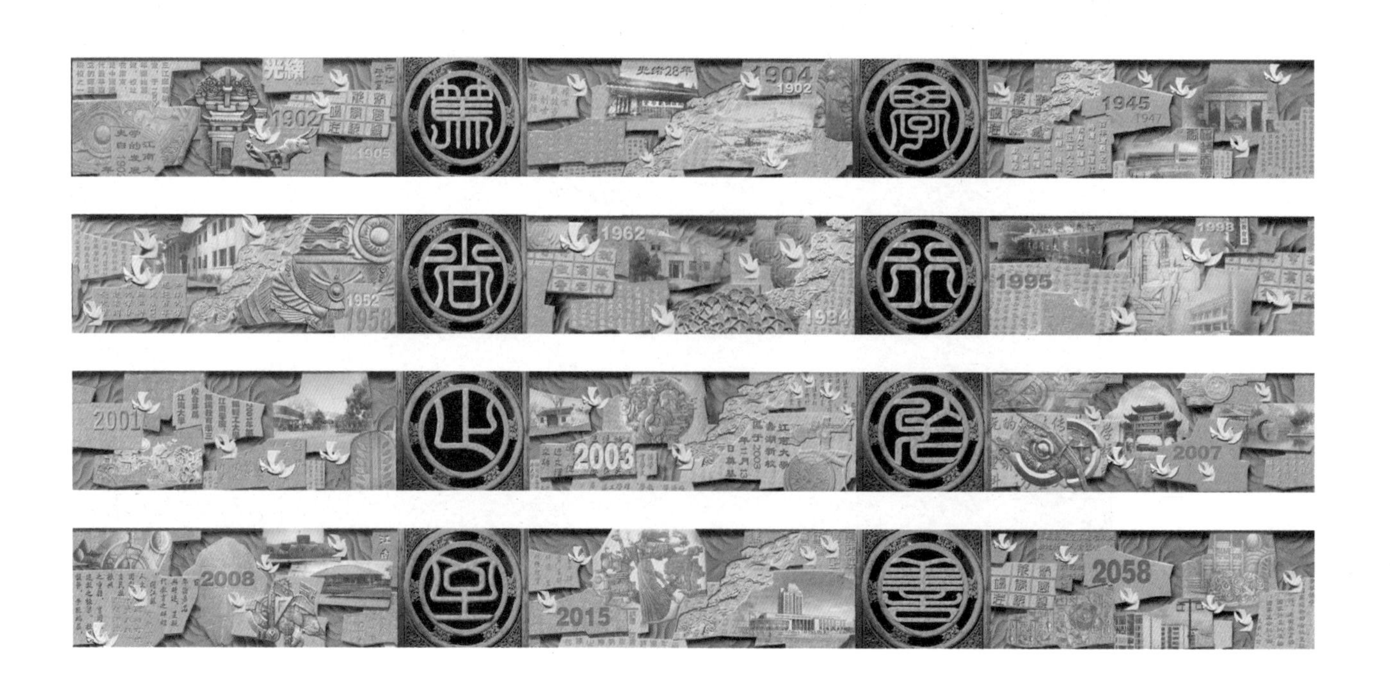

01/02/03/04
江南大学
——校训校史墙
设计草图

01	
02	
03	
04	
05	

01　江南大学——校训校史墙全景

02/03/04　江南大学——校训校史墙

材质：石材镶嵌

尺寸：3200cm×120cm

创作：王峰

参考文献

references

学术期刊

[1] 宋薇．公共艺术与城市文化 [J]．文艺评论，2006 (6)：92-94．

[2] 黎燕，张恒芝．城市公共艺术的规划与建设管理需把握的几个要点——以台州市城市雕塑规划建设为例 [J]．规划师，2006 (8)：56-58．

[3] 彭杰．公共艺术与奥运城市文化建设 [J]．体育文化导刊，2006 (12)：38-39．

[4] 刘以鸣．城市文化理念与公共艺术 [J]．装饰，2006 (z1)：90-91．

[5] 傅曦．标注城市文化——浅谈城市公共艺术的设计文化 [J]．科协论坛，2007 (1)：175-176．

[6] 杜宏武，唐敏．城市公共艺术规划的探索与实践——以攀枝花市为例的研究 [J]．华中建筑，2007 (2)：95-101．

[7] 孟岩，刘晓都，王辉等．介入城市深圳公共艺术广场的策略与建造 [J]．时代建筑，2007 (4)：110-117．

[8] 江怡璇，王倩，李茜等．公共艺术与城市历史文化的交融 [J]．中国水运 (学术版)，2007 (12)：236-237．

[9] 王林．在城市中种植记忆——许宝忠公共艺术作品 [J]．雕塑，2007 (6)：74-77．

[10] 任永刚．公共艺术在城市交通环境中的应用 [J]．装饰，2005 (2)：21．

[11] 曹武，郑卫民，Cao Wu等．艺术对城市公共空间的介入——浅谈我国当代城市公共艺术 [J]．中外建筑，2006 (3)：30-32．

[12] 潘宇．浅谈公共艺术当中的城市环境雕塑 [J]．经济技术协作信息，2006 (31)：74．

[13] 张楠．从城市标识到公共艺术 [J]．齐鲁艺苑，2007 (3)：36-38．

[14] 施梁，吴晓等．作为公共艺术形态的城市雕塑 [J]．东南大学学报 (哲学社会科学版)，2007 (3)：71-73．

[15] 陈永华，马瑶等．从群雕《深圳人的一天》看公共艺术与城市生活的融合 [J]．高等建筑教育，2007 (2)：1-5．

[16] 吴忠．城市公共艺术新材料比较研究——陶艺介入公共空间的思考 [J]．广州城市公共艺术-城市雕塑论坛．广州，2006：118-120．

[17] 熊青珍．浅谈城市公共艺术中的现代陶艺雕塑 [J]．中国陶瓷，2003 (1)：58-59．

[18] 葛俊杰，宋冬慧等．论城市公共艺术色彩及其特征 [J]．桂林电子工业学院学报，2005 (1)：66-70．

[19] 侯利华．谈城市公共艺术的公众文化性 [J]．艺术探索，2006 (4)：108，110．

[20] 王中．当代公共艺术视野中的城市形态 [J]．北京规划建设，2006 (4)：172．

[21] 李青．城市公共艺术中的陶瓷艺术 [J]．中国陶瓷工业，2006（6）：45-46.
[22] 徐进．拓展陶艺在城市公共艺术设计中的应用 [J]．装饰，2004（4）：65-65.
[23] 陆慧．浅析公共艺术在当代城市建设中的意义 [J]．上海商学院学报，2005（3）：21-23.
[24] 王满．浅析公共艺术中的城市雕塑 [J]．温州大学学报，2005（4）：43-46.
[25] 马良伟，宋家明，于化云，等．城市公共艺术与北京策略 [J]．北京规划建设，2005（6）：87-91.
[26] 黄远．谈城市公共艺术范畴的若干问题 [J]．石家庄职业技术学院学报，2006（3）：46-48.
[27] 叶志强．城市公共艺术之场所性 [J]．江苏教育学院学报（社会科学版），2006（3）：95-97.
[28] 吴昊．城市文化与公共艺术 [J]．雕塑，2006（3）：39.
[29] 马钦忠．公共艺术与城市品牌的塑造 [J]．雕塑，2004（1）：20-21.
[30] 魏泽崧．当代城市公共艺术的人性化体现 [J]．雕塑，2004（3）：16-18.
[31] 漆平．艺术・城市——公共艺术与城市设计的互动 [J]．雕塑，2004（4）：17-19.
[32] 张昊，刘毅青，张弛等．珠三角城市文化与公共艺术的审美思考 [J]．韶关学院学报，2004（8）：79-82.
[33] 朱尚熹．以公共艺术替换城市雕塑 [J]．城乡建设，2004（10）：14-15.
[34] 林少雄．城市文化视野中的公共艺术 [J]．城市管理——上海城市管理职业技术学院学报，2005（1）：14-19.
[35] 朱其．中国城市的公共艺术与文化空间 [J]．城市管理——上海城市管理职业技术学院学报，2005（1）：11-13.
[36] 王满．雕塑在城市公共艺术中空间特征 [J]．雕塑，2005（2）：24-25.
[37] 李于昆．城市化与公共艺术 [J]．新学术，2007（4）：87-88，78.
[38] 张连生．城市公共艺术色彩 [J]．东方艺术，2002（9）：170-171.
[39] 杜使恩，武永凡．提高城市公共艺术品位的新形式 [J]．雕塑，2003（3）：14-15.
[40] 朱军．公共艺术与城市景观建设 [J]．北京建筑工程学院学报，2003（4）：46-49.
[41] 高琳．解构现代城市公共艺术表象 [J]．美术大观，2004（2）：24-25.
[42] 施鸣．城市雕塑是公共艺术的门面 [J]．雕塑，2004（3）：14-15.
[43] 翁剑青．成长・累积・延展——公共艺术与当代城市文化建设的关系 [J]．雕塑，2004（3）：10.
[44] 陆慧．公共艺术：标注城市文化 [J]．上海城市管理职业技术学院学报，2004（4）：62-63.
[45] 崔唯．如何打造城市的色彩之花——城市公共艺术品色彩的规划与设计初探 [J]．流行色，2007（6）：70-75.
[46] 王峰．交互性城市公共艺术的未来发展趋向 [J]．艺术百家，2011（6）：151-154.
[47] 丁方．城市环境・公共艺术・绿色生态 [J]．雕塑，2001（1）：22-23.
[48] 边兰春．回望巴塞罗那——城市公共艺术与城市美的创造 [J]．国外城市规划，2001（2）：17-19，封二.
[49] 王中．发展与回归——城市发展中的公共艺术理念 [J]．雕塑，2002（4）：4-5.
[50] 庄黎．数字化艺术与民俗化设计——关于艺术设计推动文化创意产业发展的一点思考 [J]．节能环保和谐发展——2007中国科协年会论文集（二）．武汉，2007.
[51] 刘谭明．数字化时代的文学艺术——对“艺术终结”论的思考 [J]．中南大学学报（社会科学版），2005（5）：559-562.
[52] 周靖．数字化技术带来的新艺术——浅谈新媒体艺术 [J]．美与时代（下半月），2007（4）：26-28.

[53] 韩晓玲．影视数字化与传统电影艺术观念的创新 [J]．电影评介，2007 (9)：57.
[54] 董从斌，徐庆．数字化技术推动影视艺术再创造的探究 [J]．电影评介，2007 (23)：101.
[55] 林丰．数字化艺术与非数字化艺术 [J]．武汉大学学报 (工学版)，2001 (6)：83-85.
[56] 黄舜生，侯陆勋．书法艺术数字化的发展空间 [J]．中国书法，2004 (4)：38-40.
[57] 聂庆璞．数字化艺术对传统美学观念的挑战 [J]．文艺争鸣，2004 (6)：87-89.
[58] 李双渔，王韦策．艺术化与数字化有机融合的版面设计网格体系 [J]．包装工程，2006 (4)：288-289.
[59] 张韬．插图艺术的数字化转向 [J]．装饰，2006 (7)：109-110.
[60] 宋荣欣．数字化时代的影视艺术 [J]．电影评介，2006 (13)：68，100.
[61] 王辉．媒体的变革与数字化艺术 [J]．文教资料，2007 (31)：62-63.
[62] 许静涛．数字化艺术创造仍需深厚的文化底蕴 [J]．美术观察，2005 (6)：14-16.
[63] 黄坚．数字化艺术的中国理念是一个地域概念 [J]．美术观察，2005 (6)：10-11.
[64] 汪大伟．数字化艺术之"道" [J]．美术观察，2005 (6)：8-9.
[65] 黄坚．数字化艺术的中国理念 [J]． 美术观察，2005 (6)：4.
[66] 刘建国，程雨竹．应对数字化时代艺术设计的位移 [J]．现代商贸工业，2007 (2)：139.
[67] 吴强，王安安．网络时代数字化艺术带来的新思考 [J]．决策探索，2007 (14)：83-84.
[68] 林君桓．艺术与科学之间永恒的金带——浅论艺术的数字化趋势 [J]．福建师范大学学报 (哲学社会科学版)，2002 (3)：100-106.
[69] 刘朝辉，李利．数字化时代艺术设计的精神性浅探 [J]．艺术百家，2003 (3)：152-153.
[70] 董铁军．谈数字化复原场景艺术设计构思的独特性 [J]．艺术科技，2005 (3)：48-49.
[71] 谌威，李娜．数字化与艺术 [J]．湖北美术学院学报，2004 (2)：55-57.
[72] 徐威，严旭丹．数字化时代对艺术设计的影响 [J]．大连理工大学学报 (社会科学版)，2004 (4)：93-96.
[73] 陈定家．数字化生存状况下的文学艺术 [J]．阴山学刊，2001 (4)：5-7，50.
[74] 任戬．艺术的数字化生存 [J]．美苑，2002 (2)：40-43.
[75] 颜凡．走进数字化空间——艺术设计观念的新思考 [J]．山东教育学院学报，2003 (1)：80-81.
[76] 胡以萍．论数字化技术与展示艺术 [J]．设计艺术，2001 (3)：17-18.
[77] 陈旭．城市化特征与公共艺术设计——有感于桂林的城市建设与公共艺术设计 [J]．桂林电子工业学院学报，2002 (6)：55-58.
[78] 左铁峰．数字化与三维造型艺术 [J]．美与时代 (下半月)，2004 (3)：41-43.
[79] 郑靖．数字时代下的非固体媒介——关于公共艺术中媒材运用的思考 [J]．雕塑，2006 (3)：34-35.
[80] Sophie Brenny，杨天天，胡军．公共空间中数字化增强对社会联结性和包容性的影响 [J]．创意与设计，2013 (5)：97-104.
[81] 刘涛，孙守迁，潘云鹤．面向艺术与设计的虚拟人技术研究 [J]．计算机辅助设计与图形学学报，2004 (11)：1475-1484.
[82] 陈爱军，林迅．艺术与技术的融合——装置艺术中的人机交互技术 [J]．科学 (上海)，2006 (3)：60-62.
[83] 邹玉茹，李文侠，鲁坚． Chair Tilings非周期艺术图案的生成 [J]．计算机辅助设计与图形学学报，

2006(4): 498-501.
[84] 袁光群. 计算机与艺术融合的教学模式的探索[J]. 工程图学学报，2007(3): 118-122.
[85] 孙守迁，黄琦，潘云鹤，等. 数字化艺术与设计研究进展[M]. 中国机械工程，2004(12): 1115-1120.
[86] 钱小燕，肖亮，吴慧中等. 一种流体艺术风格的自适应LIC绘制方法[J]. 计算机研究与发展，2007(9): 1588-1594.
[87] 金波. 推进与拓展——论数字艺术的迅速崛起对传统视觉艺术的影响[J]. 湖北教育学院学报，2006(6): 118-119.
[88] 白雪竹. 互动艺术的技术美与生态文明[J]. 现代传播，2007(4): 144-145.
[89] 宓晓峰，陈雪颂，唐敏等. 基于多重绘制模型的艺术绘制[J]. 浙江大学学报(工学版)，2003(6): 664-669，679.
[90] 胡蓉. 互动的艺术——浅谈新媒体艺术设计的互动性特征[J]. 美术大观，2006(12): 96-97.
[91] 马倩倩. 论数字艺术的特点[J]. 华章，2007(12): 250-250.
[92] 王峰，胡军，Mathias Funk. 交互性数字公共艺术设计实践与体验评估[J]. 装饰，2015(12): 96-97;
[93] 徐茵. 多维空间的图像叙事[J]. 装饰，2014(5): 131-132.
[94] S. M. Rahman, R. Sarker, B. Bignall, Application of multimedia technology in manufacturing[J]: a review, Computers in Industry 38, 1999.
[95] N. A. Waterman, P. Dickens, Rapid product development in the USA[J]. World Class Design To Manufacture, 1994, 1(3).
[96] J. Lee, Teleservice engineering in manufacturing: challenges and opportunities[J]. International Journal of Machine Tools & Manufacture, 1998, 38.
[97] L. L. Abdel-Malek, C. Wolf, P. D. Guyot, Telemanufacturing: a flexible manufacturing solution[J]. International Journal of Production Economics, 1998, 56.
[98] L. M. Camarinha-Matos, H. Afsarmanesh(Eds.), Infrastructures for virtual enterprises networking industrial enterprises[J]. Kluwer Academic Publishers, Dordrecht, 1999.
[99] L. M. Camarinha-Matos, H. Afsarmanesh, C. Garita et al., Towards an architecture for virtual enterprises[J]. Journal of Intelligent Manufacturing, 1998, 9(2).
[100] J. Hu, F. Wang, M. Funk, J. Frens, Y. Zhang, T. van Boheemen, C. Zhang, Q. Yuan, H. Qu, and M. Rauterberg. Participatory Public Media Arts for Social Creativity. 4th International Conference on Culture and Computing-ICCC 2013, Kyoto, 2013: 179-180.
[101] L. M. Camarinha-Matos. Execution system for distributed business processes in a virtual enterprise[J]. Future Generation Computer Systems, 2001, 17: 1009-1021.
[102] F. Wang, J. Hu, M. Rauterberg. New Carriers, Media and Forms of Public Digital Arts[C]. Culture and Computing, Hangzhou, 2012: 83-93.
[103] Y. Zhang, J. Gu, J. Hu, J. Frens, M. Funk, F. Wang, and M. Rauterberg. Learning from traditional dynamic arts: elements for interaction design[C]. 4th International Conference on Culture and Computing-ICCC 2013, Kyoto, 2013: 165-166.
[104] J. Hu, M. Funk, Y. Zhang, and F. Wang. Designing Interactive Public Art Installations: New Material

Therefore New Challenges [C]. Entertainment Computing—ICEC 2014, Series, LNCS 8770, Y. Pisan, N. M. Sgouros and T. Marsh, eds. , Sydney: Springer, 2014: 199-206.

学术著作

[105] 翁剑青. 城市公共艺术 [M]. 南京: 东南大学出版社, 2004.

[106] (英)伯克. 埃德蒙·伯克读本 [M]. 北京: 中央编译出版社, 2006.

[107] 库伯, 瑞宁, 克洛林. About Face 3交互设计精髓 [M]. 刘松涛等译 北京: 电子工业出版社,2008.

[108] UCDChina. UCD火花集 [M]. 北京: 人民邮电出版社, 2009.

[109] 袁红清, 李绍英. 电子商务: 理论与实训 [M]. 北京: 经济科学出版社,2009.

[110] 加瑞特. 用户体验的要素 [M]. 北京: 机械工业出版社, 2008.

[111] Daniel M. Brown. 设计沟通十器 [M]. 樊旺斌译. 北京: 机械工业出版社, 2008.

[112] (美)海姆. 和谐界面——交互设计基础 [M]. 北京: 电子工业出版社, 2006.

[113] (美)Jef Raskin. 人本界面: 交互式系统设计 [M]. 史元春译. 北京: 机械工业出版社, 2006.

[114] (英)维克托·迈尔-舍恩伯格, 肯尼思·库克耶. 大数据时代 [M]. 盛杨燕, 周涛译. 杭州: 浙江人民出版社, 2013.

[115] Harriet F. Senie, Sally Webster. 美国公共艺术评论 [M]. 台北: 远流出版社, 1999.

[116] (美)Alan Cooper, Robert Reimann, David Cronin. 交互设计精髓3 [M]. 刘松涛等译. 北京: 电子工业出版社, 2013.

[117] 李善友. 颠覆式创新 [M]. 北京: 机械工业出版社, 2015.

[118] (美)凯文·凯利. 必然 [M]. 周峰, 董理, 金阳译. 北京: 电子工业出版社, 2015.

[119] 傅小贞,胡甲超,郑元拢. 移动设计 [M]. 电子工业出版社,2013.

[120] (英)维克托·迈尔-舍恩伯格. 大数据时代 [M]. 盛扬燕, 周涛译. 杭州: 浙江人民出版社, 2013.

[121] Jef Raskin. The Humane Interface New Directions for Designing Interactive Systems [M]. Addison Wesley, 2002.

[122] Jenifer Tidwell. Designing Interfaces [M]. O'Reilly, 2005.

[123] Michael Lanc&ster. Seeing Color [M]. Architectural Design. 1996.

[124] Birren, Faber. History of Color in Painting [M]. New York: Van Nostrand Reinhold, 1965.

[125] Dan Brown. Communicating Design: Developing Web Site Documentation for Design and Planning [M]. New Riders Press, 2006.

[126] Bill Buxton. Sketching User Experiences: Getting the Design Right and the Right Design (Interactive Technologies) [M]. Morgan Kaufmann. 2007.

[127] Donald A. Norman . The Design of Everyday Things [M]. Basic Books, 2002.

[128] Kevin Mullet, Darrell Sano. Designing Visual Interfaces: Communication Oriented Techniques [M]. Prentice Hall PTR. 1994.

[129] Dan Saffer. Designing for Interaction: Creating Smart Applications and Clever Devices Peachpit [M]. 2006.

[130] Jenifer Tidwell. Designing Interfaces: Patterns for Effective Interaction Design [M]. O'Reilly Media, Inc, 2005.

[131] Jesse James Garrett. The Elements of User Experience: User-Centered Design for the Web [M]. Peachpit Press, 2002.

学术论文

[132] 吴士新. 中国当代公共艺术研究 [D]. 中国艺术研究院, 2005.

[133] 彭冬梅. 基于剪纸艺术的非物质文化遗产的数字化保护技术研究 [D]. 浙江大学, 2008.

[134] 雷田. 基于信息建构的用户体验设计研究 [D]. 浙江大学, 2008.

[135] 李杰. 面向产品设计的数字化功能样机技术的研究及应用 [D]. 中国农业机械化科学研究院, 2007.

[136] 任金州. 数字化直播: 媒介融合背景下的信息传播变革 [D]. 中国传媒大学, 2007.

[137] 林蓝. 公共艺术的历史观 [D]. 清华大学, 2003.

[138] 余日季. 基于AR技术的非物质文化遗产数字化开发研究 [D]. 武汉大学, 2014.

[139] 江卫华. 协同学习理念指导下的课堂互动设计、分析与评价 [D]. 华东师范大学, 2007.

[140] 叶志强. 城市公共艺术——发展因素研究 [D]. 东南大学, 2005.

[141] 吴丹. 数字化时代下的媒介艺术与建筑设计 [D]. 同济大学, 2005.

[142] 段艳红. 走进数字化空间——对互动多媒体艺术的思考 [D]. 东华大学, 2005.

[143] 陈国俊. 数字化设计工程与当代艺术 [D]. 武汉理工大学, 2003.

[144] 刘京涛. 数字化视觉艺术设计工程中的美学研究 [D]. 武汉理工大学, 2003.

[145] 张立. 数字化艺术设计研究 [D]. 武汉理工大学, 2002.

电子文献

[146] DAC数字艺术中国 [EB/OL] http: //www. dacorg. cn/

[147] Ars Electronica 奥地利电子艺术中心 [EB/OL] http: //www. aec. at/

[148] 美国麻省理工学院实验室 [EB/OL] http: //www. media. mit. edu/

[149] 城市雕塑与公共艺术网 [EB/OL] http: //www. bjsculpture. org/

[150] 日本媒体艺术文化厅 [EB/OL] http: //plaza. bunka. go. jp/

[151] 日本ICC艺术中心 [EB/OL] http: //www. ntticc. or. jp/index_e. html

[152] 德国ZKM [EB/OL] http: //on1 . zkm. de/zkm/

后记

Postscript

笔者多年以来一直从事公共艺术的研究与创作实践，积累了一些成果，但一直有所困惑，公共艺术在数字时代的背景下，究竟该如何发展，该走向何方。所幸在读博期间，将数字交互与传统意义上的公共艺术结合起来进行研究，发掘到了很多新的研究点，从而是将“交互性”和“数字技术”系统性地引入城市公共艺术设计这一领域，以跨学科的视野，并运用了交叉的研究方法来展开城市公共艺术的数字化相关研究与创作实践。

2011年获得国家社科基金艺术学项目“文化空间的数字化公共艺术交互设计研究”，从数字技术推动城市公共艺术创作的积极作用入手，以交叉学科的研究方法来阐述数字化影响下的城市文化空间公共艺术的特点与创作方法。在2012~2013年，笔者赴荷兰埃因霍温科技大学进行博士后研究，更进一步将数字技术的概念与城市公共艺术相结合，以交互性作为其重要特性进行研究，在艺术和技术层面都取得了新的突破，并以此为理论研究成果，完成了后续的多项设计实践。

多年来，笔者一直想将近十年的相关持续研究与设计实践集结成册，一方面是对近十年关于数字公共艺术的研究成果进行总结；另一方面亦是希望本书能够抛砖引玉，引发读者对于数字公共艺术的研究与探讨。

全书分为两大部分，第一部分是关于城市空间数字交互相关理论的研究，是笔者对于在数字时代背景下如何将公共艺术与数字交互、数字技术、数字表达等有效结合并应用于创作实践的思考与研究。对城市公共艺术的分析，不仅立足于艺术角度和设计角度，从计算机科学的技术手段、心理认知模式、公共艺术对人类行为方式的改变和影响的思考等不同视角进行较全面的把握。对认知心理学的方法、环境行为学的方法都有具体的运用，并以数字技术手段为依托，对城市公共艺术的交互式创作方法进行阐述与展望。探讨城市公共艺术在数字化背景下交互设计的各种创作手法，追寻数字技术与公共艺术相结合的可能性，探寻交互性城市公共艺术在未来人类生活中可能扮演的角色和所处的地位。第二部分是笔者近十年来创作的公共艺术作品，其中涉及交通、文化公园、博物馆、校园等城市公共空间。随着时代的变化，新观念、新技术、新手段不断涌现，包括空间的新形式都对公共艺术创作产生了影响，笔者结合多年的实践经验，以自己的感悟对公共艺术创作进行了分析。

本书的付梓出版，得到了中国建筑工业出版社的大力支持与帮助，感谢李东禧主任、吴佳编辑在本书的出版过程中所做的大量细致入微的工作。特别感谢中国美术馆馆长吴为山教授为本书题写书名；感谢北京大学翁剑青教授、江南大学过伟敏教授为本书作序；感谢江苏省文化厅路晓晶老师的尽心帮助；感谢华东师范大学顾平教授对本书提出的宝贵意见；感谢荷兰埃因霍温科技大学胡军教授对本书部分内容翻译所做的工作；感谢江南大学多位老师的无私帮助与支持，感谢魏洁教授对本书的整体设计；感谢陈原川副教授对本书设计提出的宝贵建议；感谢姜靓老师为本书所做的精美书籍设计；感谢笔者的研究生为本书的资料整理和搜集付出的辛勤工作。同时感谢本书参考文献的作者，为本书提供了参考和借鉴。但笔者水平有限，虽不完善，然敝帚自珍，希望能做得更好一些，恳请各位专家读者批评指正。

王峰

于蠡湖之畔

图书在版编目（CIP）数据

艺术与数字重构——城市文化视野的公共艺术及数字化发展／王峰著．—北京：中国建筑工业出版社，2017.3

ISBN 978-7-112-20278-2

Ⅰ．①艺… Ⅱ．①王… Ⅲ．①数字技术－应用－城市景观－环境设计－研究 Ⅳ．①TU-856

中国版本图书馆CIP数据核字（2017）第009960号

本书将“交互性”和“数字技术”两个重要理念系统性地引入城市公共艺术设计领域，具有跨学科的视野，将数字技术的概念与城市公共艺术相结合，以交互性作为其重要特性进行研究，在艺术和技术层面是一个新的突破。

全书分为两大部分，第一部分主要是关于城市空间数字交互相关理论的研究，是笔者对于数字时代背景下如何将公共艺术与数字交互、数字技术、数字表达等有效结合并应用于创作实践的思考与研究。第二部分是笔者近十年来创作的公共艺术作品，其中涉及交通、文化公园、博物馆、校园等公共文化空间。随着时代背景的变化，新观念、新技术、新手段的不断涌现，包括空间的新形式都对公共艺术创作带来了变化，笔者结合多年的实践经验，以自己的感悟对公共艺术创作进行了分析，以期能与广大专业人士与读者产生共鸣与探讨。

本书可供高校、科研院所相关研究设计者以及社会中主要从事相关设计的设计机构参考。

责任编辑：吴　佳　李东禧
书籍设计：姜　靓
责任校对：王宇枢　张　颖

艺术与数字重构
——城市文化视野的公共艺术及数字化发展
王　峰　著

*

中国建筑工业出版社出版、发行（北京海淀三里河路9号）
各地新华书店、建筑书店经销
北京锋尚制版有限公司制版
北京顺诚彩色印刷有限公司印刷

*

开本：880×1230毫米　1/16　印张：18　字数：460千字
2016年12月第一版　2016年12月第一次印刷
定价：98.00元
ISBN 978－7－112－20278－2
（29442）